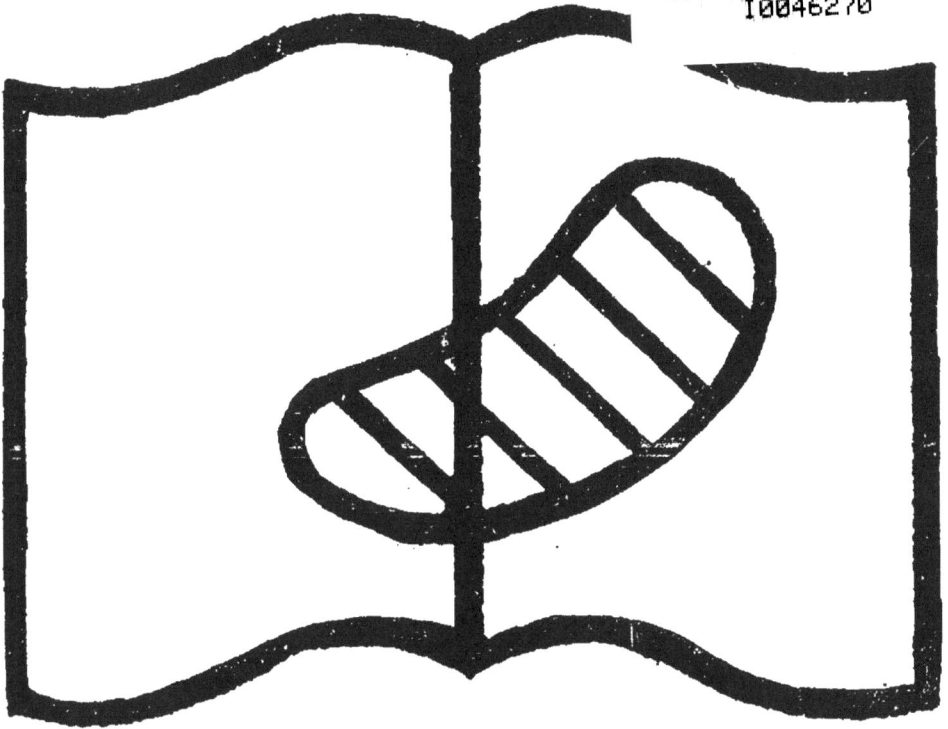

MANUEL
DU FONDEUR
SUR TOUS MÉTAUX,

OU

TRAITÉ DE TOUTES LES OPÉRATIONS
DE LA FONDERIE;

Par J.-B. LAUNAY, d'Avranches,

Fondeur de la Colonne de la place Vendôme, etc.

Ouvrage orné d'un grand nombre de Planches.

TOME PREMIER.

PARIS,

RORET, LIBRAIRE, RUE HAUTEFEUILLE,
AU COIN DE CELLE DU BATTOIR.

COLLECTION

DE MANUELS

FORMANT UNE

ENCYCLOPÉDIE

DES SCIENCES ET DES ARTS,

FORMAT IN-18 ;

Par une réunion de Savans et de Praticiens;

MESSIEURS

Boitard, Choron, le comte de Grandpré, Julia-Fontenelle, Lacroix, Sébastien Lenormand, Lasson, Perrot, Riffault, Tarbé, Terquem, Vergnaud, etc., etc.

Tous les Traités se vendent séparément; pour les recevoir franc de port, il faut ajouter 5o c. par volume.

Cette Collection étant une entreprise toute philanthropique, les personnes qui auraient quelque chose à nous faire parvenir dans l'intérêt des sciences et des arts, sont priées de l'envoyer franc de port à l'adresse de M. le *Directeur de l'Encyclopédie in-18,* chez Roret, libraire, rue Hautefeuille, n° 12, à Paris.

DEFET D'IMPRIMERIE TROUVE DANS LA RELIURE

francs ou sauvageons. Quand les sujets ont atteint la grosseur du doigt, il greffe en fente ou
en écusson, à six pouces de terre, du pommier-
paradis. Quand la greffe est assez forte, ce qui
peut arriver la même année si on l'a faite en fente,
il greffe de nouveau, sur son bourgeon, la variété
de pomme qu'il désire multiplier. Il en résulte que
les racines du sauvageon s'implantent solidement
dans le sol, mais néanmoins que la sève, éla-
borée dans la portion de paradis dans laquelle
elle passe, communique à l'arbre les mêmes
qualités que s'il eût été greffé simplement sur
paradis. La connaissance de ce fait peut conduire
à trouver, pour les autres fruits, des procédés
analogues tout aussi intéressans.

temps a[...]
ci montra [...]
laisser apercevoir [...]
Mes plantes avaient déjà [...]
teur et l'épi mâle était en [...]
désespérais encore d'obte[...]
un gonflement se montra[...]
base d'une ou deux feuil[...]
épi en moins de sept ou [...]
tion s'opéra, et les tiges, b[...]
dans le maïs ordinaire, a[...]
de hauteur, tandis que [...]
que quatre pieds.

Comme ces plantes j[...]
presque tous les nœuds i[...]

tage de marquer non seulement la température
actuelle, mais encore le plus bas degré de celle
qui a existé depuis un temps donné. Il a la forme
d'un thermomètre ordinaire, mais on a déposé
dans la liqueur contenue dans le tube un petit
indicateur très léger [...]

Sur la culture du me[...]
qu'en suivant la méthod[...]
nous allons analyser plu[...]
ne peuvent disposer qu[...]
bâche ou châssis [...]

MANUEL

DU FONDEUR

SUR TOUS MÉTAUX.

TOME I.

MANUEL
DU FONDEUR
SUR TOUS MÉTAUX,

OU

TRAITÉ

DE TOUTES LES OPÉRATIONS DE LA FONDERIE.

CONTENANT

Tout ce qui a rapport à la fonte et au moulage du cuivre, à la fabrication des pompes à incendie et des machines hydrauliques ; — La manière de construire toutes sortes d'établissemens, pour fondre le cuivre et le fer ; la fabrication des bouches à feu et des projectiles pour l'artillerie de terre et de mer, la fonte des cloches, des statues, des ponts, etc., etc.; avec des exemples de grands travaux, propres à aplanir les difficultés du moulage et de la fonte.

OUVRAGE ESSENTIEL

A toutes les personnes qui s'occupent de la fonderie, tant sous le rapport de la pratique que sous celui des améliorations et des innovations.

Par J.-B. LAUNAY D'AVRANCHES,

Fondeur de la Colonne de la place Vendôme, directeur de la fonte des Ponts de Paris, et auteur du premier modèle de coupole de Halles en fonte, etc.

OUVRAGE ORNÉ D'UN GRAND NOMBRE DE PLANCHES.

TOME PREMIER.

PARIS,
RORET, LIBRAIRE, RUE HAUTEFEUILLE,
AU COIN DE CELLE DU BATTOIR.

1827.

MANUEL
DU FONDEUR
SUR TOUS MÉTAUX.

PREMIÈRE PARTIE.

FONTE DU CUIVRE ET DU BRONZE.

L'ART du fondeur paraît remonter à la plus haute antiquité; cet art, dont nous n'entreprendrons pas de faire connaître l'origine, paraît ne pas être arrivé jusqu'à nous avec ce degré de perfection que les anciens possédaient.

Rien ne nous a été transmis sur l'art de jeter en moule ces monumens de bronze dont les Grecs furent les auteurs, et dont les Romains ont hérité. Il n'est donc pas étonnant que nous ignorions comment les Israélites ont fait le veau d'or; ce peuple nomade avait sans doute le secret de préparer les métaux, et de les jeter en moule dans quelque endroit qu'il

habitât pendant son pélerinage ; il avait probablement puisé ses connaissances chez les
Egyptiens.

Nous n'avons également rien de bien certain
sur ce fameux colosse de Rhodes ; nous aimons
mieux supposer qu'il fut un ouvrage de pla-
tinerie, que de croire qu'il fut réellement jeté
en fonte, parce que nous ignorons les procédés que l'on dut mettre en usage pour parvenir à la fonte d'une masse aussi considérable.
Tout en avouant notre impéritie à ce sujet,
nous voulons que les anciens la partagent.

Comment, en effet, pourrions-nous parvenir à faire dans ce genre quelque chose
d'un peu remarquable, quand les hommes qui
parlent le plus de la fonte des monumens, et
qui souvent dirigent des opérations de cette
nature, se trouvent effrayés quand on leur
parle de la fonte simultanée dans plusieurs
fourneaux ? Quel serait donc leur étonnement
de la composition d'un moule de plus de
cinquante mille pieds cubes, capable de contenir la masse colossale de la fontaine de l'É-
léphant, pouvant peser, après la fonte, quatre
à cinq cents milliers, que l'on retirerait d'une
fosse de soixante pieds de profondeur, et que
l'on mettrait sur son piédestal en moins d'un
jour, avec l'aide de dix à douze hommes seulement ? Le téméraire qui oserait faire une
pareille proposition serait jugé digne des
petites maisons ; mais, dans sa folie supposée,
ne pourrait-il pas s'écrier : Ne jugez pas sans

entendre l'exposé des moyens, aussi simples que faciles à exécuter, qui vous donneront la solution du problème.

Si les personnes chargées de faire exécuter les monumens se remplissaient l'imagination de pareilles idées, si elles les communiquaient aux artistes qui ne rêvent la fonte des monumens qu'en les faisant de pièces et de morceaux, cette communication ne serait-elle pas capable de les tirer de leur stupeur à la vue du merveilleux?

Croit-on avancer la science du fondeur, en faisant disparaître toutes les difficultés de la fonte et du moulage? Peut-on, de bonne foi, comparer la fonte d'un candélabre et d'une pendule, qui sont destinés à rester dans un salon ou dans une galerie, avec un monument colossal qui doit orner les places publiques, et avoir par conséquent une solidité à toute épreuve?

Comment se fait-il que les personnes qui ont fait exécuter les derniers monumens de bronze que nous possédons n'aient pas réfléchi qu'en introduisant le fer comme armature et scellement dans leurs ouvrages, ils y introduisaient le germe de la destruction? Ne sait-on pas que l'oxidation du métal, qui augmente en raison de l'humidité qu'il éprouve, étant renfermé, finit par se détruire lui-même, loin de pouvoir prêter son appui aux diverses pièces de bronze qu'il réunit, qui n'ont que quelques lignes de recouvrement, et dont la dislocation s'opère et va en croissant d'une manière effrayante, lorsque la continuité est rompue par les secousses réitérées qu'occasionne le passage de voitures pesamment chargées, ou qui ont une très grande vitesse? Ce genre de destruction, quoique lent, n'en a pas moins des effets trop réels.

On objectera à ce que nous venons d'avancer, que peu de monumens sont ainsi composés, et qu'il existe des mémoires de la fonte des statues équestres de Louis XIV et de Louis XV, et même des procédés mis en usage pour la fonte de la statue de Henri IV; que ces monumens historiques, dont toutes les bibliothéques sont pourvues, sont une garantie contre les craintes que nous venons de manifester; ce qui ne peut laisser aucun doute sur l'avantage de la méthode de fondre les statues d'un seul jet, méthode qui passera à la postérité la plus reculée, et qui a reçu une si heureuse application par les frères Keller.

Nous voudrions pouvoir partager cette opinion; mais nous sommes fondé à croire, au contraire, qu'il vaudrait peut-être mieux que ces mémoires n'existassent pas; car nous sommes convaincu qu'ils ne servent qu'à perpétuer une méthode qui laisse presque toujours au hasard les chances de réussite. Qu'on lise ces consignations avec l'attention que doit y porter l'homme qui veut se rendre compte de l'opération et la faire réussir, on y remarquera des détails forcés qui y ont été introduits pour la plus grande gloire de l'artiste qui a dirigé l'opération, et qui ne peuvent satisfaire et éclairer sur les difficultés réelles que l'on a rencontrées dans la pratique. Venons au fait : supposons que les moules aient été faits par les fondeurs les plus renommés, et qu'ils aient été conduits avec cette foule de précautions qui sont nécessaires dans une opération de cette nature; enfin, que le moule entier est terminé au gré du fondeur, dont les productions se comptent par centaines, jusqu'à ce qu'on soit arrivé à en retirer les cires et donner le recuit à la châpe et au noyau; c'est alors que l'inquiétude du fondeur augmente et se manifeste; il craint que les cires ne se fondent pas également, qu'elles n'entraînent avec elles quelque partie de la châpe ou du noyau, que les conduits ne se trouvent bouchés ou engorgés. Indépendamment des dégradations que le moule ou le noyau auront pu subir, il se dit : Le feu du recuit rouge que je vais donner circulera-t-il également dans toutes les parties? atteindra-t-il le centre du noyau? La flamme n'établira-t-elle pas des courans capables de porter des dégradations intérieures qu'il me serait impossible de réparer, et de faire fléchir les pointals, soit à droite, soit à gauche? Enfin il se dit : Mon moule ne se fendra-t-il pas? ne s'y pratiquera-t-il pas des crevasses? Tous ceux qui cuisent la terre, même la porcelaine, éprouvent ces accidens, quelque soin qu'ils mettent à renfermer leurs pièces dans des moufles; je dois, à plus forte raison, craindre de pareils effets, puisque ma pièce est plus grande et doit être soumise à un feu de plus de durée et beaucoup plus considérable. Telles sont, se dira le fondeur de bonne foi, les anxiétés que j'éprouve; et si j'y ajoute les chances de l'introduction de la matière dans le moule, combien n'ai-je pas plus à craindre qu'elle ne se répartisse inégalement, et ne forme un courant qui l'empêche de monter dans le vide du moule par tranches horizontales et parallèles? S'il en est autrement, j'aurai des surépaisseurs, et je puis avoir des endroits où le métal ne recouvrira pas le noyau; enfin, si mon recuit ne s'est pas fait également, je ne puis le vérifier; l'incandescence de la matière dégagera une portion considérable de gaz qui remplira de bouillons les endroits où le métal sera resté plus long-temps en fusion, et enfin mon travail entier se trouvera perdu, quoique j'aie pris toutes les précautions humainement possibles pour le faire réussir.

Cependant, nous supposons encore que le moule n'a reçu aucune des atteintes que nous avons signalées, et qui faisaient la perplexité du fondeur, qui avait travaillé à tâtons dans l'opération du recuit; nous le conduisons à sa dernière opération, qui est la verse du métal, et l'emplissage du moule. Pour cela il y a des règles certaines; il peut se rendre maître des circonstances, avec le temps, et un feu plus ou moins considérable qu'il augmente ou diminue à son gré.

La matière a le degré de chaleur convenable, elle a conservé son titre, elle coule, et cinq minutes d'attente sont des années pour lui ; il a l'espoir de réussir, car le moule est entièrement plein, la matière a réflué par les jets et les évents ; la flamme que ces derniers lançaient a cessé ; il s'est introduit dans le moule la quantité de métal sur laquelle il avait compté ; il ne lui reste que ce qu'il avait mis pour assurance ; il crie *vive le roi* ; ce cri se trouve répété par toute l'assemblée, qui est composée de tout ce qu'il y a de plus distingué dans la société, et les spectateurs se retirent en adressant leurs complimens aux artistes qui ont si savamment dirigé l'opération. Qui le croirait ? le statuaire et le fondeur, qui sont certains que le public partagera l'enthousiasme dont ils viennent d'être témoins, ne sont point encore contens ; car ils craignent que la matière qui s'est introduite dans le moule ne se soit dirigée plutôt d'un côté que de l'autre, qu'elle n'ait fait fléchir le noyau, parce que les fers de l'armature auraient reçu une trop forte atteinte par le feu, ainsi qu'il est arrivé lors de la fonte de la statue de Louis XIV pour la ville de Bordeaux, ce qui a empêché l'opération de réussir du premier jet : d'où il en résulterait des surépaisseurs de matière aux dépens de la partie qui lui est opposée. Ils craignent que la matière qui s'est introduite n'ait opéré des bouillonnemens partiels, à cause du dégagement du gaz, ou, lorsque la fluidité du métal a cessé, qu'il ne se soit fait des crevasses pour donner issue à ce gaz, qui se trouve fortement comprimé, et qui déchire souvent les parties les plus épaisses, qui n'ont point encore acquis le degré de solidité nécessaire pour opposer un obstacle; ces déchirures peuvent encore provenir d'un excès de recuit et de dureté dans le noyau, ce qui ne permet pas la retraite de la matière qui est de deux lignes pour pied : nous avons été à même de remarquer l'une de ces déchirures sur le pied droit de la Diane qui est aux Tuileries, sur la terrasse du bord de l'eau.

Tels sont les accidens auxquels la méthode usitée jusqu'à ce jour, pour la fonte des statues équestres, peut donner lieu. En effet, est-il une seule statue fondue par les procédés qui sont consignés dans les mémoires précités qui n'ait éprouvé plus ou moins d'avaries; quelques unes ont été manquées, d'autres sont venues à moitié; on a été obligé de les compléter dans une seconde fusion; et enfin, si l'amour-propre ne s'en était mêlé dans les dernières productions de ce genre, on les aurait mises au creuset : les surépaisseurs de matières, les parties faibles, les fentes prolongées, le nombre considérable de soufflures étaient des motifs suffisans de rejet, et l'on doit aux habiles mouleurs et ciseleurs qui ont mis la dernière main à ces ouvrages, le fini que l'on y remarque; mais leurs défauts n'ont point échappé à l'œil éclairé de quelques savans qui se sont rendu et fait rendre compte de ces opérations; défauts que l'on ne peut raisonnablement attribuer à l'impéritie du fondeur, puisqu'ils prennent leur origine dans les élémens d'un système de moulage qui laisse tant au hasard, ainsi que nous venons de l'avancer, et que nous aurons occasion de le démontrer en parlant de la méthode que nous avons cru devoir mettre au jour et développer, pour prévenir tout ce qui se rencontre de hasardeux dans le moulage en terre et cire perdue.

Qu'on ne croie pas que notre intention soit de déverser le blâme sur les personnes qui n'ont point entièrement réussi dans ces opérations; nous sommes l'un des admirateurs des ouvrages des frères Keller, quoiqu'ils ne soient point exempts de quelques défauts : notre intention n'est pas non plus de prononcer anathème sur toutes les productions qui traitent de la fonderie, nous ne blâmons que les consignations qui ne sont point exactes; car nous sommes plein de vénération pour celles de l'immortel Monge; nous ne serons jamais en opposition avec lui; et si nous différons quelquefois, ce ne sera que pour des détails que la pratique peut substituer avec avantage, sans altérer les principes qu'il a posés, avec cette clarté qu'il apportait toujours dans le développement des idées les plus profondes, comme dans l'exposition des faits les plus élémentaires.

Nous sommes pénétré du même respect pour le savant auteur de la *Sidérotechnie*, qui a rendu un service signalé à l'art de la fonderie, et particulièrement aux maîtres de forges; il a développé toutes les parties de cet art avec une lucidité qui rend toutes leurs opérations faciles; il leur a aplani la voie des essais et ouvert celle de la bonne fabrication, sans avoir recours à cette foule d'expériences dont les résultats étaient aussi peu satisfaisans qu'ils étaient dispendieux.

Après avoir fait part de nos réflexions sur la fonte des monumens, nous nous attacherons aux différentes parties de l'art du fondeur, dont l'utilité est d'une telle importance, qu'on doit considérer cet art comme l'un de ceux qui sont indispensables pour fournir aux différens besoins de la société, et dont les parties sont tellement multipliées, qu'il faudrait bon nombre de volumes pour en décrire en entier tous les procédés. Comme nous ne pouvons dépasser le cadre que l'on a dû se prescrire, nous ne ferons que passer en revue toutes les branches de la fonderie en cuivre, telle qu'elle se fait à Paris.

Nous exposerons d'abord toutes les pratiques qui sont communes à toutes les branches de la fonderie, et nous décrirons l'atelier qui est en usage pour toutes sortes d'exploitations.

CHAPITRE PREMIER.

DE LA FONDERIE ET DES FOURNEAUX.

La fonderie du fondeur en cuivre est souvent le rez-de-chaussée d'une maison plus ou moins considérable, suivant la nature des travaux que l'on se propose d'y exécuter; ce peut être encore un hangar de trente-six à quarante-huit pieds de long, sur dix-huit à vingt pieds de largeur et douze pieds de hauteur; il doit être éclairé par trois ou quatre croisées vitrées, arrondies par le haut en cintre surbaissé. Ce bâtiment peut être élevé en pans de bois sur un parpaing en pierre, ou tout simplement en moellons et plâtre; on adosse sur le derrière du hangar un ou deux appareils de fourneaux, de six chacun, ou même de trois, suivant l'importance de la fonderie, mais toujours recouverts d'une haute cheminée, quel qu'en soit le nombre. Les fourneaux, s'ils sont adossés à un mur mitoyen, doivent en être isolés au droit des fournaises, par une distance de six à huit pouces, que l'on nomme trou du chat, si l'on veut se mettre à l'abri des plaintes qu'on est en droit de faire contre l'infraction au réglement sur cette matière. Cette ouverture, qui existe entre le mur et la masse des fourneaux, peut être recouverte avec des dalles ou des briques mises à plat, qui auront un pouce de portée de chaque bout.

Un soufflet à plis suffit pour conduire trois fourneaux; le vent doit être réparti également, au moyen d'un tube à fourchette, qui tombera dans les intervalles que séparent trois robinets. On ne doit point éloigner le soufflet de la masse des fourneaux, afin de diminuer autant que faire se peut la longueur des tuyaux, qui ne doivent avoir que des coudes arrondis; car l'expérience a démontré que le vent d'un soufflet, quelque fort qu'il soit, n'arriverait pas au bout d'un tube ou tuyau d'une assez grande longueur, à cause des frottemens qu'il éprouve dans sa marche, ce qui en ralentit l'effet, en raison du petit diamètre et de la longueur de ces tuyaux.

La masse des fourneaux est en briques, de huit pouces sur quatre et deux d'épaisseur; elle doit être réfractaire, au moins pour celles qui font la chemise, c'est-à-dire l'intérieur du fourneau. Les fourneaux sont espacés entre eux de deux pieds en deux pieds, et les vides sont aussi grands que les pleins; mais lorsque les briques de la chemise sont placées dans l'intérieur, ils se trouvent réduits à huit pouces en carré : ce vide a deux pieds de profondeur jusqu'à la platine du fond; la masse des fourneaux est garnie à l'entour de deux ceintures en fer, de six lignes d'épaisseur sur trente à trente-six lignes de large; elles sont posées en haut et en bas, au-dessus de la fosse qui sert à décrasser le fourneau, et à recevoir les fuites de cuivre, dans le cas où les creusets viendraient à se fendre ou à se percer à l'endroit où il se trouve des pyrites. Ces ceintures retiennent des montans en fer qui concourent à empêcher l'écartement de la maçonnerie que l'excessive chaleur peut occasionner.

A l'aplomb du vide de chacun des fourneaux, il y a une fosse ; c'est une caisse en fonte dont l'ouverture a neuf pouces sur six de haut dans la partie du derrière ; il y a un trou d'un pouce pour l'introduction du vent. Cette fosse, qui reste ouverte sur le devant, est prise dans la maçonnerie des trois côtés ; son fond repose sur le sol et sur le dessus, qui reste ouvert comme une boîte ; on met un fort carré en fer ou en fonte qui, dans les deux branches qui sont sur le devant et sur le derrière, portent quatre trous qui se correspondent deux par deux, où l'on passe deux clavettes rondes et crochues d'un bout ; c'est sur ces clavettes que la platine du fourneau repose ; les angles en sont enlevés de manière que le vent puisse remonter des quatre côtés du fourneau, et alimenter le feu du charbon qui entoure le creuset. Auparavant de faire agir le soufflet, on a eu soin de boucher avec du sable à mouler le devant de la fosse, de manière que l'air qui y est introduit ne trouve d'issue que par le fourneau quadrangulaire, qui contient un creuset rond de cinq pouces de diamètre sur environ onze pouces de haut. (*Voyez* la planche et la figure.)

Quel que soit le nombre des fourneaux dont une fonderie est pourvue, ils sont tous faits de la même manière et accolés ainsi qu'on le voit.

~~~~~~~~~~~~~~~~~~~~~~~~~~~~~~~~~~~~

CHAPITRE II.

DES OUTILS EN GÉNÉRAL.

LES outils d'une fonderie à cuivre sont très variés; leur nombre et leur forme dépendent du travail que l'on y exécute. Ceux qui appartiennent à tous les genres de fonderie sont les châssis, les presses, la grue, les caisses à sable, les tamis de crin et de toile métallique, les soufflets à main et ceux de fourneau, les planches à mouler, celles à broyer, les sables, les rouleaux, les boîtes à noyau, les modèles en tous genres, les pincettes, les pinces, les pelles, les tisonniers de fourneau, les happes courbes et droites, les écumoirs, les mortiers à pelotonner la mitraille, les mandrins ou arbres à noyau, les lanternes à noyau, les maillets, les tranches, les couteaux à parer, les sacs à poussier de charbon, les sceaux, les baquets, etc. Il serait long et fastidieux de faire le détail de chacun de ces outils; cependant les châssis, à cause de leur variété, et les grands soufflets à plis méritent quelques observations.

La plupart des châssis dont on se sert dans la fonderie sont en bois; ils ont plus ou moins d'épaisseur, et une grandeur proportionnée à l'objet que l'on veut mettre en œuvre; si l'on veut éviter de brûler les têtes de châssis, il faut les faire en fer plat, le châssis en est plus solide, et si la pièce à mouler se trouve comprise entre deux ou trois faussses pièces, comme par exemple une poulie, elle n'est pas variée lorsque les goujons qui réunissent ces pièces de châssis sont bien ajustés dans les trous où ils se logent. Les goujons doivent être en fer rond et non en bois.

Nous avons adopté pour nos fonderies une nouvelle forme de châssis; ils sont en fer plat comme de la forte tôle et coudés d'équerre. Dans les angles on fait des entailles afin de rabattre les bords des deux côtés en équerre, de manière que ces rebords s'ajustent à onglet, et donnent aux châssis qui sont faits de cette manière plus de solidité, quoiqu'ils n'aient qu'une ligne et demie d'épaisseur, que s'ils étaient faits en bois de dix-huit lignes d'épaisseur à grandeur égale. Chaque fausse pièce peut avoir quatre pouces de hauteur et plus; ces châssis sont très propres pour le moulage des petites figures de ronde bosse, et pour la fabrication des boîtes de roue. Il y a des fondeurs en cuivre qui, comme M. Thiébaut à Paris, fondent au creuset des cylindres de cinq à six cents livres; ils ont des châssis en fonte de différentes formes, et que l'on nomme à

cause de cela châssis de mille piéces; chaque
pièce est en fonte, elle porte des tasseaux pour
y fixer des goujons et des rainures pour maintenir les sables que l'on comprime dans leur
intérieur. Au moyen d'équerres sous différens
angles on peut former des châssis carrés,
hexagones et octogones, suivant la nature des
pièces que l'on se propose de mouler.

Les hérissons et les lanternes à noyau, dans
les fonderies un peu considérables, sont en fonte
et creux, percés dans leur circonférence de
plusieurs petits trous par où l'air et le gaz peuvent s'échapper, lorsqu'ils se trouvent dilatés
dans l'intérieur des sables ou des terres des
noyaux; ces hérissons et lanternes remplacent
donc avec un très grand avantage les trousseaux en bois dont on se servait autrefois.

Les soufflets à plis dont on fait ordinairement
usage, ressemblent assez aux soufflets d'orgue,
excepté que les premiers ont un double dia-
phragme, pour former récipient ; les parois en
sont mobiles, au moyen de petits ais ou de
planches de bois fort minces, réunies les unes
aux autres par des bandes de peau qui leur
permettent d'avoir un mouvement d'articulation ou une sorte d'oscillation, à l'aide de laquelle les deux plans peuvent être éloignés et
rapprochés alternativement. Le moindre mouvement que l'on imprime à la bascule qui les
fait mouvoir, fait agir le plan inférieur du
soufflet, qui fait une expiration douce et lente,
qu'il est nécessaire d'avoir pour faire recuire

les creusets : c'est sans doute à cause de cette facilité que ces soufflets ont de produire un léger souffle, qu'on en a établi l'usage dans presque toutes les fonderies.

Ces soufflets sont d'un assez grand entretien, et ne sont pas capables de donner un coup de vent un peu fort pour hâter la fusion dans certains fourneaux, lorsqu'on fait des fontes simultanées ; nous ne voyons aucun inconvénient à les remplacer alors par de forts soufflets de forge, d'autant plus que ceux-ci peuvent fournir le halettement dont on a besoin pour monter les creusets.

On peut voir, dans les dessins, la planche des outils à l'usage des fondeurs en cuivre.

CHAPITRE III.

DES MATÉRIAUX.

Les matériaux sont les sables fins et gros, les terres à four, les charbons de terre, de coak et de bois, le poussier de charbon passé à l'eau, la folle farine de seigle, la mitraille ou matière propre à chaque genre d'ouvrage, soit qu'on emploie le cuivre pur ou allié à quelques métaux dans différentes proportions; alors ces matières prennent un nom particulier. Les creusets sont au nombre des matériaux; la consommation qui s'en fait, et leur bonne qualité, doivent attirer l'attention du fondeur.

Les creusets, auparavant de les recevoir du marchand qui les apporte des fabriques de Picardie, doivent être frappés avec l'articulation du médius de la main droite; on reconnaît au son qu'ils rendent s'ils sont sains, ou fêlés; ceux-ci sont mis au rebut, ainsi que ceux qui ont des pyrites martiales, ou qui sont étoilés. Ces creusets, pour être conservés, doivent être mis dans un endroit sec, où il ne peut pénétrer aucune humidité; ils doivent être empilés sur des planches; nous en avons perdu une assez grande quantité que l'on avait provisoirement déposés dans un grenier.

On lit dans la *Sidérotechnie*, tom. 1er, n° 278, l'article suivant.

« On emploie pour former les moules, un composé de sable sec et d'argile, c'est-à-dire, un mélange de silice et d'alumine colorée par de l'oxide de fer, qui contient quelquefois un peu de chaux; ce sable doit avoir assez de liant pour se réunir fortement par la compression, et il doit être en même temps assez siliceux pour ne point se gercer en se chauffant. »

Nous n'avons rien à ajouter à cette composition des sables; c'est ainsi que nous en agissions auparavant que d'avoir pu nous procurer des sables tout composés; nos recherches n'ont point été infructueuses, les carrières que nous avons trouvées en ont fourni de propre à tous nos besoins.

Les fondeurs de Paris se servent habituel-

lement du sable de Fontenay-aux-Roses, qui
est doux et liant, et, pour ainsi dire, soyeux,
lorsqu'il a été trempé et broyé avec soin. Ce
sable est sans contredit le meilleur pour les
pièces délicates, et on pourrait même dire
qu'il est le seul capable de former une empreinte exacte dans le moulage des médailles;
mais il n'est point assez réfractaire pour
soutenir, sans se vitrifier, un haut degré de
chaleur, ce qui le rend adhérent à la pièce
que l'on coule dans un moule entièrement construit avec lui, si cette pièce est un peu
épaisse et se refroidit lentement dans le moule;
ainsi nous avons mêlé ce sable avec des sables
plus siliceux que lui, tels que ceux que nous
allions chercher à la butte de Picardie près
Versailles, au pont Colbert près la même ville,
et à Pierrefitte : celui des sables que nous
avons reconnu le meilleur pour le moulage
des pièces massives se trouvait dans les bois
d'Aulnay, derrière Sceaux.

Les fondeurs, jaloux d'avoir des pièces saines
et non bouillonneuses, et tous sont dans ce
cas, doivent avoir soin de sécher les sables sur
des plaques de fonte, sous lesquelles on entretient un feu qui fait décrépiter les sels et
alcalis, ce qu'on aperçoit à une flamme vio-
lette qui se détache avec une petite détonation;
ces sables sont réduits, autant que faire se peut,
en poudre impalpable, que l'on passe dans un
tamis de soie sur une planche à broyer; on le
mêle avec du sable qui a déjà servi, ou avec

du poussier de charbon, si on ne peut se procurer du vieux sable. Nous ne dirons rien de plus sur la préparation des sables, parce que nous nous sommes réservé d'en parler dans le mémoire qui traite de la fonte des statues par le moulage en sable.

Pour le moulage en sable vert, même pour le cuivre, plus les sables sont charbonneux, meilleurs ils sont ; ils ne doivent avoir de corps qu'autant qu'il est nécessaire pour que la compression se fasse sans éboulis. Les sables préparés avec du poussier acquièrent une qualité qui les rend moins gazeux, et, par conséquent, plus susceptibles de rendre des pièces moins poreuses et plus saines.

Comme nous aurons occasion de parler du moulage pour la fonte du fer, celle des cloches, des canons et des statues, nous ne parlerons ici que de ce qui peut avoir rapport à la fonte du cuivre au creuset ; on trouvera, dans chaque partie que nous aurons à traiter, ce qui a rapport au moulage des diverses pièces qui feront le sujet des mémoires qui font suite à celui-ci.

CHAPITRE IV.

DU MOULAGE.

Le moulage s'opère en renfermant un modèle dans du sable ou toute autre substance terreuse, et en se ménageant les moyens de pouvoir le retirer sans endommager le moule. Pour parvenir donc à faire un bon moule, on doit se pénétrer des difficultés que présentent la pièce que l'on veut convertir en un métal quelconque. Le châssis et ses fausses pièces, et la division des sables ou même des terres en pièces de rapport, ainsi que celle du modèle, et quelquefois l'anéantissement de ce dernier, comme la cire dans la fonte des statues, concourent à opérer le moulage d'une pièce, quelques contours irréguliers et refoulés qu'elle ait.

Le moulage se divise donc en moulage simple et en moulage composé.

Le moulage simple s'opère sans difficulté; les corps sphériques, cylindriques et pleins, les barreaux carrés, les cubes, les plateaux et plaques, de quelque nature que ce soit, si la sculpture n'est pas refoulée, se moulent en deux pièces de châssis, qui se réunissent après la sortie du modèle au moyen de trous et goujons, et de repères que l'on fait sur le sable en excavant une partie dans la pièce nommée couche, parce qu'elle est dessous, et que c'est elle qui a formé la première empreinte; ce repère en creux dans le contre-moulage forme une saillie dans la pièce du dessus, qui se nomme fausse pièce : ce moulage est si simple et si naturel qu'il n'est pas même besoin d'un exemple pour servir à son intelligence.

Si la pièce que l'on vient de mouler doit être

coulée entre des presses, il faut que le jet et les évents se dirigent vers la têtière du châssis qui porte des échancrures à cet effet. Les jets et les évents doivent être proportionnés à la quantité de matière que les moules doivent contenir, et la dimension des pièces, les jets qui servent à couler les clous de tapissier et autres mêmes ouvrages, doivent être très déliés, et avoir des directions telles que le métal parcoure toutes les parties du moule : c'est sans contredit l'opération la plus difficile à bien exécuter que la tranche d'un pareil moule.

Le moulage composé est différent; il comprend les pièces qui doivent devenir creuses, telles que les figures, les robinets à plusieurs eaux, et simples; les pièces qui sont sculptées dans tout leur pourtour, telles que les chapiteaux corinthiens et ioniques, guirlandes, trophées, groupes, statues, et végétaux qui servent de modèles, et qui n'ont aucune consistance : voilà les pièces qui demandent beaucoup de pratique de la part du fondeur qui se livre à ces sortes d'ouvrages. Il s'agit de battre des pièces de rapport dans tous les endroits refoulés, et d'en couvrir entièrement le modèle; on fait ensuite une chape dans un châssis qui a trois ou quatre pouces, en tous sens, plus que les plus grandes saillies de la pièce. Cette chape réunit l'ensemble des pièces de rapport qui s'y superposent et s'y collent à l'empois, et y sont fixées avec des épingles de fil de fer, dans le même ordre qu'elles y ont été comprimées ou battues, pour obtenir en creux ce que le modèle présentait en relief.

Si l'on introduisait la matière dans un moule de cette espèce, la pièce qui en proviendrait serait massive; tandis que souvent elle doit être creuse, et n'avoir qu'une très légère épaisseur, si on veut que le métal sorte net du moule après la fonte : cette condition est essentielle surtout pour les pièces moulées en sable pur de Fontenay, parce que, ainsi que nous l'avons dit, il se vitrifie facilement à une grande chaleur.

Dans l'hypothèse où les pièces doivent devenir creuses, il faut préparer un noyau, qui se pratique facilement dans une boîte à noyau, si ce creux doit être régulier; mais si, au contraire, la pièce doit être creuse suivant tous les contours du modèle, il faut se servir du bon creux. A cet effet, on bouche dans ce creux les cavités qui pourraient empêcher le dévêtissement du noyau, on saupoudre de poussier de charbon tout le bon creux, on ajuste une armature en fer ou en fil de fer, qui a ses portées sur la partie du moule qui sert de base ; cette armature peut être partielle, parce que les noyaux que l'on met peuvent être en plusieurs pièces. Cette disposition étant faite, on prend du sable frotté, on en applique dans l'intérieur du creux, on le comprime d'abord avec les doigts pour qu'il en prenne la forme, on double ces mises de sable de la même manière ; mais au fur et à mesure que le sable du noyau prend de l'épaisseur, on le comprime avec un refouloir ou avec le bout du manche des maillets de moulage, pour lui donner la solidité dont le noyau a besoin pour le fixer d'une manière invariable à l'armature. Pour terminer le noyau on a dû comprimer une masse de sable assez considérable pour remplir la partie supérieure du moule ; mais comme cette opération ne peut se faire qu'à peu près, la masse du sable doit toujours être comprise dans le creux supérieur ; alors on met sur cette masse des repères que l'on nomme *mouches*, lorsque l'on réunit les diverses parties du moule et qu'on le ferme. Les mouches, qui sont des pincées de sable frotté, se compriment sous la charge, et marquent ce qui manque à la masse du noyau ; alors on ajoute à cette masse autant de sable qu'il est nécessaire pour se mettre au niveau des diverses mouches ou repères, et le noyau ou les noyaux, pour lesquels on a pris de pareilles précautions, sont terminés, sans qu'il y soit réservé le vide que la matière doit occuper dans le moule.

Ce vide se fait en enlevant aux noyaux une quantité de sable suffisante pour le former ; on s'assure que ce vide est égal et tel qu'on le désire, en remettant en place le noyau couvert de mouches : les saillies qu'elles conservent sont les indices certains de l'épaisseur du métal.

Ce que nous venons de dire sur le moulage est à peu près ce qu'on en peut dire, généralement parlant, puisqu'il est possible, en agissant ainsi que nous venons de l'indiquer, de mouler toutes espèces de pièces, quelques difficultés qu'elles présentent.

Cependant il y a des cas particuliers où le génie du fondeur doit se faire remarquer, en tirant parti de tous les moyens que lui présentent les localités et les matériaux qui tombent sous ses mains, sans être obligé de suivre la routine que l'on suit encore avec un aveugle entêtement.

CHAPITRE V.

SUR LE MOULAGE EN TERRE.

Nous nous abstiendrons de parler du moulage en terre; on peut voir quelle est notre manière de penser sur ce moulage, dans l'introduction dont nous avons fait précéder cette description, et les motifs qui nous ont déterminé à éloigner ce genre de fabrication. Nous nous contenterons de dire avec Hassenfratz :

Pendant long-temps les modèles des canons destinés à former les moules dans lesquels on doit les couler ont été faits en terre grasse; cette méthode est encore en usage dans quelques fonderies administrées par des hommes qu'une routine aveugle dirige, et qui ont craint d'adopter les perfectionnemens que la fonte moulée a éprouvés sur la fin du siècle dernier. C'est ainsi que Monge pensait sur le moulage en terre, auquel il a substitué le moulage en sable. Si des hommes aussi savans que ceux que nous venons de nommer ont manifesté leur opinion sur le moulage en terre, comment se fait-il qu'il y en ait qui reculent devant les lumières du siècle, et qui semblent vouloir rétrograder.

Ce serait, en effet, s'enfoncer dans l'ombre, que de vouloir continuer le moulage en terre, auquel on attache tant de prix, à cause de la prétendue ductilité qu'il donne au métal; nous aurons occasion de prouver, par la suite, que la composition des sables dont on se sert actuellement est telle, qu'elle entretient la matière dans l'état où elle a été fondue, et qu'il est toujours possible de donner la douceur, la ductilité et la pureté aux pièces fondues en sable, qu'elles ne peuvent acquérir par le secours seul de la terre.

Nous sommes loin de consentir, avec l'auteur de la *Sidérotechnie*, que les moules de grandes dimensions ne peuvent être faits qu'en terre, et que, conséquemment, c'est le seul moulage qui puisse leur convenir; ce que nous venons de rapporter du même auteur semble impliquer contradiction.

Nous avons pour nous l'expérience que le sable peut former de grands moules. Nous avons fait couler d'un seul jet, en sable vert, des pièces de trente-deux pieds de long ; tous les bas-reliefs, les cymaises, les corniches, les guirlandes, les socles, les plinthes, la statue et la calotte de la colonne de la place Vendôme ont été fondus d'un seul jet dans des moules en sable, qui, pour la plupart, avaient plus de vingt pieds de long, et supportaient la manœuvre et tous les changemens dont ce travail était susceptible sans éprouver la moindre avarie. C'est ce que nous démontrerons à la suite de ce Traité, et que M. Hassenfratz eût démontré lui-même, si nos opérations, qu'il connaissait, lui fussent venues à la mémoire ; mais lorsqu'il a écrit ce que nous venons de rapporter, il paraissait préoccupé de ce que l'on trouve, sur la fonte des statues, dans le *Dictionnaire des arts et métiers*, dans l'*Encyclopédie*, et dans les *Mémoires* de MM. Bauffraud et Mariette, Mémoires contre lesquels nous nous élevons, ainsi qu'on le verra à la fin de ce *Manuel*.

Nous citerons encore un article de cet auteur, où il dit : « Le moulage en terre et le moulage « en sable, dans des châssis, sont également « propres à couler de gros objets recouverts « de traits fins et délicats, et des petits objets « précieux par leur fini ; on coule dans ces « deux sortes de moule des statues et des mé- « dailles.

« Tous les objets qui peuvent être également « bien moulés des deux manières, et qui le

« sont plus parfaitement en sable, ne pré-
« sentent de différence sensible que dans les
« dépenses qu'exigent la confection du moule ;
« en général, on moule en sable avec plus de
« facilité et d'économie. »

Une pareille déclaration nous exempte de
réflexions, et elle devrait être prise en considération par les fondeurs qui ont l'usage de
se servir de la terre, et leur faire abandonner
une méthode dispendieuse qui ne leur permet
pas de venir en concurrence avec les fondeurs
en sable.

Ces fondeurs objecteront, sans doute, que
la terre est nécessaire pour la confection des
gros noyaux ; nous leur répondrons que le
sable se coupe sous l'échantillon comme la
terre, et qu'on peut faire en sable les plus
gros noyaux.

CHAPITRE VI.

DE LA FONTE AU CREUSET.

LA fonte s'opère dans les fourneaux dont
nous venons de donner la description au chapitre premier, en emplissant de menu bois et
de charbon de bois les fourneaux que l'on
veut mettre en feu. Un ouvrier fondeur, et
son aide qui tire le soufflet, en conduisent
ordinairement trois ; le feu s'allume au moyen

d'un courant d'air qui s'établit par la cave ou récipient d'air du fourneau, qui n'est point encore bouché, et permet la circulation de l'air extérieur. Pendant que le fourneau s'échauffe et devient rouge, le fondeur fait son choix des creusets dont il a besoin (*Voyez,* au chapitre troisième, la manière de reconnaître les bons creusets). Le choix des creusets étant fait, et tel qu'on doit supposer qu'ils sont bons, on leur fait subir l'épreuve du feu ; c'est-à-dire, en terme de métier, que l'on monte les creusets. Pour faire cela, on établit à plat, sur le dessus du fourneau, les happes, en écartant les branches de manière à former une espèce de gril, sur lesquelles on met le creuset, l'ouverture en bas ; il reçoit d'abord la chaleur très modérée du fourneau, parce que le feu, qui a dû cesser de fumer, n'est pas très allumé ; souvent à cette épreuve le creuset se fend, et fait entendre un bruit aigu comme celui de carreaux de verre cassés : cela peut provenir de ce qu'on lui aura fait sentir la chaleur trop rapidement, ou parce que ce creuset aura été mouillé, ou qu'il aura reçu de l'humidité dans le magasin. Nous avons vu essayer six creusets qui sortaient d'un lieu frais avant que d'en avoir un bon ; la plupart des fondeurs ont la bonne méthode de mettre sur le revers de la hotte de cheminée leurs creusets, où ils reçoivent une chaleur douce, qui les prépare au recuit qu'on leur donne avant que d'y introduire de la matière. Enfin, un premier creuset peut recevoir cette première épreuve du recuit sans casser, et cela arrive souvent; alors l'aide-fondeur bouche la fosse ou récipient avec une platine de fer, il lute exactement l'ouverture extérieure, il ouvre le robinet, et met le fourneau en communication avec les conduits du soufflet. Le maître fondeur saisit avec les pinces à ressort le creuset vers le fond, il ôte les happes qui soutenaient le creuset, il ordonne à son aide de faire trembler le soufflet, c'est-à-dire de souffler légèrement, tandis qu'il descend lentement le creuset, l'ouverture tournée vers le fond du fourneau. Le creuset se rougit et se blanchit ensuite vers les bords; cette opération faite, il retire promptement le creuset du fourneau, et le retourne sur le bord de manière à mettre l'ouverture de ce creuset en haut, tel qu'il doit être pour opérer la fonte.

L'ouvrier fondeur garnit son fourneau de nouveau charbon, s'il en a besoin; il le recouvre de son carreau ou couvercle, et ordonne à son aide d'augmenter le vent du soufflet.

Le couvercle est fait maintenant en fonte de fer, et porte un anneau dans son milieu qui sert à l'enlever au moyen des pinces à ressort ou d'un tisonnier; ce couvercle rougit pendant les fontes, et on y met les morceaux de matière avant de les plonger au fond du creuset, ou dans le bain, s'il s'est déjà formé.

Le creuset, dans un pareil feu, ne tarde pas à blanchir ; et lorsque le fondeur juge qu'il a reçu un coup de feu suffisant, il le retire du fourneau avec les pincettes, il examine le dedans, tandis que l'aide regarde au dehors si ce creuset n'a pas quelques trous ou étoiles qui le mettraient hors de service ; s'il n'en a pas, le creuset est remis promptement au fourneau, sur son fromage, et posé le bec regardant vers l'angle à gauche du derrière du fourneau, si le fondeur coule à droite ; s'il coule à gauche, il prend une direction opposée, on l'entoure légèrement de nouveaux charbons, sans avoir égard aux légères fentes qui peuvent se faire aux bords, car on les soude avec du verre à vitre lorsque le creuset est à son plus grand degré d'incandescence.

Un bon creuset peut faire douze à quatorze fontes consécutives, s'il est bien conduit, et s'il ne reçoit pas de coups d'air pendant la verse ou coulée : c'est pour prévenir de tels accidens, et pour empêcher la matière de se refroidir, que l'on ferme exactement toutes les issues qui peuvent être ouvertes auparavant la coulée.

L'opération de la conduite des creusets demande beaucoup d'habitude de la part du fondeur ; il ne peut perdre un instant quand il en conduit trois à la fois ; chaque fonte est d'une heure environ ; il faut une heure aussi pour monter trois creusets. La journée d'un fondeur en cuivre est souvent de quinze heures de travail ; il y a bénéfice pour le maître à payer ses ouvriers en conséquence, et à ne pas laisser les fontes en chômage pendant le temps du repos des ouvriers : il s'agit d'en avoir quelques uns de rechange, qui vont prendre leurs repas avant ou après les autres.

Dans les commencemens de la fonte des pièces de la colonne, nous avons été obligé de suivre la marche ordinaire; nous ne pouvions déterminer les ouvriers à se servir du coak ou charbon de terre épuré, qui sert à la fonte du fer. Voulant pourtant mettre de l'économie dans la consommation du combustible, nous parvînmes, après avoir fait nous-même un essai qui réussit, à décider, par quelques encouragemens, nos meilleurs ouvriers à ne brûler que du coak; l'odeur leur en étant insupportable, on y mêla du charbon de bois pour moitié; enfin notre contre-maître voulut fondre avec du coak pur, il réussit; ses fontes étaient plus promptes; l'amour-propre s'en mêla, et enfin le charbon de bois ne fut plus employé dans nos ateliers, ce qui produisit une économie de 600 francs par mois.

Cette innovation se répandit dans la fonderie; plusieurs de nos confrères vinrent nous prier de leur céder de notre charbon épuré; ils faisaient autant de besogne avec 3 francs de charbon, qu'ils en auraient fait avec un sac de charbon de bois qui coûte plus de 9 francs; ils éprouvèrent donc une économie de deux tiers, sans pour cela avoir diminué les prix de leurs ouvrages.

Quelques uns des fondeurs, enhardis par les résultats que nous avions obtenus, essayèrent de fondre avec le charbon cru, tel qu'il sort des bateaux; ils ont réussi, sans pour cela avoir plus d'économie qu'en se servant du coak : ils éprouvèrent un désagrément provenant de l'énorme fumée noire et de la vapeur que répand le charbon de terre cru; outre cela, ce charbon crasse beaucoup, et s'attache au creuset et au fourneau; à chaque instant il faut décrasser avec le ringard.

Souvent ce charbon contient des pierres qui éclatent au feu, et peuvent endommager considérablement les creusets, s'ils ne les cassent pas. Le coak ayant été cuit, les pierres qu'il contient sont calcinées, et ne peuvent faire explosion. Nous donnerons, à l'article *fondeur en fer*, la préparation qu'on lui fait subir pour le rendre propre à la fonte des métaux.

La fonte continue dans les fourneaux à vent en entretenant un feu de charbon à l'entour du creuset; les angles en contiennent plus que les côtés; c'est par les quatre angles que le vent qui s'y est réuni dans la cave à air, se distribue également et entretient une chaleur uniforme qui opère la fonte du métal, que l'on a préparé à l'avance, soit qu'il soit pelotonné, c'est-à-dire réuni en masse, ou mis dans des bassins, si c'est de la mitraille qui a déjà été fondue, soit enfin des morceaux ou lingots divisés. Tous ces cuivres sont mis sur le couvercle du fourneau, pour s'échauffer avant que de les introduire dans le creuset ; comme la première charge de matière qui a rempli le creuset occupe beaucoup moins de place lorsqu'elle est fondue, on fait des charges consécutives sur le bain jusqu'à ce que le creuset soit plein.

Nous devons faire observer ici que le titre du métal doit changer suivant la nature du travail que l'on se propose d'exécuter ; une figure qui doit recevoir la dorure ne peut être du même cuivre que celui qui sert à faire les cannelles.

Si la pièce que l'on doit couler a plus de capacité, c'est-à-dire si le moule a plus de vide que le creuset ne contient de matière, on est obligé de faire fondre simultanément autant de matière que le moule en prendra, ce qui nécessite quelquefois la mise en feu de douze ou quinze creusets qui peuvent contenir six à sept cents livres de matière ; une plus grande quantité se fond au fourneau de réverbère, ou même au fourneau à la Wilkinson ; si l'on se sert de cuivre rosette pur, on opère l'alliage au moment de la fusion. Nous parlerons dans nos *Mémoires*, à la suite de la fonte des canons, de la manière d'amalgamer les métaux pour leur conserver leur pureté.

Si l'on met en feu douze ou quinze fourneaux, ainsi que nous l'avons fait quelquefois dans des occasions pressées, qui ne nous ne permettaient pas de différer jusqu'au jour des grandes fontes, et comme le pratique ordinairement M. Thiébault, fondeur, rue du Ponceau, à Paris, pour la confection des cylindres à imprimer les étoffes ; on doit porter un soin particulier à cette opération, et avoir à sa disposition plusieurs creusets dans des fourneaux séparés, qui soient montés et prêts à remplacer ceux qui fuiraient pendant la fonte ; on doit faire en sorte d'égaliser les charges, de manière que chaque creuset soit plein et prêt à fournir la matière lorsque son tour arrivera. Dans ces sortes d'opérations, lorsque l'on se dispose à verser, on a préparé un creuset de fer ou fonte armé de ferrure ; il est garni intérieurement et extérieurement de terre à beurre ; on l'a mis sur un fourneau fait exprès pour sécher et faire rougir la terre ; on verse dans ce creuset, ainsi rougi, la moitié de la matière à peu près, on le porte à bras s'il ne pèse pas plus de trois cents au-dessus d'une des coulées du moule ; s'il pèse davantage, il doit être suspendu à la grue, pour opérer la verse qui se fait ordinairement par plusieurs jets dans les grandes pièces autres que des cylindres ; alors les ouvriers fondeurs enlèvent les creusets de chacun des fourneaux, et les dirigent l'un après l'autre vers la pièce, ayant soin d'entretenir la continuité du jet, et de renfermer dans les fourneaux vides les creusets que l'on vient d'en retirer, dans la crainte de les voir noircir, ce qui occasionnerait des cassures qui les rendraient incapables de continuer de nouvelles fontes.

Nous avons parlé de la capacité des moules et de la quantité de matière qu'il faut pour couler les pièces auxquelles ils servent d'empreintes ; les fondeurs, lorsque ces modèles sont en bois ou en cire, mettent au creuset dix fois leur poids de matière : cette méthode est souvent sujette à erreur, parce que souvent les parties qui doivent venir creuses sont pleines, et même en saillie pour supporter les noyaux ; on ajoute à ce dixième ce qu'il faut de matière pour remplir les jets, les évents, et les masselottes, s'il y en a ; on met une assurance, dans le cas de mécompte ou de quelques fuites ou surépaisseur.

Nous ferons observer qu'il conviendrait peut-être mieux de cuber les modèles, pour connaître le poids de la matière qui doit servir à les reproduire après la fonte : il est des cas cependant où la chose est très difficile, à moins de les plonger dans l'eau pour connaître leur capacité par le déplacement du liquide ; mais cette méthode endommagerait les modèles en bois, il faudrait une immersion dans l'huile pour les modèles en plâtre et en bois.

Toutes ces précautions deviennent inutiles quand on veut bien mesurer la masse ; on fait quelques soustractions et additions suivant les creux ou les saillies ; il est rare qu'une personne exercée à ces estimations se trompe.

On fond souvent sur des modèles en métal ; la différence des pesanteurs spécifiques donne le poids de la matière que l'on doit couler ;

ensuite l'on éprouve les difficultés qui se présentent quand l'on coule des pièces pour la première fois, ce qui arrive souvent chez les fondeurs de fontes diverses.

Nous croyons avoir dit tout ce qui se rapporte à la fonte du cuivre en général ; maintenant, sans nous répéter , nous parlerons des différens travaux qui s'exécutent en fonderie, et nous ferons un article pour chacun d'eux , suivant l'importance et la nature de ces travaux.

Nous suivrons le travail des divers fondeurs par ordre alphabétique.

~~~~~~

CHAPITRE VII.

FONDEURS DE BOUTONS, DE BOÎTES DE ROUE, DE CLOUS DE DOUBLAGE, CLOUS DE TAPISSIER, SOUDURE DE PIÈCES PLATES , DE MÉCANIQUE, ET DE CYLINDRES D'IMPRESSION.

DANS cet ordre, nous trouvons le fondeur de boutons en tête.

Le fondeur de boutons est celui de tous à qui il faut le moins d'outils ; il se sert de moules de métal pour fondre les matières blanches, et sa fonderie pour le moulage en sable est un diminutif des autres ; un ou deux fourneaux, quelques châssis en bois avec des têtes en fer, une caisse remplie de sable de Fontenay-aux-Roses , lui suffisent ; ce sable est d'autant meilleur pour cette partie, qu'il a servi plusieurs fois; une presse, des happes, des creusets de Picardie et quelques outils qui lui sont communs avec les autres fondeurs : voilà ce qui forme sa fonderie; mais il lui faut une quantité considérable d'outils pour le découpage, l'estampage et le laminage de ses lames. C'est ce fondeur qui entreprend ordinairement les fournimens militaires; il fait en ce genre un commerce considérable; il donne tous ses soins pour composer ses matières, pour varier la couleur des boutons : les unes sont blanches et cassantes, les autres sont douces, et le sont d'autant plus, qu'elles doivent supporter l'opération du laminage, soit qu'elles soient jaunes ou rouges. La manière de fondre dans ce genre de fonderie est la même que celle que nous avons décrite. Les deux pièces de leurs châssis réunis présentent à peine trois pouces d'épaisseur, et ils sont faits en bois de chêne de quinze lignes d'épaisseur ; les moules sont tranchés sur bandes convenablement au volume de chaque bouton.

Le fondeur de boîtes de roue se sert des outils et fourneaux des autres fondeurs ; c'est la partie de la fonderie qui demande le moins de précautions ; on y emploie les cuivres de qualité inférieure, quoiqu'on devrait y mettre les cuivres les plus ductiles; car, de fait, des boîtes de roue faites en cuivre jaune potiné, se brisent dans le moyeu, si le frottement de l'essieu se fait long-temps sans graisse. Ces mauvais cuivres sont très souvent fournis par les consommateurs. Nous avons introduit une innovation dans cette branche de fonderie, qui consiste à faire les noyaux en sable au lieu de les faire en terre; alors le noyau se met sur le tour, où il prend, sous l'échantillon, la dimension de l'intérieur sans avoir besoin de le recuire et même de le sécher; cette innovation n'a pas tardé à avoir des imitateurs, ainsi que celle d'en faire en fonte de fer: il n'est encore personne qui ait pu imiter cette bonne qualité de fonte que nous employons dans ce genre de fabrication. Nous en donnerons l'analyse, que nous avons tenue jusqu'ici vers nous, à l'article *fondeur en fer*.

Il faut au fondeur de boîtes de roue une quantité considérable de modèles, pour trouver réunies les trois dimensions, qui sont la longueur et les différens diamètres des deux bouts; il faut, en outre, que le modèle n'ait d'épaisseur au dessus de ces portées que celle voulue pour peser tel ou tel poids.

Les fondeurs de boîtes de roue se servent ordinairement de châssis en bois, qui se brûlent très promptement, et qui se déjettent de manière à remmouler difficilement. Nos châssis étaient en fer et composés pour chaque partie avec un fer feuillard de cinq pouces de largeur, deux lignes d'épaisseur, et cinq pieds deux pouces de longueur.

Voici comme nous les faisions faire par notre forgeron : à dix-huit pouces d'un bout, on fait une échancrure de quatre lignes de profondeur avec le burin ou l'angle d'une lime d'Allemagne, à un pied, à dix-huit pouces ensuite, enfin la quatrième échancrure à un pied : il reste deux pouces pour former le joint. Ces échancrures sont répétées carrément de l'autre côté du feuillard : on plie au milieu de chaque échancrure le feuillard à angle droit; de cette manière, il se forme un parallélogramme de dix-huit pouces de long sur un pied de large. On cloue avec des rivets les deux bouts ensemble; mais comme nous avons préparé des échancrures, c'est pour rabattre des rebords intérieurement, afin de donner de la solidité au châssis, pour faire retenir les sables dans leur intérieur, et pour y percer les trous des goujons que doit porter la fausse pièce, qui est absolument pareille à celle dont nous venons de parler : nous avons établi de cette manière des châssis beaucoup plus grands, qui n'avaient pas plus de pesanteur qu'ils n'en auraient eu en bois; ils étaient d'une durée qui récompensait bien de la première mise de fonds. Nous avons fait cette description dans l'intérêt de la fonderie, persuadé qu'on renoncera aux châssis de bois, qui sont toujours d'un mauvais service, et où il y a toujours à faire lorsqu'on en a besoin.

Le fondeur de boîtes de roue ne fait pas uniquement que cette partie; elle est, au contraire, une annexe aux fondeurs qui entreprennent toutes les parties.

Les fondeurs de cannelles et robinets, qui se vendent chez les quincailliers, n'emploient, surtout pour les petites pièces, que des cuivres de bas aloi, nommé potin; leur atelier est des moins considérables, quoiqu'ils aient, plus que les autres fondeurs, un fourneau pour la la préparation de leurs noyaux. Ils ajustent et finissent leur ouvrage.

Les fondeurs de clous de chaudronnier et d'anses de chaudières, font également les clous de doublage des vaisseaux; ils emploient des cuivres à différens titres, mais toujours de première qualité; ils font aussi les différentes espèces de soudures, qu'ils grènent plus ou moins fin, et dans lesquelles il entre une plus grande portion d'alliage fin pour les rendre plus fusibles; comme aussi ils ont des soudures très fortes pour supporter le coup de marteau: c'est ordinairement de cette soudure dont les chaudronniers font usage. M. Brochin, rue des Gravilliers, à Paris, a ajouté cette branche d'industrie à sa fabrication, qui est d'ailleurs fort étendue dans les autres parties.

Il y a des fondeurs de clous de tapissier dont les femmes et les enfans opèrent le moulage, qui consiste à enfoncer dans du sable, battu d'avance dans des châssis, le modèle d'une manière uniforme et symétrique; ce sable est très uni et saupoudré avec de la folle-farine pour empêcher que les deux parties du moule ne s'attachent l'une à l'autre lorsqu'elles sont réunies.

Le maître fondeur tranche lui-même ces moules, c'est-à-dire prépare les conduits de la coulée, et chaque pièce, quelque légère qu'elle soit, en a une qui communique au jet principal. Il faut un soin particulier pour faire cette opération, et tout habile fondeur ne réussirait pas à la faire, s'il n'était guidé par la pratique; il mettrait infailliblement trop de matière dans les jets partiels, ce qui arracherait une partie de la pièce lorsqu'on viendrait à la séparer de la tige après la coulée. La verse ou l'emplissage de ces sortes de moule ne s'abandonne point au hasard; il faut avoir fait choix de bonne matière, dite *pendante*, qu'elle soit très chaude, avoir de plus l'usage, et savoir spontanément verser ce qu'il en faut pour remplir un moule qui n'absorbe que quelques livres de matière; un même creuset plein peut en couler dix à douze : les outils de fonderie sont connus de tous les fondeurs.

Les fondeurs de calandres, de cylindres et de gros objets de mécanique, sortent, pour ainsi dire, de la classe ordinaire des autres fondeurs, et se rapprochent des fondeurs de canon; leurs opérations sont à peu près les mêmes, tant pour les qualités des matières qu'ils emploient que pour la manière de travailler; c'est pourquoi nous renvoyons le lecteur à la fonte des canons de l'artillerie de terre.

M. Thiébault, fondeur, rue du Ponceau, à Paris, exploite presque exclusivement cette branche d'industrie, et il fond au creuset des cylindres de cinq à six cents livres ; c'est une des fonderies les mieux organisées pour ce travail, ainsi que pour une foule d'autres qu'il fait concurremment avec presque tous ses confrères.

CHAPITRE VIII.

FONDEURS DE CANDÉLABRES, FIGURES, PENDULES, OBJETS DE NOUVEAUTÉ ET DE LUXE, TIMBRES ET GRELOTS.

Les fondeurs de candélabres, figures, pendules et objets de nouveauté et de luxe, n'emploient que les ouvriers les plus renommés pour le moulage ; car chaque pièce qu'ils ont à fondre fait changer la forme du moule et la disposition des noyaux : il n'y a pas dans ce genre de fabrication de marche uniforme, il faut que le génie du mouleur le tire d'embarras.

Quand il veut faire des pièces de quelque mérite sous le rapport de la fonte, son œil exercé lui fait connaître les difficultés que le modèle présente, il l'étudie : s'il est petit, il le tourne et retourne dans ses mains ; s'il est de grande dimension, il ne cesse de marcher à l'entour, jusqu'à ce qu'enfin le travail soit entièrement fait dans son imagination, soit qu'il sépare momentanément quelque partie du modèle, qu'il donne au châssis des coupes qui puissent faciliter la dépouille, et qu'il batte un certain nombre de pièces de rapport; c'est quand il est bien pénétré de son travail qu'il met la main à l'œuvre, parce qu'il est sûr de réussir, en ce qu'il a su prévoir toutes les difficultés.

Si la pièce doit être fondue en sable, il fait l'approche de tout ce qui lui est nécessaire, châssis, sable, poussier et maillets; il met sa pièce ou modèle sur couche, dans le sens qui lui est le plus avantageux; il bat des pièces de rapport dans tous les endroits refoulés, jusqu'à ce qu'enfin il ait obtenu par ce moyen la dépouille parfaite d'une partie du modèle; il bat sa chape après avoir saupoudré de fin poussier de charbon toutes les pièces de rapport, pour en prendre l'empreinte exactement; il retourne son moule sens dessus dessous, et la couche qui avait servi dans la première opération se trouve supprimée et détruite; il voit le côté opposé du modèle, il prend les mêmes soins pour le couvrir de pièces de rapport, et l'enveloppe d'une ou plusieurs chapes, suivant qu'il est nécessaire pour l'introduction du noyau ou des noyaux dans l'intérieur du moule, ou au développement des parties saillantes.

Pour obtenir l'empreinte exacte, le fondeur de figures fait quelquefois deux moules, qu'il appelle creux. Lorsque toutes les pièces de rapport sont posées et fixées sur les chapes, l'un de ces creux sert à faire le noyau ; mais il arrive souvent que le bon creux sert à cette opération, ce qui peut très bien avoir lieu.

On prépare l'armature, qui est ordinairement en fer ; elle prend toutes les sinuosités du creux, dont on a bouché d'avance avec du sable, frotté tous les renfoncemens qui s'opposeraient à la sortie du noyau ; enfin, il met en pratique tout ce que nous avons dit au Chapitre IV qui ait rapport à cette partie.

Les moules de fondeurs de figures ont besoin d'une manipulation plus soignée et de sables mieux préparés. On les noircit avec des flambeaux de poix résine, au lieu de les enduire d'une couche de poussier de charbon préparé qui altérerait la pureté du creux ; et quand il s'agit de fondre ces moules, les ouvriers ont soin de préparer tous les châssis qui ont rapport à la même pièce, si elle est composée de plusieurs groupes, afin qu'elles soient coulées avec du cuivre qui soit au même titre. Le meilleur laiton est celui dont les fondeurs de figures font choix ; la limaille d'épingle leur convient quand elle a passé par la pierre d'aimant et qu'elle est dégagée des grains de fer qu'elle pourrait contenir et qui feraient tache par suite sur l'ouvrage, qui sans cela pourrait être sans défauts. Nous avons vu dans le cabinet de M. Biset, rue du Hasard, nº 9, différentes figures très bien fondues et exécutées ; elles sortaient des ateliers de M. Olivier, rue Neuve

Saint-Martin, n° 5 : il a une réputation méritée dans ce genre de travail.

Les outils des ouvriers qui s'occupent de
ce genre de travail n'ont rien de particulier
pour ce qui a rapport à la fonte ; mais les
mouleurs ont des maillets de plusieurs formes,
des tranches plus délicates, ainsi que leurs
épinglettes. Leurs brosses sont en poils de
blaireau, et leurs sacs à poussier en toile de
batiste.

Les fondeurs de grelots, clochettes, timbres
en cuivre blanc, font un commerce très
étendu ; ils ont des modèles qui représentent
exactement toutes les formes et grosseurs
qu'ils veulent fabriquer ; ils moulent en sable
ces pièces qui sont toujours en dépouille, et
ne présentent aucunes difficultés. Le grelot
seul semblerait en offrir pour le faire
venir creux ; voici comment on s'y prend : le
modèle de grelot est de deux pièces, comme
deux hémisphères ; l'une des parties, celle où
l'on remarque une ouverture oblongue, terminée par deux parties rondes, porte une
saillie qui se nomme porte-noyau : cette saillie
se moule avec l'hémisphère, et laisse son
empreinte dans le sable, ce qui forme un
creux qui sert pour loger la portée du noyau.

Le noyau est en sable ; on introduit, lorsqu'on le fait dans l'intérieur, des morceaux
de fer plus gros que les ouvertures rondes,
et proportionnés à la grosseur du grelot,
pour en former le battant.

Les cuivres que ces fondeurs emploient ne sont autres que le métal de cloche, c'est-à-dire, une composition de zinc, d'étain et de cuivre rosette, qui y entre pour les trois quarts ; ils font un secret de la composition des cuivres blancs, des timbres, qui n'est qu'un assemblage de matières plus pures, et dans lesquelles l'étain entre en plus grande proportion. Ces fondeurs ne connaissent pas généralement la composition du cuivre des cymbales ; cependant M. Darcet, qui se plaît à rendre service aux artistes et à les encourager, est d'un accès facile, et se ferait un plaisir de guider un fondeur qui entreprendrait cette partie ; il a dû faire part aux luthiers, qui fabriquent ou font fabriquer ces sortes d'instrumens, de la composition du métal le plus propre à produire des sons harmonieux.

Il y a des fondeurs qui ne fabriquent que des jets, des bandes, des plateaux, des plates-formes et des roues d'horlogerie de toutes dimensions ; leur roulage se fait sans difficulté, parce que leurs modèles ont beaucoup de dépouille, dans des châssis en bois avec du sable de Fontenay ; les cuivres qu'ils emploient, soit qu'ils fondent du cuivre rouge ou du laiton, sont toujours de la première qualité : ce sont eux qui fondent aussi des petites poulies et des galets ; ils emploient dans cette fabrication tout ce qui se rencontre de cuivre allié, qu'ils séparent du cuivre pur. Les outils de ces fondeurs sont peu nombreux, et leur fonderie se réduit souvent à une seule pièce, y compris l'atelier d'ébarbage.

CHAPITRE IX.

FONDEURS D'INSTRUMENS DE MATHÉMATIQUES; EXEMPLE DE LA FONTE ET DU MOULAGE D'UN CYLINDRE DE FORTE DIMENSION.

Les fondeurs d'instrumens de mathématiques, de physique et d'optique, sont renommés, comme les fondeurs en figures, pour l'emploi du laiton pur ; la partie la plus importante de leur fabrication est celle des télescopes qui ont une grande longueur ; elle demande beaucoup de soin dans le séchage du moule et du noyau, pour empêcher toutes espèces de soufflures qui mettraient nécessairement ces pièces au rebut, comme toutes celles qui sont susceptibles d'un très beau fini.

Il y a environ trois ans que des personnes qui s'occupent d'instrumens d'optique, me consultèrent sur la fabrication d'un tube de trente-six pieds de long sur sept pieds de diamètre, et ayant seulement trois lignes d'épaisseur, tout fini ; ils me demandèrent quel serait le nombre des tronçons, et les moyens de raccordement pour faire le moins de saillie possible en dehors, attendu qu'il n'en fallait pas en dedans.

Des questions de cette nature ne sont pas de celles auxquelles on peut répondre à l'instant même, elles demandent réflexion, et la solution d'un pareil problème n'est pas toujours certaine. Nous avions remis à quelques jours de là la conférence qui devait donner un résultat quelconque, et notre réponse fut que, tout bien considéré, il était plus prompt, plus simple, plus solide et même moins dispendieux, de fondre cette pièce d'un seul morceau, quelque mince qu'elle fût. A cette réponse, il se fit une exclamation unanime, et chacun parut jaloux de connaître de suite quels seraient nos moyens d'exécution : nous demandâmes la permission de ne nous en expliquer qu'autant qu'il serait certain que l'affaire se ferait ; nous répondîmes néanmoins à diverses questions, qui avaient pour but de connaître le poids de la matière qu'il fallait pour fondre, celui de la pièce lorsqu'elle serait terminée, et le prix qu'il en coûterait pour la fonte et fourniture seulement.

Nous trouvâmes que la pièce finie devait peser 9500 livres, et qu'il ne fallait rien moins que vingt mille de matière, tant pour les surépaisseurs que pour les jets et l'assurance, et qu'une pareille pièce ne pouvait coûter moins de soixante mille francs de fonte. Le prix les étonna beaucoup moins que la fonte d'un seul jet ; il y avait surtout deux étrangers, qui ne cessaient de mettre en doute la réussite d'une pièce aussi mince et aussi énorme d'un seul jet : je crois que le but qu'ils avaient, en nous faisant la demande d'une telle pièce, était de connaître quels seraient les procédés que nous mettrions en usage, pour s'en servir eux - mêmes s'ils les jugeaient praticables. Comme nous avions déjà été plusieurs fois dupes de notre franchise en pareille circonstance, nous nous tînmes en réserve, et depuis on n'a pas donné de suite à cette affaire.

Cependant, comme déjà elle était faite dans notre pensée, nous allons faire part ici de nos moyens d'exécution, qui, s'ils ne sont pas mis en usage pour un travail de cette nature, pourraient trouver leur application dans différentes circonstances, d'autant plus que nous employons des procédés absolument nouveaux dans l'art de la fonte.

Il n'y a pas de doute qu'un cylindre de trente-six pieds de long et de près de sept pieds de diamètre, fondu d'une seule pièce, à quatre lignes et demie d'épaisseur, doit paraître une chose étonnante, et que beaucoup de fondeurs regarderont comme impossible.

Cependant, si un fondeur n'avait à fondre qu'une surface d'un pied carré, de trois lignes d'épaisseur, lors même qu'elle serait courbe, regarderait-il la chose comme impossible ? non, sans doute; il disposerait ses jets et ses évents de manière à remplir exactement son moule, et à le vider d'air spontanément; enfin, ce qu'il fait pour un pied carré, ne peut-il pas le faire pour plusieurs, s'il prend les

mêmes soins et les mêmes précautions que
pour le premier? il répondra affirmativement:
alors, mettons-le à même d'agir sur une surface de 792 pieds, et nous aurons la solution
du problème. Mais trois choses s'y opposent;
c'est d'abord la composition du moule et d'un
noyau de cette nature, qui est souvent impra-
ticable; la répartition spontanée de la matière
dans toutes les parties du moule; et enfin,
une retraite de métal de quatorze lignes sur
le diamètre, et de six pouces sur la hauteur,
contre laquelle une pièce aussi mince ne peut
tenir sans se briser. Il est vrai que de pareilles
objections ne sont pas spécieuses, si on y ajoute
encore le séchage d'un moule et d'un noyau
de si grande dimension. Il est certain que
nous nous sommes fait ces objections; et
avant de décider que la pièce pouvait être
fondue d'un seul morceau, nous avions la
certitude que nous pouvions rendre nuls de
pareils empêchemens. C'est en mettant la main
à l'œuvre, pour ainsi dire, que nous convain-
crons nos lecteurs de la possibilité d'exécuter
une pareille pièce, et même de plus considérables.

Nous allons commencer notre travail par
la fabrication du noyau. On pense sans
doute qu'il sera en terre, et tourné à l'échantillon sur un arbre de couche, ou trousseau
assez gros, assez fort et assez solide pour
le supporter, et que nous allons nous mettre
à l'aplomb de grues assez fortes pour en faire

la manœuvre; point du tout, si nous adoptions ce mode de moulage, qui est mis en pratique dans toutes les fonderies, nous serions sûrs à l'avance de ne pas réussir.

Le moulage d'une pareille pièce doit se faire perpendiculairement sur un pivot, et rien ne doit changer de position, pour la confection du noyau, du modèle et de la chape; tous ces préparatifs doivent se faire sur le fourneau de séchage, dans une fosse ou puits de quarante-deux pieds de profondeur et de quatorze pieds de diamètre.

Ainsi donc, dans une fonderie quelconque, ou même sous un hangar dans lequel il se trouverait un fourneau propre à fondre trente-six milliers de cuivre, on doit faire creuser une fosse de seize pieds de diamètre et de quarante-huit pieds de profondeur, dont le sol soit sec et assez solide pour supporter un massif de maçonnerie de six pieds d'épaisseur, qui portera dans son milieu une pierre de taille de très forte dimension, où on logera une crapaudine en fonte, qui y sera encastrée. Si le sol de la fosse n'est pas assez solide, on bâtira le massif sur des couchis en forte charpente. A l'entour de la fosse on élevera un mur en moellons, taillé pour former les parois de ladite fosse, et on réservera de quatre pieds en quatre pieds des trous de boulin de six à sept pouces en carré, et de plus d'un pied de profondeur, pour pouvoir atteindre à toutes les hauteurs du moule au fur et à mesure qu'il se confectionnera. Le dessus de la fosse sera arrêté par un pourtour en pierres de taille, un pied au-dessous de la sole du fourneau.

L'arbre et la plate-forme qui devront supporter le moule et le noyau seront en fonte, et surmonteront un poêle de même métal, qui doit opérer le séchage de la masse du moule et du noyau ; c'est de la composition de cet appareil que doit dépendre la réussite de l'opération entière. Voyez à ce sujet les dessins que nous en avons faits.

Nous avons établi une crapaudine dans le fond de la fosse, pour y mettre le pivot de l'assemblage en fonte, formant poêle de séchage, trousseau pour le noyau, et plate-forme pour le moule sur laquelle on fait le noyau. Cette plate-forme est surmontée de six tuyaux à lanterne, c'est-à-dire percés de trous au pourtour de leur diamètre, et recouverts de nattes de paille ; ils sont posés verticalement sur la plate-forme inférieure, qui a dix pieds de diamètre, et vont se joindre à la plate-forme supérieure, qui n'a que le diamètre du noyau. Ces divers tuyaux, qui ont six à sept pouces de diamètre intérieurement, sont joints ensemble par des brides et des entretoises circulaires, qui en forment un tout qui fait la solidité du noyau, leur cavité communiquant au poêle et à la plate-forme supérieure, de manière que c'est autant de cheminées par où la fumée peut sortir, et favoriser la chaleur nécessaire au séchage du noyau, quand même la multitude de jets qui traversent le noyau en tous sens et à toutes les hauteurs, seraient insuffisans pour une pareille opération.

Le tourillon d'en haut est creux, et fait partie de la plate-forme supérieure; il roule entre un croisillon, qui est solidement fixé sur la maçonnerie, qui borde et forme le dernier rang de la fosse, en sorte que tout l'assemblage, y compris le poêle, tourne sur un pivot et dans une bourdonnière, ainsi que le fait l'arbre d'une grue, à l'exception que celle-ci n'est retenue dans son aplomb que par la force du pivot de la bourdonnière, toute la charge se faisant ressentir au bout d'un levier considérable auquel on n'a pas opposé de contre-poids. Il n'en est pas de même pour notre appareil; il se trouve également chargé par les conduits des jets, par les tuyaux et les sables, de manière que le mouvement du pivotage se fait avec assez de facilité, et sans opposer une résistance inégale qui puisse nuire à la parfaite confection du noyau.

On scelle dans la fosse, d'une manière solide, un arbre vertical en bois, dont toutes les faces sont bien dressées à la règle et au cordeau; cet arbre porte des coulisseaux, ou tringles en saillie, pour servir de conducteur à un échantillon à biseau et garni en fer; cet échantillon est destiné à faire le même office que celui des maçons, lorsqu'ils traînent un entablement ou corniche au moyen de longues règles qu'ils ont ajustées d'avance sur le mu des murs.

Avant de penser à former le noyau, on a dû se pourvoir de douze cercles en bois, de quinze pouces de hauteur, qui, étant réunis les uns à côté des autres comme les jantes d'une roue, forment un cercle de sept pieds et quelques lignes de diamètre intérieur; c'est dans cette caisse circulaire, que l'on portera à différentes hauteurs, que l'on battra en sable le noyau du cylindre, lorsqu'on aura renfermé les tubes qui doivent servir de jets à cette pièce.

Nous venons de dire plus haut que le pivot de la bourdonnière qui tenait à la plate-forme supérieure du châssis en fonte qui doit se mouler dans l'intérieur du noyau, était creux; c'est par cette ouverture que l'on descend jusque dans le fond du châssis du noyau, à l'aplomb du tuyau de chaleur qui est réservé au milieu du poêle, un long tube en cuivre d'une demi-ligne d'épaisseur, formant un tuyau de poêle de trente-huit pieds de longueur; ce tuyau est percé à son pourtour de vingt-quatre trous de huit lignes de diamètre, et il en porte autant dans toute sa longueur, à quatre pouces de distance les uns des autres, mesure prise perpendiculairement, c'est-à-dire soixante-douze par pied, ou pour la totalité du cylindre, deux mille sept cent trente-six, nombre égal à celui des jets qui doivent concourir à former la pièce.

Ce tuyau mis en accord avec celui de chaleur du poêle, on ajuste les vingt-quatre premiers jets au premier rang de trous; ce sont des tubes en cuivre mince, un peu coniques, comme ceux des instrumens à vent, c'est-à-dire portant huit lignes de diamètre du gros bout qui s'ajuste au tuyau, et six lignes de l'autre : ces cuivres n'ont que trois points d'épaisseur. Chaque tuyau, long de trois pieds deux pouces et demi, va aboutir à la circonférence du noyau, en s'inclinant un peu vers leur base, pour que la matière qui en parcourra le vide arrive à la surface intérieure du moule en remontant ou à syphon.

Cette première disposition prise, les jantes qui doivent arrêter les sables du noyau, lorsqu'on les comprime, étant bien concentriquement posées avec le pivot, que l'on fait tourner à cet effet, on commence à bâtir sur la plateforme inférieure le premier lit de sable du noyau, on en met un second, un troisième, que l'on comprime le plus également possible. Les tuyaux de toute nature s'y trouvent renfermés, et entourés exactement de sable. Cette première couche mise, qui aura fait environ quatre pouces de hauteur, on place encore vingt-quatre petits tubes qui communiquent de l'intérieur du tuyau de six pouces de diamètre à l'extérieur du noyau; on met de nouveaux sables dans les caisses circulaires, on les étend également sur leurs surfaces, et on comprime à plusieurs reprises, jusqu'à la troisième opération, qui doit former un pied de hauteur, et renfermer soixante-douze petits tuyaux ou jets divergens vers la circonférence.

Comme les caisses ou jantes en bois, qui n'ont que quinze pouces de hauteur, ne pouraient contenir la poussée des sables si on ne les déplaçait, on les enlève à cet effet d'un pied, et on les assujettit sur des tasseaux, après s'être assuré qu'ils concourent au centre de la pièce; ce que l'on reconnaît en la faisant tourner sur son pivot, au moyen de l'arbre vertical que l'on a ajusté pour trancher le noyau lorsqu'il sera entièrement terminé : c'est pourquoi on ne risque jamais de mal opérer en augmentant son diamètre au lieu de le diminuer.

Ce que nous venons de faire sur le premier pied du noyau doit se répéter de la même manière sur les trente-huit autres; ainsi, au lieu d'avoir une carcasse en fonte montée entre deux plateaux, on y voit maintenant un cylindre en sable représentant un fût de colonne dont l'extérieur se ressent des inégalités qui auront été produites par le raccord des jantes de la caisse dans laquelle cet énorme noyau a été battu. On ôte les jantes, et on rend les pivots libres, pour pouvoir tourner le noyau et le mettre à son diamètre exact. Quatre hommes, qui tiennent chacun un bras d'un croisillon adapté au tourillon supérieur, mettent la machine en mouvement; le calibre de réduction du noyau est fixé dans ses coulisseaux, qui sont établis bien parallèlement aux axes du noyau; le maître mouleur tient ce calibre, et en dirige le couteau, pendant que l'on tourne l'appareil de haut en bas. Il sépare de cette manière la quantité de sable que le noyau portait en excédant, et il en unit la surface en passant plusieurs fois son échantillon, et en frottant le couteau à parer sur la surface. Lorsqu'on l'aura réduite d'une couche de poussier de charbon, que l'on aura saupoudré et fait entrer dans les pores du sable avec la brosse de blaireau, le noyau étant terminé à son diamètre, on doit apercevoir les ouvertures des jets qui se multiplient à l'entour; si ces ouvertures se trouvaient encore recouvertes d'une légère couche de sable, il est facile de les découvrir au moyen d'épinglettes très fines; on unit ces ouvertures et on les remplit de coton pour empêcher qu'il ne s'y introduise quelque sable qui empêcherait l'introduction du métal.

Lorsque le noyau a reçu sa dernière façon, qu'il a le diamètre et la solidité des sables voulus, on ôte les coulisseaux en bois; et, comme on n'a plus besoin d'imprimer de mouvement de rotation au noyau, on met des étrésillons sous la plate-forme de dessous, qui supportent sur le massif en maçonnerie; ce surcroît de solidité est pour empêcher de fléchir le pivot, lorsqu'il serait surchargé du poids des sables du châssis de la chape. Les châssis de la chape sont composés de douze par assise, le devant de ces châssis est ouvert,

ils sont fermés par les côtés et sur les der-
rières, et forment les claveaux d'un plein
cintre de dix pieds de diamètre, qui est celui
extérieur du châssis; ils ont un pied de hauteur et sont en bois de dix-huit lignes d'épaisseur; ils sont maintenus dans les formes coniques par des équerres et des barres de fer,
dites côtes de vache, qui les traversent à différentes hauteurs et en différens sens, pour le
maintien des sables dans l'intérieur, et empêcher l'éboulement sur le devant, qui est la
partie moulante du cylindre.

Lorsqu'on opère le moulage de la chape, on
s'est pourvu de portions de modèle, circulaires,
de l'épaisseur que l'on doit donner à la fonte,
soit en cuivre, soit en tout autre métal; on
applique ces portions de modèle sur le noyau,
et au moyen d'étrésillons mis contre les parois
des châssis, que l'on retire au fur et à mesure
que l'on comprime le sable dans la pièce. Lorsque chaque pièce de châssis est comprimée,
on retire le calibre métallique qui a servi de
modèle, et on le place à un degré plus haut,
pour qu'il puisse continuer à mouler le cylindre
en entier dans les châssis de la chape, qui se
comprime portions par portions; après avoir
uni et saupoudré toutes les surfaces, qui ne
doivent être jointes que par juxta-position,
on fait des repères sur les sables de chaque
pièce de châssis pour en reconnaître la position, indépendamment des coulisseaux que les
côtés des châssis portent, et des goujons en

tringles de fer qui traversent deux paires de châssis à la fois, ce qui forme un système de boulons du haut en bas; ce qui prévient tout écartement dans la masse entière des châssis, dont le nombre est de quatre cent cinquante-six.

Le moulage entier de la chape étant terminé, on démoule ces pièces de châssis en leur assignant des numéros, jusqu'à ce qu'on ait découvert la plate-forme inférieure; alors on vérifie le noyau, on débouche toutes les ouvertures des jets, qui ont été aplaties d'avance, pour ne pas avoir plus d'épaisseur que le corps de la pièce, ce qui occasionnerait la rupture de la pièce lors de la retraite.

Si les tuyaux ou jets partiels dépassaient de quelques lignes le nu du noyau, ils ont dû être enfoncés avant que l'outil du calibre ait fait sa trace; alors, comme il pourrait se faire qu'ils n'arrivassent pas jusqu'au vide, on fait un petit évasement dans le sable du noyau, ce qui fortifie la pièce, et laisse un téton intérieur que l'on enlève ensuite au burin.

Nous n'entrerons dans aucun détail sur la manière de faire le moule, elle n'a rien de particulier; c'est un moulage ordinaire par assise que tous les fondeurs connaissent.

Nous supposons donc que notre moule est terminé, que les parties de la chape et du noyau ont reçu le cendrage au poussier de charbon, et que toutes les coutures des différentes parties du moule ont disparu, il s'agit maintenant d'opérer le séchage d'une pareille pièce, pour qu'il soit uniforme dans toutes ses parties.

Pour y parvenir, on fait un feu de bois dans le poêle qui sert de soubassement à la masse entière; la fumée monte par les six tuyaux qui sont renfermés dans les sables du noyau, et les échauffe à la longue. Le tuyau en cuivre qui passe dans le tourillon du haut descend dans le fond du poêle, où il est entouré par un tuyau en fonte faisant bouche de chaleur. Cette chaleur se répartit dans les deux mille sept cent trente—six tuyaux de communication, et porte la chaleur dans le vide du moule. Elle se communique bientôt aux pièces de la chape pour en opérer la siccité entière, et le séchage du moule entier se fait d'autant mieux et plus vite que l'on a bouché la partie supérieure du tuyau par où doit passer le métal pour se distribuer dans toutes les parties du moule, en commençant par le bas pour se terminer par le haut.

Maintenant pour procéder à la verse du moule, on fond dans un fourneau à réverbère, ainsi que nous l'avons expliqué, la quantité de matière nécessaire d'abord à la confection du moule qui doit être de quinze mille livres; le gros jet de trente-six pieds de long est de quatre mille cinq cents; les jets partiels, au nombre de deux mille sept cent trente-six, doivent peser neuf mille cinq cent seize livres; le poids total effectif de matière employée est donc de vingt-neuf mille seize livres; le dixième de déchet et l'assurance ne peuvent être moindre de sept mille livres; or le fourneau doit être chargé de trente-six mille livres, ce qui est à peu près la moitié moins que pour une statue équestre; et il est probable qu'on retirera en jets et coupeaux un poids de vingt-deux mille livres qui aura été fondu pour assurer le succès de la pièce.

Le fondage étant le même que pour les canons et les statues, nous nous abstiendrons d'en décrire la méthode, puisqu'on peut la trouver dans les opérations que nous décrirons par suite dans cet ouvrage.

Il ne s'agit plus maintenant pour nous qu'à examiner si nous avons su prévoir les objections que nous nous sommes faites au commencement de ce travail; la première avait rapport à la confection d'un moule aussi considérable, pouvant renfermer un noyau concentrique qui ne laisserait que quatre lignes et demie de vide entre la chape et le noyau; il est certain que si nous eussions employé le système de mouler les cylindres entre deux pièces de châssis, il est probable que nous n'aurions pas réussi, tant parce que le noyau aurait fléchi sous la charge, que parce que la chape n'aurait pu se manœuvrer, comme on fait celle d'une pièce de canon, sans éprouver d'avaries. Le système de mouler debout laisse au noyau toute sa force; il est entretenu dans son ensemble par une foule de jets et par les six tuyaux montans et leur garniture, de manière qu'on peut dire que les parties du sable du bas ne sont pas plus comprimées par le poids que celles d'en haut.

La chape, qui se compose de quatre cent cinquante-six voussoirs, repose sur la plate-forme du noyau, qui, de plus, est consolidée par des étrésillons qui portent sur le massif de maçonnerie.

Lorsqu'on monte les diverses assises de la chape autour du noyau, on est toujours certain que le vide est égal, partout on voit le débouché des jets, ce qui assure qu'ils apporteront la matière dans ce vide; enfin, le moule se termine sans fortes manœuvres par des opérations dont on est maître, et qui ne changent pas de disposition par le placement du moule dans la fosse, puisqu'il y a été construit : enfin, le fondeur, avant de verser sa matière, connaît l'état intérieur de son moule, c'est pourquoi il l'emplit avec sécurité.

La seconde objection était que le séchage du moule pourrait bien ne pas être égal et parfait; mais il en est autrement dans le procédé que nous employons; la chaleur est répartie par tant de canaux et à tant de places à la fois, qu'il est impossible qu'elle ne sèche pas toutes les parties du moule; il est d'ailleurs un moyen très certain de s'en assurer, c'est de descendre un tube d'eau froide dans l'intérieur du grand jet; s'il y a de la vapeur dans le moule, elle se condensera sur le tube d'eau froide ; alors on doit continuer le séchage pour qu'en répétant l'opération le tube d'eau froide remonte sans humidité extérieure ; voici ce qui répond au séchage.

Quant à la verse de la matière, elle se fait avec une telle affluence par un jet de six pouces, qu'elle peut emplir à la fois cent quarante-quatre tubes latéraux destinés à couler quarante-quatre pieds carrés de matière, ce qui forme dans le cylindre une tranche de deux pieds ; et comme la verse se fait à syphon, on est toujours certain que c'est le bas du moule qui s'emplit par tranches horizontales, ce qui donne à l'air qui est contenu dans le vide du moule la facilité de sortir par le haut qui reste entièrement ouvert.

Les expériences que l'on aura faites pour remplir un pied carré se trouvant être les mêmes par rapport à la dimension des jets et à la continuité de la verse, il n'y a pas de doute que la matière arrivera au haut du moule et y débordera, si elle est plus abondante que le vide du moule n'est grand. Cette troisième objection nous semble avoir été prévue, et il ne reste plus à parler que de la quatrième, qui a rapport à la retraite du métal, et qui doit causer des fentes dans une pièce aussi mince, puisque les statues équestres que l'on a fondues jusqu'à ce jour ont manifesté de pareils défauts après la fonte.

Nous répondrons que ce qui est arrivé aux

statues équestres doit constamment y arriver, tant que l'on ne changera pas la méthode de les verser, et tant que les jets seront pris dans la chape, qui, durcie par le recuit du feu, retient ces jets et empêche la retraite du métal.

Tandis que nous, au contraire, nous coulons intérieurement par des jets qui se rattachent à l'intérieur de la pièce, et qui, comme elle, éprouvent une retraite de la circonférence au centre; c'est certainement bien sur la multiplicité de ces jets et sur leur peu de dimension que nous avons compté pour opérer une retraite de quatorze lignes sur le diamètre, et cette retraite s'effectue d'autant mieux que les jets sont un peu coniques, et tendent à attirer la masse du métal vers le centre. Un cylindre fondu creux par cette méthode n'est pas plus susceptible de se fendre par la retraite que s'il eût été fondu plein.

Nous ignorons si nous avons bien pu nous faire entendre de nos lecteurs; peut-être avonsnous oublié quelques détails qui pour nous ne sont rien, parce que nous avons conçu le projet, mais qui peuvent être utiles aux personnes qui n'ont pas l'imagination aussi frappée que nous; nous renvoyons dans tous les cas à l'explication des dessins qui en diront, sans doute, plus que tout ce que nous venons de décrire à ce sujet. Nous ne prolongerons pas davantage ce chapitre, parce que la méthode que nous venons d'indiquer sommairement sera traitée à fond dans la troisième partie de cet ouvrage, où il sera question de fondre les statues équestres et tous les monumens de grande dimension; à cet effet, nous reprenons la suite des différentes branches du fondeur en cuivre.

Les fondeurs d'ornemens d'église avaient acquis une réputation qui leur était méritée, pour le moulage, qui ne le cède en rien pour la difficulté au fondeur en bronze : en effet, ils faisaient sortir du moule, avec assez de netteté, des ouvrages bizarrement contournés et ornés de festons et figures qui augmentaient les difficultés du moulage, tels que bras de cheminée, girandoles, chandeliers d'église, lampes, pupitres, aigles, statues, etc. Cette branche de commerce, à Villedieu-les-Poêles, département de la Manche, est considérablement tombée, depuis qu'on a renoncé à ce genre d'ornement, pour le remplacer par un genre de sculpture plus moderne, plus simple et d'un meilleur goût, qui se rencontre chez les fabricans de bronze et les ébénistes, qui font fondre, rue Saint-Nicolas, à Paris, la plupart des cuivres, chapiteaux et pièces plates dont ils ornent leurs meubles.

Il y a encore des fondeurs d'objets divers et d'ouvrages plats qui fournissent tout ce qui concerne la quincaillerie, tels que fiches, briquets, charnières, entrées de porte, boutons, patères, poignées, chandeliers, bougeoirs, etc., qui sont susceptibles d'être bronzés ou mis en couleur; le cuivre qu'ils emploient pour ces objets est ordinairement jaune, et a plus oï moins de qualités, suivant la nature des pièces. Cette fabrication, quoique souvent chargée d'ornemens, n'est nullement difficile d'exécution pour le moulage, parce que ceux qui s'y rencontrent ne sont pas refoulés et se font ordinairement au tour, avec la molette; ces fondeurs n'ont pas d'outils particuliers, et pour ce qui a rapport au détail du travail, ils peuvent consulter ce que nous avons dit sur la généralité de l'art du fondeur.

Nous n'avons pas cru devoir faire mention des fondeurs de plaques de cuivre, soit rouge, soit jaune ou laiton, pour la fabrication des planches de cuivre propres à faire les poêles et chaudrons, et pour le tirage des fils de laiton qui servent à la fabrication des épingles; ces parties sont assez intéressantes pour être traitées chacune séparément. (*Voyez* les articles laminage, battage, et tirage des cuivres, par Duhamel-Dumonceau.)

CHAPITRE X.

LE FONDEUR RACHEVEUR; DESCRIPTION DU TONNEAU HYDRAULIQUE.

LE fondeur racheveur et le fondeur fontainier font, pour ainsi dire, la même partie; celui-ci fait les plus gros objets, tels que gros robinets, gros corps de pompe à manége avec tout ce qui y a rapport, tandis que le premier fait les ouvrages les plus délicats pour lesquels

il emploie quelquefois la ciselure ; il fait exclusivement les pompes à incendie, les garniture
de bains, les lieux à l'anglaise, et une quantité considérable de pièces qui ont rapport à
l'hydraulique, de sorte que l'on peut dire que
pour la confection de tous ces ouvrages, la
fonderie est la moindre partie, puisque l'ajustage des pièces que ce fondeur jette en moule,
en font un tourneur, un ciseleur, un ajusteur
et un machiniste.

Presque tous les fondeurs de province, dans
les villes du second et du troisième ordre,
font en général toutes les parties de la fonderie, et plusieurs d'entre eux s'occupent de la
fabrication des pompes à incendie ; c'est là
que chacun donne carrière à son imagination
dans la fabrication de ces machines ; en sorte
que souvent deux pompes, sortant des mains
du même ouvrier, ne sont pas pareilles : cependant il serait à désirer qu'il y ait uniformité dans ces sortes de machines, pour que
les pièces d'une pompe puissent servir à une
autre, dans le cas où il y en aurait une des
deux hors de service. M. de Plasanet a ex-
primé ce vœu dans son *Manuel du sapeur-
pompier*; mais il n'a pas fait assez dans ce cas ;
c'est à lui à présenter un modèle de pompe
qui réunisse toutes les qualités nécessaires pour
agir convenablement dans toutes les localités,
et à faire rendre une ordonnance pour que
toutes les machines à incendie du royaume
soient faites sur le même modèle, afin qu'il en

soit pour les pompes comme pour l'artillerie, qui s'exécute partout de la même manière.

Peut-être M. de Plasanet ne diffère-t-il ce travail que pour donner aux pompes à incendie tout le degré de perfection que l'on désire rencontrer dans de pareilles machines; personne, mieux que lui, ne peut parvenir à ce but; ses connaissances théoriques, et l'expérience qu'il a acquise depuis qu'il commande l'estimable corps des sapeurs-pompiers, le mettent à même de rendre un service aussi important pour la société.

Combien de fois n'a-t-on pas vu dans des incendies considérables, la flamme faire les plus grands ravages, parce que les pompes qu'on apportait sur ce théâtre de désastre n'étaient pas en état de faire spontanément le service, ou parce que, dans la manœuvre de celles qui pouvaient le faire, il venait à manquer une pièce principale, que l'on ne pouvait remplacer aux dépens des pompes qui ne pouvaient être d'aucune utilité, parce qu'il n'existait point d'uniformité dans la manière de fabriquer les pompes d'un même calibre.

L'uniformité que nous demandons existe au moins pour Paris, et c'est là où il en est moins besoin que dans les campagnes; les secours sont si abondamment et si promptement administrés dans la capitale, que les dégâts causés par l'incendie ne sont jamais considérables, tandis que partout ailleurs ils sont la cause de la ruine de plusieurs familles; c'est

pourquoi on ne peut trop éveiller la sollicitude des administrations pour l'organisation
uniforme des secours à porter contre les incendies, et pour obtenir un système de pompes
plus approprié au besoin des campagnes :
nous ferons connaître à ce sujet ce que nous
avons cru devoir faire, pour fournir une
pompe toujours prête à porter des secours
certains.

Voici, à cet effet, l'extrait du rapport fait
à la Société d'encouragement, par une société
prise dans son sein, par l'organe de M. Fran-
cœur, rapporteur de cette commission :

« Le tonneau hydraulique de M. Launay,
« dit-il, est une pompe à incendie ordinaire,
« placée dans l'intérieur d'un gros muid cer-
« clé en fer, semblable à ceux qui servent à
« alimenter nos ménages. Le réservoir d'air est
« placé au milieu ; l'un des corps de pompe
« est à l'avant, l'autre à l'arrière du tonneau ;
« la bascule s'étend en long, et trouve son
« appui au-dessus du réservoir ; les hommes
« manœuvrent aux deux bouts ; un mécanisme
« simple et nouveau oblige les pistons à de-
« meurer verticaux.

« Ce mécanisme tend à diminuer le frotte-
« ment, et à faciliter le bouchage des corps
« de pompe, à leurs parties supérieures, pour
« empêcher les graviers de s'y introduire, et
« conséquemment de les détruire, comme cela
« arrive trop souvent dans les corps de pompes
« ordinaires.

« Sous la voiture est suspendue une bache
« d'osier, garnie en toile imperméable; on y
« trouve des tuyaux en cuivre, qui se replient
« en faisceau, et qui sont susceptibles de faire
« toutes espèces de sinuosités. Ces tuyaux ser-
« vent à l'aspiration, et peuvent être prolon-
« gés indifféremment de niveau, ou descendre
« dans un puits de 25 à 30 pieds; ils coûtent
« moins chers, et sont d'un service plus géné-
« ral que ceux mis en pratique jusqu'à ce jour;
« ils servent à alimenter la pompe, soit que
« le bout soit dans la bache, dans un puits,
« ou dans tout autre réservoir d'eau. La
« pompe peut s'alimenter également comme
« les autres, en faisant la chaîne.

« Voici, dit M. le rapporteur, les avantages
« qu'on trouve à ce système. Le tonneau doit
« demeurer constamment plein d'eau; la voi-
« ture qui le porte doit être sans cesse en état
« de marcher, sans éprouver de retard. Un
« incendie vient-il à se déclarer, on attèle de
« suite un cheval, on transporte la machine,
« et ce prompt secours permet de penser que,
« fréquemment, le feu n'aura pas fait assez de
« progrès pour qu'il ne soit pas facile à arrê-
« ter; dans le cas où cette première provision
« serait insuffisante, elle donnera au moins le
« temps de former la chaîne, ou de placer les
« tuyaux d'aspiration, sans perte de temps.

« Ce tonneau hydraulique offre une grande
« facilité à être transporté, et c'est surtout
« dans les campagnes qu'il présentera des avan-

« tages marqués : on objectera peut-être que
« dans les mauvais chemins la charge d'eau
« rendra la voiture trop pesante. En outre
« qu'en pareil cas on peut tripler la force qui
« transporte, si on ne peut user de ce moyen, ce
« qui arrivera très rarement, un robinet, des-
« tiné à laisser échapper tout ou partie de
« l'eau du tonneau, servira à alléger le far-
« deau, en renonçant, il est vrai, à l'avantage
« qu'il offrait de donner sur-le-champ le
« secours demandé; il rentrera alors dans la
« classe des autres pompes, avec cette diffé-
« rence pourtant qu'il n'aura pas besoin d'être
« amorcé pour agir de suite. (1)

« Il me restait, dit M. le rapporteur, à en-
« trer dans les détails de la construction, pour
« vous montrer l'industrie de l'inventeur; car
« plusieurs sont nouveaux : je me bornerai à
« quelques points principaux.

« Ordinairement les corps de pompe sont en
« cuivre, tournés, rodés et calibrés. M. Lau-
« nay préfère, pour l'économie, les composer
« d'une plaque de cuivre courbée en cylindre,
« et soudée à ses bords; on la tire au banc,
« pour être certain qu'elle sera parfaitement
« cylindrique; ce cylindre, ainsi composé, est
« maintenu dans une armature de fonte de
« fer; par là on ne craint pas qu'il se déforme,

---

(1) Amorcer une pompe, c'est y introduire de l'eau
afin de rendre de la souplesse aux cuirs des pitons, et
de pouvoir opérer le vide, qui ne se ferait pas sans
cette précaution.

« et on peut croire que par l'usage, le cuivre
« demeurera cylindrique, et sera très long-
« temps sans avoir besoin de réparation, d'au-
« tant plus que le mouvement des pistons se
« fait perpendiculairement, et non oblique-
« ment, comme dans les pompes en usage
« tant à Paris qu'ailleurs : on peut voir, dans
« les dessins, la forme des pistons, afin d'em-
« pêcher que les graviers qui se glissent dans
« la pompe, ne l'engorgent et en produisent
« la destruction.

« Les points de flexion de tuyaux présen-
« tent aussi une amélioration dont on doit sa-
« voir gré à l'auteur.

« Comme le tonneau hydraulique demeure
« constamment plein d'eau, les pistons et les
« soupapes sont toujours plongés dans ce fluide,
« ce qui entretient la souplesse des cuirs, et
« l'empêche d'être hors de service, précisément
« à l'instant du besoin ; c'est là un des avan-
« tages inappréciables du tonneau hydraulique.

« Le récipient d'air, et les tablettes sont en
« fonte de fer, et fondus d'un seul jet.

« On a vu à l'exposition des produits de
« l'industrie, un appareil de M. Gailard, pro-
« pre au transport de sa pompe. Toutes les
« fois que les chemins ne seront pas très mau-
« vais, cette invention sera utile. Le tonneau
« hydraulique aura pourtant l'avantage de
« pouvoir marcher plein ou vide, et à volonté,
« et d'avoir une construction robuste, qui lui
« permet d'aller par tous les chemins, en trans-

« portant également les agrès et les hommes,
« s'il est besoin.

« Enfin, M. le rapporteur termine en ajou-
« tant que les modifications apportées au sys-
« tème le lui font donner à assez bon compte,
« tout monté sur les roues et voiture. La plus
« grosse est de dix-huit cents francs, et sans
« voiture, elle coûte mille francs ; il y en a de
« huit et même de six cents francs.

« Après un examen attentif de ces deux ma-
« chines, le Comité des arts mécaniques a pensé
« que surtout dans les campagnes, le tonneau
« hydraulique peut être d'une très grande
« utilité, et offrir des moyens rapides et cer-
« tains d'arrêter les effets désastreux des in-
« cendies, et que les moyens économiques que
« le sieur Launay a employés sont parfaitement
« applicables aux pompes à incendie ordi-
« naires, qui sont loin de présenter comme le
« tonneau hydraulique, tous les degrés de per-
« fection désirables.

« En conséquence, le Comité propose d'en
« recommander l'usage, approuve le rapport,
« et en adopte les conclusions pour être in-
« sérées au *Bulletin de la Société*. »

Il résulte évidemment du rapport de la Société des arts mécaniques qui précède, que le
tonneau hydraulique présente des garanties
incalculables contre les incendies ; qu'il sur-
passe, sous une infinité de rapports, les machines à incendie inventées jusqu'à ce jour ; en
un mot, que M. Launay a atteint le but qu'il

s'était proposé, c'est-à-dire « que le tonneau
« hydraulique est toujours pourvu d'une
« quantité d'eau suffisante pour éteindre un
« incendie dans sa naissance, et qu'il offre les
« moyens rapides et certains d'arrêter les effets
« de ceux qui pourraient avoir fait des progrès;

« Que le tonneau hydraulique est d'un en-
« tretien facile, puisqu'il ne s'agit que de le te-
« nir toujours plein d'eau pour qu'il soit en
« bon état;

« Que le tonneau hydraulique peut être ré-
« paré par les simples ouvriers de la campagne,
« et peut être manœuvré par le premier venu;

« Que le tonneau hydraulique lance l'eau
« à cent trente pieds au moins, puisque le pro-
« cès-verbal ci-dessus analysé, constate que le
« jet de l'eau qu'il lançait lorsque l'expérience
« en a été faite, a démonté un tuyau en tôle de
« la cheminée d'une maison élevée de sept
« étages;

« Enfin, que le tonneau hydraulique coûte,
« sans voiture, mille francs, huit cents francs
« et six cents francs, selon la dimension de sa
« machine, qui est de cinq pouces, quatre
« pouces et trois pouces, et dont les raccords
« ont deux pouces vingt-une lignes et dix-huit
« lignes, tandis que la pompe de M. Gailard,
« exposée au Louvre, était cotée deux mille
« cent quatre-vingts francs, sans tuyaux d'as-
« piration, qui coûtent quatre à cinq cents
« francs. »

Les services que le tonneau hydraulique a

rendus lors de l'incendie qui eut lieu à Paris, à la maison de madame la comtesse de Coigny, le 29 octobre 1819, prouvent la bonté de cette machine ; elle lançait son eau du milieu de la place de Beauveau, au second et au troisième étâge, de manière que l'eau qui frappait aux plafonds s'éparpillant sur les meubles embrasés, permit aux braves sapeurs-pompiers l'entrée des appartemens, et ils purent avec leurs éponges et l'eau qui était en abondance sur les planchers, éteindre le reste de l'incendie.

Le système de la voiture du tonneau hydraulique a déjà été adopté par le corps des sapeurs-pompiers ; c'est lui qui fournit à l'approvisionnement des pompes : puisqu'il en est ainsi, on se demande pourquoi la pompe et le tonneau ne sont pas inséparables.

Si la ville de Versailles, où les sapeurs-pompiers sont organisés, avait eu, au lieu des pompes qu'elle a, des tonneaux hydrauliques, elle n'aurait pas vu s'accroître l'incendie qui eut lieu le 1er septembre 1819, parce que les pompes de la ville se sont trouvées hors d'état de servir.

Que sera-ce donc dans les campagnes, où les pompes sont souvent disposées dans une charterie, où l'élasticité des pistons se perd par la poussière et la sécheresse, si dans les villes où il y a des compagnies bien organisées on est sujet à de pareils inconvéniens ?

Il est bon d'observer que le tuyau d'aspiration, mis dans un puits ou dans un réservoir quelconque, peut servir aux besoins du ménage, et en même temps à éteindre un incendie; il peut également servir à l'arrosement des jardins et des prairies, et se remplir avec l'effort de deux hommes, au moyen de l'aspiration. Une pompe de cette nature devrait être attachée à de grandes exploitations.

Plusieurs hameaux en Picardie sont pourvus de ce genre de pompe, et les incendies deviennent moins fréquens.

CHAPITRE XI.

SUITE DU FONDEUR RACHEVEUR; POMPE ASPIRANTE ET FOULANTE MONTÉE SUR CHARIOT.

Nous avons également fourni la pompe dont nous allons nous occuper; son intérieur est le même que le tonneau hydraulique, et peut comme lui lancer son eau par deux jets à la fois : cette pompe présente tous les avantages du tonneau, à l'exception qu'elle est sujette à un entretien que le tonneau hydraulique n'exige pas.

La pompe dont il s'agit se compose d'abord d'une plate-forme double en bois de chêne, de trois pouces d'épaisseur pour chaque plateau; on y renferme un tuyau d'aspiration en cuivre, qui porte d'un bout une soupape à plan incliné qui reçoit l'eau de la bache pour fournir au jet de la pompe ; de l'autre bout du tuyau d'aspiration, il y a un robinet qui est placé extérieurement à la bache de la pompe, que l'on tient fermé lorsque la soupape intérieure est ouverte, et que l'on ouvre lorsque celle-ci est fermée, et l'aspiration se fait alors au dehors.

Le tuyau d'aspiration dont il s'agit porte deux tubulures qui sont distantes de deux pieds ; ces tubulures sont en accord avec les corps de pompe, et aboutissent aux soupapes dites culasses, dans les autres pompes ; ces culasses ne sont point percées de trous, mais s'ajustent avec des vis au moyen de cuirs, sur la plate-forme et dans l'ouverture des tubulures. Les corps de pompe sont mis à l'aplomb, et lorsque le piston agit par ascension, l'air dilaté ou raréfié fait ouvrir la soupape des culasses, et aspire l'eau de la bache ou du réservoir extérieur, suivant que le robinet ou la soupape sont ouverts ou fermés ; la pompe reste dans l'inaction quand l'un et l'autre sont fermés, quoique la bache soit pleine d'eau.

Les corps de pompe sont des cylindres en cuivre rouge, d'une ligne et demie d'épaisseur et de cinq pouces de diamètre ; ils sont faits en chaudronnerie et parfaitement soudés et dressés intérieurement ; ils sont étamés en dessus.

Ces cylindres sont renfermés dans des fourreaux faits de la même manière, en cuivre, seulement d'une demi-ligne d'épaisseur ; ces fourreaux sont étamés en dedans après avoir été planés : on met le corps de pompe dans l'intérieur du fourreau, on égalise le vide qui se trouve entre deux, du haut et du bas, avec des cales en cuivre ; on pose le tout bien perpendiculairement sur une portion de châssis battu en sable pour boucher l'orifice inférieur ; on allume du feu intérieurement dans le corps de pompe, et on coule entre sa paroi extérieure et celle intérieure du fourreau, de la soudure d'étain qui forme une épaisseur de trois lignes autour du corps de pompe, et qui s'y soude, ainsi qu'au fourreau, au moyen de l'étamage dont nous avons précédemment parlé, de manière que le tout fait un ensemble comme si le corps de pompe était d'une seule pièce et du même métal ; la ductilité de l'étain et des cuivres du corps de pompe et du fourreau permet alors de pouvoir tirer au banc tous les corps de pompe ainsi fabriqués, ce qui deviendrait impossible s'ils étaient fondus d'une pièce de quatre à cinq lignes d'épaisseur.

Pour parvenir au calibrage des corps de pompe, on a un banc à tirer, qui se compose de deux poupées en bois, solidement montées sur un châssis.

Ces poupées sont percées d'un trou de deux pouces et demi de diamètre par où on passe une grosse vis à pas carrés, plus longue et semblable à celle des plus forts étaux ; contre la tête de la vis, on appuie des rondelles en acier poli, du diamètre intérieur du corps de pompe ; au moyen de la vis et de son écrou en cuivre , qui porte deux leviers en fer , on introduit , en tournant la vis et la rondelle dans l'intérieur du corps de pompe : cette première passe fait connaître les inégalités du planage , qui sont toujours fort peu de chose ; on fait une seconde passe avec une rondelle qui a deux points de diamètre de plus que la première , en graissant avec du savon noir pour faciliter la passe ; lorsqu'elle est terminée, on s'aperçoit que l'intérieur du corps de pompe devient uni , et qu'il ne laisse plus apercevoir que quelques faibles coups de marteau, qui disparaissent entièrement sous la troisième passe. Le corps de pompe étant en cet état, on le fait décaper à l'eau seconde, et on le récure intérieurement, aussi bien que si l'on voulait en opérer l'étamage ; on le sèche bien , et on fait disparaître avec soin jusqu'au moindre gravier que peuvent laisser les sables d'écurage. Plus l'intérieur du corps de pompe est uni par le récurage , plus il devient uni et lisse sous les deux passes qu'on lui fait subir consécutivement , ayant soin de mettre du savon noir , pour faciliter la passe : la cinquième passe finie est la dernière , et le corps de pompe a cinq pouces de diamètre, exactement comme il peut en avoir quatre ou trois , si ce sont des pompes de ces calibres que l'on a eu intention de faire.

Les viroles ou filières sont des rondelles en acier trempé , poli sur le tour , et dont les pans sont légèrement abattus en goutte de suif. On conçoit que ces viroles introduites avec force dans l'intérieur des corps de pompe, en augmentent le diamètre, en les rendant parfaitement cylindriques, et que si le nombre de passes est égal avec les mêmes filières, tous les corps de pompe doivent avoir le même diamètre : c'est afin d'établir l'uniformité dans les dimensions d'une pompe que nous avons établi le procédé de tirer au banc.

Peut-on réussir à avoir des corps de pompe constamment du même diamètre, par le procédé de l'allezage que l'on a mis en usage jusqu'à ce jour ? Nous ne le pensons pas; car quelque solide que soit l'appareil, fût-il comme celui que l'on établit pour les gros cylindres de machines à vapeur, le tranchant ne peut pas toujours être ajusté de la même manière; s'il cesse de couper, on l'affûte de nouveau, et l'allezoir perd de son diamètre, par conséquent le corps de pompe qui est soumis à cet outil en perd aussi. N'y aurait-il qu'un point de variation du haut au bas du corps de pompe, cette variation produira des effets que nous signalerons lorsque nous parlerons de la manœuvre de la pompe.

Il peut exister une différence plus grande, d'un corps de pompe à l'autre; alors on doit renoncer à l'avantage de se servir des deux pistons indifféremment pour l'un des corps de pompe; et dans ce cas, les pièces de rechange deviennent impossibles pour établir l'uniformité.

Ce n'est pas sans raison que nous avons insisté pour obtenir un diamètre uniforme et constant, car un corps de pompe viendrait-il à manquer, leur ajustage avec le récipient et entre les plates-formes est tel, que l'on peut substituer l'un à l'autre, dans aussi peu d'instans qu'il en faut pour démonter une pompe.

C'est cet ajustage qui doit nous occuper maintenant : le corps de pompe, soumis à l'allezage, n'a point d'ouverture latérale vers sa base, comme ceux qui proviennent de la fonte ; afin que la filière ne rencontre pas d'enfoncement, qui formerait un bossage à l'endroit opposé, on ouvre après coup cette ouverture, qui est cylindrique, de dix-huit lignes de diamètre ; on laisse un champ de six lignes à la base du corps de pompe ; on ajuste la douille du clapet de récipient, à l'ouverture que l'on vient de pratiquer, en introduisant un mandrin, et en mettant le clapet sur un couchis qui est perpendiculaire à l'axe du corps de pompe et parallèle à sa base. On soude à l'étain cette douille au corps de pompe, et l'on fait une nervure pour augmenter la solidité de la soudure ; le clapet porte la femelle d'un raccord, de quatre pouces de dimension, qui en venant s'appuyer sur le bord du clapet l'unit avec le mâle, qui est soudé sur le récipient, au moyen d'une virole de cuir, comme l'on en met dans tous les raccordemens.

Les deux corps de pompe, qui, un instant auparavant, se trouvaient isolés, sont, au moyen des deux raccords du clapet, réunis au récipient, et constituent ce qu'on nomme la pompe, les autres parties n'étant regardées que comme accessoires.

Le récipient est une caisse en cuivre, qui se termine comme le fond d'une casserole, et en haut par une demi-sphère emboîtée et réunie à la hausse du récipient par une astragale ou virole en cuivre, que l'on soude solidement à l'étain, après avoir étamé tous les joints du cuivre qui doivent le recouvrir.

Le récipient doit avoir dix pouces de diamètre et quinze pouces de hauteur, et se trouve exactement compris au milieu des deux plates-formes; le bas, appuyé sur l'une, et la partie sphérique touchant au-dessous de la plate-forme supérieure: la hauteur du récipient est d'ailleurs la même que celle des corps de pompe, mesure prise jusqu'à l'embase qui supporte la plate-forme supérieure.

Cet appareil, ajusté sur le tuyau d'aspiration, est réuni au moyen de huit boulons qui traversent les deux plates-formes.

Le récipient de notre machine porte deux tuyaux de sortie, qui se dirigent latéralement vers les deux côtés de la bache, perpendiculairement à l'axe du balancier. Dans les pompes de Paris et autres, il n'existe qu'un seul tuyau de sortie, et par conséquent les pompes n'ont qu'un seul jet.

Dans celles de notre invention, nous y avons établi deux jets ; et voici le motif qui nous a déterminé à adopter cette innovation. Les campagnes n'ont ordinairement qu'une seule pompe ; l'incendie paraît presque toujours des deux côtés de la chaumière ; si on éteint le feu d'un côté il fait des progrès de l'autre, de manière qu'il est pour ainsi dire impossible de couper un feu avec une seule pompe, surtout si les maisons sont contiguës, comme dans les villages de la Picardie. La pompe à double jet, dans ce cas, équivaut à deux ; on prolonge les boyaux d'un côté, tandis que de l'autre on conserve le boudin : de cette manière la pompe porte deux bouts de lance, et on bat le feu avec la même machine, des deux côtés. Dans différentes expériences que nous avons faites à ce sujet, nous avons remarqué que chaque jet portait encore son eau à plus de quatre-vingts pieds, sans autres boyaux que les boudins, et que la pompe était souvent le centre d'un cercle mouillé de deux cents pieds de diamètre, quoique chaque bout de lance eût une ouverture de six lignes ; c'est pourquoi il n'est point étonnant qu'une pompe, au moyen d'une garniture entière de boyaux, ne porte son eau à plus de cent soixante pieds de chaque côté. Ces avantages des pompes à deux jets ont été généralement reconnus pour le service des campagnes, ce qui fait que nous n'avons fourni sur la fin que des pompes à deux et même trois jets ; les dimensions des corps de pompe étant de cinq pouces.

Pour raccorder les jets de sortie avec la bache des pompes, on se sert de la pièce à double écrou ; on la nomme ainsi parce que deux écrous peuvent s'y adapter, c'est-à-dire celui de sortie du récipient, et celui du boudin ou boyau de direction de jet : elle a un bord plus large que l'autre, et reçoit une rondelle en cuir pour l'accoler exactement avec le cuivre de la bache, et pour empêcher que l'eau qui est dans celle-ci ne fuie par ce raccordement.

La pompe que nous venons de décrire est la même que celle qui est renfermée dans le tonneau hydraulique, où elle est fixée sur des chantiers, et introduite par un fond brisé qui se referme au moyen de quatre vis. Cette même pompe a été mise dans une bache en cuivre pour avoir un appareil plus mécanique, mais qui demande plus de soins que le tonneau hydraulique. Le seul avantage que nous ayons pu remarquer à cette pompe, c'est que le montage et le démontage s'en font plus rapidement que dans le tonneau hydraulique.

La bache de la pompe a une forme plus régulière que celle des pompes de Paris ; elle contient plus d'eau, et la contient à sa partie supérieure, où elle a un renflement ; la forme de cette bache lui étant donnée par l'emboutissage, elle a plus de fermeté que si ses côtés étaient à plat ; elle est bordée d'une tringle de fer rond qui ajoute encore à sa solidité.

Passons maintenant à la partie mouvante de la pompe : elle se compose de deux poupées en fer portant coulisseaux pour y descendre deux doubles coussinets en cuivre ; ces poupées sont fixées à la plate-forme par quatre écroux qui se vissent en dessous, et elles se terminent par deux plates-bandes qui appuient sur les coussinets au moyen de quatre écroux à chapeau et en cuivre qui retiennent l'arbre de rotation du balancier dans les doubles coussinets en cuivre.

Le balancier est une barre de fer qui a quatre pouces et demi de dimension dans son milieu, par où passe l'axe de rotation ; à un pied du milieu, ce balancier, qui a dix-huit lignes de large et va en diminuant sur ses deux dimensions, largeur et épaisseur, porte deux renflemens, pour y ajuster les pièces brisées du mouvement perpendiculaire, et se termine dans les deux bouts par deux moufles obliques où passe, dans une mortaise oblongue, un bras de levier forgé et limé d'échantillon, susceptible de se rallonger ou de se raccourcir au besoin, ainsi que nous aurons occasion de le démontrer, pour les différens services de la pompe : ce levier porte les manchons de la pompe pour la mettre en action.

Les leviers brisés s'ajustent d'un côté aux brides de support de poupée, et de l'autre aux tiges de piston, et dans le mouvement oscillatoire impriment un mouvement perpendiculaire aux pistons, qui, comme le dit monsieur le rapporteur du Comité des Arts mécaniques, tend à diminuer le frottement et à faciliter le bouchage des corps de pompe à leurs parties supérieures, pour empêcher les graviers de s'y introduire, et conséquemment de les détruire, comme cela arrive trop souvent dans les corps de pompes ordinaires.

Si l'on jette un coup d'œil sur la manière dont le piston est refoulé dans les pompes dites de Paris, on verra que, par la forme du balancier dont les points de résistance sont très rapprochés du point d'appui ou de rotation, par celle des poupées ou supports de balancier, et par les tiges de piston qui sont très courtes, la pression se fait sur les pistons dans un sens oblique à la marche qu'ils doivent suivre dans le corps de pompe, ce qui occasionne un frottement considérable, qui tend à déformer constamment les corps de pompe. C'est la partie, dans la pompe dite de Paris, qui est la moins bien conçue; quant aux autres pièces, elles sont bien exécutées, et nous ne pensons pas qu'elles puissent l'être mieux pour ce qui a rapport aux raccordemens, aux garnitures de boyaux, aux clapets et soupapes; nous nous référons toujours à ce que nous avons dit sur la manière d'allezer les corps de pompe.

Les pistons de notre pompe sont dégorgés du milieu, et font ressort sur les bords, de manière que le frottement sur les parois des corps de pompe est presque nul, parce que les cuirs qui les forment sont emboutis, et opposent une résistance tant à l'air d'un côté qu'à l'eau de l'autre, pour l'obliger à se rendre dans le récipient.

Nous avons ajouté à la pompe que nous décrivons, des tuyaux d'aspiration de nouvelle forme, plus commodes et moins dispendieux que ceux que l'on fabriquait autrefois ; leur jonction se fait avec deux gobelets en cuivre fondu, dont les deux ouvertures sont ajustées à gueule de loup, et rodées ensemble comme l'est une clef de robinet avec son boisseau.

La réunion de ces deux gobelets se fait au moyen de vis à écroux qui pressent sur les côtés opposés à l'ajustage, et le tiennent hermétiquement fermé sans que l'air puisse s'y introduire.

Ces gobelets portent deux tubulures où on ajuste des tuyaux tirés à la filière, de la longueur de quarante-quatre pouces chacun ; ces tuyaux sont susceptibles de se replier en tous sens l'un sur l'autre, et de former, pendant le transport, un faisceau qui se déploie en tous sens pour aller trouver l'eau qui doit être aspirée, soit qu'elle soit dans un puits de vingt à vingt-cinq pieds de profondeur, soit qu'on puisse la prendre dans un réservoir à fleur de terre.

L'avantage que présente l'aspiration est remarquable, surtout pour le service des campagnes qui ont bon nombre d'abreuvoirs, et où les bras peuvent manquer dans le commencement d'un incendie, et où ils deviennent nécessaires pour la manœuvre de la pompe, qui est un exercice très fatigant, surtout si l'on exige d'elle un service forcé; ce qui ne manque jamais d'arriver en pareille occurrence, car on craint toujours de ne pas assez faire.

Enfin, quelle dépense peut occasionner l'addition, à la pompe ordinaire, d'un tuyau d'aspiration? Elle est à peu près le dixième en sus du prix de la pompe, et elle offre pourtant un service incomparablement supérieur. A-t-on besoin de faire un épuisement, la pompe aspirante et foulante y est propre; veut-on qu'elle serve à l'irrigation des gazons d'un jardin, l'aspiration mise dans le réservoir fournit l'eau aussi loin qu'elle est longue, ainsi que les boyaux de projection. Enfin, veut-on accoler cette pompe à une fontaine ou à un puits, elle peut servir aux besoins de la maison, et une personne seule, dans ce cas, peut en faire le service.

Tels sont les avantages que nous avons cru remarquer dans cette nouvelle machine, qui semblent devoir lui faire donner la préférence sur celles que l'on a faites jusqu'à ce jour.

Nous ne donnerons pas de détails sur la fabrication des robinets, soupapes, clapets, raccordemens et bouts de lance; ceux dont nous nous sommes servi sont les mêmes que l'en emploie dans les pompes de Paris. C'est M. Roy, fondeur, sur le nouveau quai aux Fleurs, qui nous a fourni ces objets, parfaitement confectionnés, à des prix plus modérés que nous n'aurions pu le faire. Il met une telle uniformité dans ses fournitures que toutes les pièces qu'il livre ont toujours les mêmes dimensions, et ces dimensions sont celles des pompes de Paris. Nous demanderions qu'il fît un modèle de bout de lance d'un diamètre de quelques lignes plus fort pour les pompes de cinq pouces, afin d'éviter le frottement de l'eau sur les parois intérieures de la lance, frottement qui nuit à la force du jet, ainsi que nous avons eu occasion de le remarquer. Quand la lance était privée de son dé de sortie, l'eau pouvait encore jaillir à trente ou quarante pieds, tant elle se trouvait retenue par l'étranglement de la lance.

L'objection que nous faisons est réelle ; cela nuit à la force de projection des grosses pompes : c'est pourquoi nous engageons les fabricans à y faire attention.

Nous ne terminerons pas cet article sans parler du chariot qui doit porter la pompe. Celui qui est en usage à Paris irait difficilement dans les chemins des campagnes; la voie des roues n'est point assez large pour les conduire dans les frayers, et elle est trop large pour les éviter, surtout si l'on conduit promptement la pompe au lieu de l'incendie. Ce chariot ne pourrait non plus pénétrer dans les ruelles et les allées, ce qui fait que l'on serait obligé de porter la pompe à bras au lieu du désastre.

Le chariot que nous avons imaginé nous semble prévenir ces inconvéniens : la voie est rétrécie, et ne porte extérieurement, mesure prise au bout des essieux, que quatre pieds. C'est l'ouverture d'une porte bâtarde et des ruelles ou des chemins étroits; la dimension des roues est la même, et cependant deux forment avant-train, et sont susceptibles de tourner pour suivre toutes les sinuosités ; les roues de derrière peuvent devenir à leur tour avant-train, si l'on se trouve dans un espace trop resserré pour pouvoir faire tourner la flèche : il ne s'agit pour cela que d'enlever un brancard en fer portant deux tenons qui s'ajustent dans des tire-fonds qui sont ajustés sur la monture de l'essieu. Ce brancard va sur le devant se joindre à fourchette à la cheville ouvrière de l'avant-train que l'on destine à être mobile, ce qui tient l'arrière-train dans une position perpendiculaire à la longueur du chariot. Il est bon d'observer que chacune des roues de devant et de derrière ont une cheville ouvrière, et deux armons pour y établir la flèche de tirage. Enfin, pour changer le train, on retourne les armons qui sont sous le chariot en avant, et on met ceux qui sont en avant sous le chariot; et le même brancard en fer qui entre dans les tire-fonds, et à fourchette dans la cheville ouvrière du devant, sert à maintenir l'arrière-train dans une position fixe, comme on le remarque dans toutes les voitures à quatre roues. Cette manœuvre est moins longue à exécuter qu'à décrire; nous en parlons par expérience.

Nous avons établi notre pompe sur des roues de vingt-sept pouces de hauteur pour pouvoir la faire manœuvrer sur son chariot, à l'instant même où elle arrive au lieu de l'incendie. Les habitans de la campagne, pour le service de leurs pompes, ont fait mettre à demeure sur des chariots les pompes qui n'y étaient pas, et leur chariot était approprié aux localités; quant à nous, qui voulions ne pas abandonner la méthode suivie dans les incendies à Paris, nous avons composé notre chariot de manière à pouvoir démonter la pompe de dessus ses avant-trains pour en poser la plate-forme par terre. Cette manœuvre se fait en dévêtissant alternativement le derrière et le devant de la pompe de ses chevilles ouvrières, et en séparant les deux trains en enlevant le brancard en fer de dedans ses pitons; c'est ainsi que nous avons pu accorder l'une et l'autre manœuvre, il est vrai après avoir apporté quelques changemens à la forme des balanciers ordinaires, et en y ajoutant les tiges des manchons à coulisses dans des moufles, afin de mettre la manœuvre à la portée des travailleurs, pour qu'ils puissent agir avec le moins d'efforts possibles et avec toute la force musculaire dont ils sont susceptibles.

Tous les changemens que nous avons apportés à la pompe à incendie nous ont été dictés par des expériences comparatives sans nombre, que nous avons faites dans les villages de la Picardie, où nous avons fourni beaucoup de pompes, avec des machines tirées de Paris, qui ne réunissaient pas les avantages que nous avons ajoutés.

En effet, il est très avantageux d'avoir une pompe qui puisse aspirer et refouler en même temps; car elle agit plus promptement que celle pour laquelle on est obligé de faire la chaîne, et d'apporter avec soi des seaux et des vases de toute espèce.

Les baches des pompes de Paris ne contiennent point assez de liquide, et lorsqu'on les fait agir sur leur plate-forme elles n'ont point assez de solidité pour ne pas répandre une grande partie de l'eau que l'on y verse. Le cadre rétréci de cette pompe fait qu'il y a confusion dans la manœuvre; les travailleurs et les chaîneurs se nuisent les uns aux autres, tandis que si la pompe portait une aspiration, on pourrait emplir une cuve, des tonneaux défoncés, où l'on porterait le tuyau qui sert à alimenter la machine, sans en approcher de très près, afin de laisser la facilité de disposer de la direction des boyaux comme les pompiers le jugent plus convenable.

La direction de deux jets équivaut souvent au produit de deux pompes, et peut rendre les mêmes services.

Enfin, la pompe que nous venons de décrire, si elle n'est pas parfaite, présente du moins assez d'avantages pour que l'on en fasse usage à l'exclusion de celles déjà connues, en y apportant tous les soins d'exécution dont les meilleures machines sont susceptibles; et le plus grand service que l'on pourrait rendre à cette partie, ce serait d'établir une uniformité constante, et des ateliers où ces machines bien confectionnées ne pourraient être livrées aux communes qu'après avoir été soumises à l'inspection de l'ingénieur et der officiers attachés au matériel du corps des sapeurs-pompiers : tel est notre vœu, et nous espérons qu'il pourra s'accomplir, puisque le commandant des sapeurs-pompiers de la ville de Paris en a senti la nécessité, et l'a manifestée dans son *Manuel du Sapeur-Pompier*, où l'on trouvera une foule de documens utiles à ceux qui sont préposés à la garde et à l'entretien des machines à incendies. Quelles que soient la nature et la forme des pompes, les précautions que M. de Plazanet indique sont indispensables.

CHAPITRE XII.

FONDEUR FONTAINIER. TRAVAUX; DESCRIPTION DE LA POMPE DES BAINS VIGIER ; NOUVELLE POMPE ÉTABLIE A LA MACHINE DE MARLY.

Le fondeur fontainier fait ordinairement la fonderie et les gros ouvrages en fonte de cuivre, tels que gros robinets et pompes foulantes et aspirantes à épuisement et à manége, et toutes les machines hydrauliques qui servent à l'élévation des eaux, pour en former jets et cascades. On voit dans ce genre de travaux une foule de productions assez variées : on peut consulter Bélidor à ce sujet. La pompe de Notre-Dame, à Paris, et la Samaritaine, étaient faites dans le même genre. On peut voir dans l'ancienne Encyclopédie les détails de ces deux machines : on y trouve également tout ce qui a rapport à la machine de Marly. Nous passerons sous silence ce qui peut avoir rapport à ces machines, pour nous occuper de celles qui sont plus récentes et qui font un pareil travail.

Feu M. Brasle, ingénieur hydraulique, fit établir pour les bains neufs construits pour et par M. Vigier, une pompe à manége composée de trois corps de pompes, afin d'élever l'eau à vingt-deux pieds de hauteur pour fournir à l'approvisionnement des bains.

Cet ingénieur jugea que pour élever l'eau à une si petite hauteur, il pouvait employer le poids de cylindres fondus, tournés et polis extérieurement, et introduits dans des fourreaux en cuivre battu, dont la sommité serait garnie de cuirs de frottement : ce fut une espèce d'innovation qui fut accueillie par le propriétaire des bains. On bâtit alors à grands frais un bateau recouvert d'un bâtiment rond et terminé par une partie carrée, afin d'y établir un manége et la bache pour les pompes; et l'on fixa cet attirail à la suite des bains. Comme nous avons été appelé à faire les plans de cette machine après qu'elle a eu subi divers changemens, nous la ferons connaître dans son état actuel, en soumettant quelques unes de nos observations.

La pompe dont il s'agit est composée, ainsi que nous venons de le dire, de trois corps de pompes, formant cylindres de quatre pieds de longueur chacun, et de sept pouces de diamètre; ils entrent dans des fourreaux de cuivre battu, d'un diamètre intérieur un peu plus considérable que les cylindres; ces fourreaux sont garnis, à la partie supérieure, de rondelles en cuir, qui font frottement contre les parois extérieures des cylindres : ces fourreaux ont chacun un tuyau d'aspiration qui plonge dans la Seine, et aspire l'eau dans le courant le plus rapide, et loin des immondices qui se trouvent sur ses bords : le dessus de ces fourreaux est recouvert par une bache, presque toujours pleine d'eau, pour favoriser l'aspiration, qui se fait d'ailleurs très lentement.

Le mouvement d'ascension se fait au moyen d'un manége, dont la vitesse n'est que de quatre tours par minute; les cylindres, qui sont fermés par en bas, portent, à la partie supérieure, un croisillon auquel on attache le premier chaînon d'une chaîne en fer, faite à rivets, dans le genre de celle des montres; cette chaîne, qui est triplée, passe sur trois poulies, dont la tangente de la gorge est à l'aplomb, moins la moitié de l'épaisseur de la chaîne, du centre des cylindres, et est destinée à les enlever alternativement.

L'arbre du manége porte, à son tourillon

supérieur, une manivelle à un seul coude, de deux pieds de giron ; il y a un tourillon dans lequel une moufle en cuivre s'ajuste ; elle est susceptible de tourner à droite, et spontanément à gauche, suivant qu'elle y est sollicitée par le poids des cylindres, qui montent et descendent alternativement, lorsqu'ils ont parcouru l'espace de quatre pieds, double du giron de la manivelle à cette moufle ; on a fixé près le diamètre trois anneaux mobiles, où le dernier chaînon de la chaîne de chaque cylindre est attaché à une longueur convenable ; on voit, par cette disposition, que l'arbre du manége agissant, le cylindre du milieu, par exemple, doit se trouver en bas, lorsque le giron de la manivelle approche le plus de la poulie, qui est à l'aplomb du cylindre, et lorsque le giron s'en éloigne davantage, par un demi-tour du manége, le cylindre est en haut.

Par la disposition du mouvement du giron, qui se porte, chaque demi-tour du manége, de droite à gauche, deux pieds de chaque côté du centre, la chaîne, à partir de la poulie perpendiculaire, suit ce mouvement, qui nuirait considérablement à l'effet du cylindre ; pour régulariser ce mouvement, et le mettre en harmonie avec la gorge de la poulie perpendiculaire, M. Brasle a imaginé de mettre deux poulies horizontales pour faire passer la chaîne dans les deux gorges rapprochées de ces poulies, qui tournaient alternativement,

soit que le cylindre montât, soit qu'il des-
cendît.

Les mêmes effets avaient lieu pour les cylindres, des deux côtés; on a établi également
des poulies de frottement, horizontales, et on
a fait passer la chaîne extérieurement, de manière que le mouvement oscillatoire du giron
de la manivelle n'influe en rien sur le mouvement d'ascension des cylindres : cette machine
a été très bien exécutée, et cependant nous ne
la donnons pas comme un modèle à suivre;
d'abord, parce que le mouvement d'aspiration étant très lent, la raréfaction de l'air
dans les fourreaux n'est pas aussi complète
qu'elle pourrait l'être si le mouvement était
plus prompt, et il est presque certain qu'elle
ne se ferait pas, si la bache n'était pas constamment pleine d'eau; car les cuirs de frottement
ne sont jamais ajustés assez hermétiquement
pour empêcher l'introduction de l'air dans les
fourreaux, lorsque le vide s'opère : c'est ce
que l'on reconnaît par un sifflement qui se fait
entendre, lorsque la bache est dégarnie d'eau.
Le bas des fourreaux est percé de trous cylindriques, et porte des clapets qui empêchent
le retour de l'eau dans les fourreaux; lors de
l'aspiration, les trois sont réunis en un seul
jet, pour porter l'eau au réservoir d'eau qui
se trouve placé au-dessus des chaudières, dans
le comble du bâtiment du bain. Comme le manége qui porte la pompe, et le bain, sont sur
deux bateaux séparés, et que les ondulations

qu'ils éprouvent par le courant de la rivière ne sont pas uniformes, on a été obligé de mettre un tuyau de communication, en cuir, cousu sur de doubles épaisseurs ; ce tuyau a sept à huit pouces de diamètre, et peut, par son élasticité, permettre la communication de l'eau de la pompe d'un bateau à l'autre ; ce qui n'aurait pas été possible avec des tuyaux métalliques, à moins qu'ils n'aient été composés comme ceux dont nous venons de donner la description dans nos pompes à incendie.

On a vu, à la dernière exposition, une pompe à double effet, dont le cylindre était mobile et agissait au moyen d'une crémaillère, tant en montant qu'en descendant, et d'un arbre de couche, avec une moufle brisée et un coussinet mobile, de manière à agir sans interruption des deux côtés de la crémaillère ; ce mécanisme, déjà employé dans plusieurs machines, et notamment par M. Cagnard Latour, dans ses cagnardelles, est fort ingénieux ; aussi a-t-il été fait de cette pompe des éloges souvent répétés, et elle a attiré l'attention de plusieurs savans, qui en ont fait les rapports les plus avantageux : nous ignorons comment il a pu leur échapper que cette pompe était sujette, comme celles qui ont le mouvement lent d'aspiration, à ne faire le vide que très imparfaitement, et que le mouvement d'ascension était beaucoup plus pénible pour les travailleurs ; qu'ils agissaient avec le poids du cylindre en plus que lorsque le refoulement se faisait, ce qui occasionnait une différence dans le produit de la machine; nous avons fait apercevoir cet inconvénient à celui qui a succédé à l'inventeur : il est probable que cette machine a maintenant tout le degré de perfection désirable; quelques-unes de ces machines ont été établies dans les abattoirs, avant leur perfectionnement.

La pompe qui nous a paru avoir les meilleurs effets, est celle établie par feu M. Brunet, sur l'une des roues de la machine de Marly; elle montait, d'un seul jet, quatorze pouces d'eau de fontainier sur le haut de la tour des aquéducs de Marly, à plus de cinq cents pieds, mesure prise perpendiculairement.

M. Brunet était un homme qui connaissait son métier; il avait diminué le diamètre de ses corps de pompes, afin de diminuer la charge de l'eau, et les avait réunis, au moyen d'une culotte et de clapets, à un récipient d'où partait le jet unique de quatre pouces de diamètre, qui portait l'eau au haut de la tour.

La machine de M. Brunet eut le succès qu'il devait en attendre, et malgré cela il ne rencontra que des obstacles, tant de la part des ouvriers de l'ancienne machine, qui en craignaient la destruction, que de ceux qui voulaient faire prévaloir leur projet : cependant il est constant que la pompe de M. Brunet a fait le service seule des eaux de Versailles, pendant quelque temps; nous avons vu nous-même cette machine produire les quatorze pouces d'eau dont nous venons de parler.

~~~~~~~~~~~~~~~~~~~~~~~~~~~~~~~~~~~~~~

CHAPITRE XIII.

POMPE DE NOUVELLE FORME POUR ÉLEVER L'EAU A UNE TRÈS GRANDE HAUTEUR ; DES RUMBCOURSE, OU AILES DE MOULIN A VENT HORIZONTALES.

Nous allons décrire une machine à peu près du même genre, que nous avons construite pour élever l'eau à cent douze pieds de hauteur.

Les corps de pompe ont seulement quatre pouces de diamètre ; ils sont tirés au banc, comme ceux des pompes à incendie. L'aspiration des trois corps de pompe se divergent en trois branches, qui s'ajustent avec des brides à la culasse des trois corps de pompe ; l'aspiration a quinze pieds de longueur et trois pouces de diamètre.

Les corps de pompe se terminent en haut par une genouillère portant brides et clapets, et la tête du corps de pompe est une boîte à étoupe dite stuphembook, pour donner passage à une tige de cuivre de neuf lignes de diamètre, qui donne au piston un mouvement perpendiculaire ; les pistons, quoiqu'à ressort, comme ceux des pompes à incendie, sont percés dans leur milieu, et ont un clapet qui détermine l'eau du corps de pompe à monter dans un récipient d'un pied de diamètre, et de deux pieds de hauteur.

Le tout est ajusté ensemble au moyen de deux plates-formes et de boulons qui servent à réunir l'ensemble de la machine que l'on a descendue dans un puits sur des traverses en bois, à quinze pieds de la surface de l'eau.

Trois tringles montantes, en fer rond, de neuf lignes de diamètre, s'ajustent bout par bout, à douilles et à clavettes, avec des tiges de piston, et agissent perpendiculairement.

La colonne d'ascension, qui part du bas du récipient, a trois pouces de diamètre; partie est faite en tuyaux de fonte, et les parties contournées en plomb; elle déverse son eau dans un réservoir en charpente, garni de tables de plomb.

Le moteur de cette machine devait être le vent; mais on avait adapté un système d'aile à vent, horizontal, de notre invention, auquel nous avions donné le nom de *rumbcourse*, à cause qu'il peut agir par tous les airs de vent, sans qu'on soit obligé de lui donner une direction, comme on le fait pour les autres machines que le vent fait agir.

La composition de ce mécanisme est très simple, et il ne peut l'être davantage.

Le *rumbcourse* est composé d'un arbre vertical en fonte, qui porte à sa partie inférieure un pivot reposant sur sa crapaudine; cette

machine devait traverser une lanterne, dont
le poinçon de la coupole était creux, et servait de bourdonnière à l'arbre, qui dépasse
de neuf pieds le dôme de cette coupole ; ce
dépassement porte six mortaises en haut et
six mortaises en bas, dans lesquelles on ajuste
des rayons de dix pieds, qui sont maintenus
par des cercles en fer, forgés sur le plat, qui
sont encastrés dans les rayons, et empêchent
le devêtissement de l'arbre. L'écartement des
rayons est maintenu par des montans et des
contre-fiches ; les rayons sont garnis en fer
dans le bout ; celui du dessous porte une crapaudine, et celui d'en haut une douille pour
servir au pivotage, des ailes mobiles du *rumbcourse.*

La monture des ailes ressemble parfaitement à une monture de scie de menuisier,
elle a comme celle-ci une barre verticale, et
deux traverses ; au lieu de la lame de scie,
c'est une tringle en fil de fer, et la corde
torse, qui est au bout opposé des traverses, la
tient tendue. La barre verticale est posée aux
deux tiers de la longueur des traverses ; elle
porte d'un bout un pivot, et de l'autre un
tourillon ; le tout s'emmanche au bout des
traverses et peut faire le même jeu qu'une
girouette mise au bout de chaque rayon.
Cette monture est garnie de toile dans toute
son étendue, pour opposer la résistance convenable.

Si les ailes en toile pouvaient tourner sans

opposition entre les deux rayons, il n'y aurait pas de résistance, et toutes les six ailes présenteraient leur champ au vent de bout, qui souffle sur la machine entière ; mais si les ailes se trouvent bridées d'un côté, elles opposent alternativement une résistance à l'air, seulement d'un côté du principal pivot. Nous renvoyons, pour plus amples explications, au dessin que nous avons fait de cette machine nouvelle, qui n'a pas reçu son exécution, afin d'éviter les frais d'un pavillon assez élevé pour établir le *rumbcourse* au-dessus des diverses constructions qui forment l'habitation où la pompe est posée.

La vitesse que ce rumbcourse devait imprimer à la pompe était de soixante coups de piston par minute ; c'est la même vitesse qui a été établie pour le manége, dans la supposition où le cheval ferait cinq tours par minute.

Les rouages du mécanisme sont en fonte, et sont renfermés dans une cave qui se recouvre avec une pierre percée dans son milieu, pour laisser passer le bout de l'arbre vertical du grand rouet, terminé par un carré où l'on ajuste un tourne-à-gauche ou levier en fer, de neuf pieds de long, et par un palonnier où on attèle le cheval ; cette machine produit à peu près trente muids d'eau par heure, à la hauteur de cent douze pieds.

On voit avec plaisir, au bout des Champs-Élysées, une fabrique ronde, d'un bon goût, qui porte des ailes de moulin à vent ; elle est située dans la propriété de madame Vanderbeck, et elle est destinée à fournir l'eau nécessaire à l'irrigation des jardins de cette belle habitation. La pompe qui y est renfermée a également trois corps, dont la dimension est plus forte que ceux de notre machine, et elle n'a pas de récipient, ce qui fait qu'il y a intermittence dans le produit ; cette pompe a des frottemens considérables, et ne répond pas, en général, au reste de la construction, pour laquelle M. Beaujon a dépensé des sommes considérables.

CHAPITRE XIV.

MACHINE A MANÉGE, OU L'ON SE SERT DE SEAUX, QUI MONTENT ET DESCENDENT ALTERNATIVEMENT, SANS QUE LE CHEVAL SOIT OBLIGÉ DE RETOURNER SUR SES PAS, COMME CELA A LIEU DANS TOUS LES MANÉGES QUI ONT ÉTÉ EXÉCUTÉS JUSQU'A CE JOUR.

LE fondeur fontainier est souvent appelé pour fournir de l'eau à des hauteurs considérables, et souvent il n'emploie pas de pompes pour en élever surtout de grandes quantités ; nous citerons à cet effet la machine du puits de Bicêtre, où deux seaux énormes agissent alternativement au moyen d'une corde enveloppée sur un trénil, qué des hommes font mouvoir en tournant alternativement à droite et à gauche. Cette machine jouit d'une grande réputation, probablement plutôt à cause de l'abondance de l'eau et l'énorme dimension du puits, que pour le mécanisme, qui n'a rien de remarquable.

Nous avons été appelé par M. Estienne, propriétaire d'une jolie habitation au bout de l'avenue de Neuilly, barrière des Champs-Élysées à Paris, qui a voulu retirer l'eau de son puits, qui a plus de cent pieds de profondeur, au moyen de deux seaux contenant deux cent quatre-vingts litres chacun; mais il a mis pour condition expresse que la machine marcherait sans interruption, sans que le cheval soit obligé de revenir sur ses pas dans le manége, comme cela a lieu ordinairement. Cette condition nous obligea à lui proposer un mécanisme nouveau, que nous avons d'abord exécuté en modèle, et ensuite en grand, et qui maintenant est mis à exécution. M. Estienne joint à beaucoup d'affabilité un fond de complaisance qui lui fera recevoir avec plaisir les personnes qui désireraient voir cette nouvelle machine.

Nous en donnerons le détail, persuadé qu'une pareille machine sera souvent mise à exécution, à cause des bons services qu'elle peut rendre dans les endroits où l'on consomme une grande quantité d'eau, puisqu'elle monte cinq cent soixante litres d'eau en trois minutes, à plus de cent pieds de hauteur.

Tous les rouages de cette machine sont en fonte, et combinés de manière qu'ils tournent en sens inverse, quoique montés sur le même arbre.

Cet arbre est monté perpendiculairement sur un pivot et une crapaudine ; il porte un trou rond à trois pieds de sa base pour y mettre un levier où l'on attèle le cheval ; à trois pieds du tourillon supérieur il y a une embase sur laquelle repose l'axe d'une roue dentée de six pieds de diamètre ; l'œil de cette roue est rond, et du diamètre de l'arbre en cet endroit où elle peut tourner à droite et à gauche, suivant qu'elle y est sollicitée par un manchon à encliquetage qui est introduit dans une portion de l'arbre portant six pans ; au-dessus du manchon et dans ces six pans on introduit une virole en fer qui sert de base à une roue de quatre pieds, dont l'axe est rond, et peut tourner à droite ou à gauche, suivant que l'encliquetage la dirige ; c'est le premier système de rouage.

Le second système se compose également de deux roues qui sont montées fixes sur un arbre carré, à trente pouces de distance l'une de l'autre ; cet intervalle est occupé par un tambour qui porte gorge, où la corde des seaux s'enveloppe par un double tour.

Le troisième système de rouage se compose d'un pignon, seulement de deux pieds de diamètre, monté sur un arbre carré.

L'assemblage des rouages se fait sur double

plan; la roue, de six pieds de diamètre, s'engrène dans celle de cinq pieds de diamètre, ce qui fait une distance de cinq pieds et demi, mesure prise du milieu des axes de ces roues, et ce qui forme le premier plan.

Le second plan comprend une roue de quatre pieds dont le rayon est de deux pieds, du pignon mis intermédiairement qui a deux pieds de diamètre, et enfin d'une roue de trois pieds de diamètre dont le rayon est d'un pied six pouces; par cette diposition l'écartement des axes du second plan est également de cinq pieds et demi, de manière que tous ces rouages qui engrènent les uns dans les autres sont mis en mouvement et tournent en sens inverse. Lorsque le décliquetage est engagé dans la roue de six pieds, ou dans celle de quatre, qui sont ajustées à tourillons ronds dans l'arbre vertical, et cela doit être ainsi, car un système est composé de deux roues et l'autre de trois roues, ce qui fait que le changement de cliquetage fait remonter ou descendre les seaux sans que le cheval change de direction en parcourant le manége.

Le décliquetage se fait au moyen d'une bascule à fourchette qui entre dans la rainure du manchon; il ne s'agit, à cet effet, que de tirer une tringle de fer, lorsque le seau qui est en haut a versé son eau dans une auge destinée à la recevoir.

Les seaux sont montés vers leur milieu sur un arbre à tourillon qui en facilite la bascule ; un crochet fixé à l'auge se prend dans un cercle chantourné en rampe, et force le seau à se vider ; ce même seau, lorsque la bascule a changé le mouvement, redescend, tandis que celui qui est au fond du puits remonte.

Le système se lie ensemble au moyen d'une charpente qui est supportée par des colonnes. Le mécanisme est caché derrière la frise d'une coupole, ainsi qu'on peut le voir par les plans, coupes et élevations, que nous en avons faits. L'explication des figures suppléera à la faiblesse de notre description.

Comme il s'agit ici de l'art du fondeur, il nous paraît convenable de décrire la manière dont les modèles ont été exécutés et fondus dans les hauts fourneaux de M. Goupil, à Dampierre, département d'Eure-et-Loir.

Les modèles de roues étaient en bois de noyer, la partie circulaire et les rayons étaient en dépouille, de milieu en milieu de leur épaisseur ; ils étaient fortifiés par des tringles qui formaient épaisseur sur le modèle, et dont les champs étaient abattus pour le devêtissement du modèle lorsqu'il serait enfermé dans le sable.

Comme les engrenages ne peuvent se prêter à cette dépouille, et qu'il faut qu'ils soient exactement perpendiculaires à leur plan, nous avions mis sur la circonférence du modèle de petites jantes mobiles, qui portaient les dents de l'engrenage, qui sont toujours évasées vers leurs bords, et par conséquent susceptibles de devêtissement en les retirant vers le centre du moule, lorsque le modèle en est enlevé.

Cette disposition des modèles en a singulièrement facilité le moulage et démoulage, qui s'est fait dans un châssis et sa fausse, comme on le fait pour les pièces dont nous avons fait mention au Chapitre IV, relatif au moulage des objets simples ; ces pièces sont venues à la fonte avec assez de pureté pour que l'on fût dispensé de les ébarber et d'en ajuster les dents à la lime et au ciseau : cette fonte s'est faite dans les forges de M. Goupil, ainsi que nous l'avons dit, à un prix très modéré, qui peut permettre d'établir à assez bon compte de pareilles machines.

CHAPITRE XV.

FONTE DES PRINCIPALES PIÈCES DE COLONNE.

Dans la description détaillée que nous donnerons à la fin du troisième volume, pour faire connaître les opérations de l'immense travail de la colonne, on verra quel soin nous avons pris de le varier suivant la nature des difficultés que le moulage des diverses pièces présentait.

Pour les unes, nous avons opéré en divisant les châssis et en moulant par assises. Les grands bas-reliefs ont été recouverts de pièces de rapport en sable que l'on a réunis ensuite dans une chape générale ; il en a été de même pour les cimaises et les corniches : quant aux guirlandes, les feuilles de chêne qui les composent étaient tellement refoulées dans les modèles en plâtre, que ces pièces ne paraissaient pas susceptibles d'être moulées en sable.

M. Denon et les architectes pensaient qu'il n'était possible de mouler cette pièce qu'en cire perdue, ce qui nous aurait pris un temps considérable, et aurait infailliblement retardé la fourniture de ces pièces qui devaient terminer le piédestal de la colonne ; on ne pouvait sacrifier une heure pour terminer ce monument au temps dit : c'est pourquoi nous obtînmes qu'il nous serait fourni quatre modèles en plâtre pareils pour faire le moulage en sable, que nous étions parvenu à faire adopter.

Tous les ouvriers se demandaient comment nous parviendrions à retirer le modèle qui se trouvait si fortement engagé dans une masse de sable comprimée autant qu'il était possible ; nous détachâmes les plâtres de dessus les fonds en bois, où ils étaient maintenus par des vis ; nous fîmes mettre le moule dans une position telle, qu'il nous fût possible d'entretenir un feu de charbon sur les plâtres sans endommager les sables du moule.

Le recuit rouge que ces plâtres éprouvèrent les réduisirent en petits morceaux et en poussière, qu'il fut aisé de retirer du moule qui laisse une empreinte exacte de ces pièces qui avaient paru inexécutables par le procédé que nous adoptions pour la première fois.

Pour mouler la statue, nous employâmes quatre fausses pièces de châssis en bois fortement liées par des armatures en bronze. Comme le moulage que nous adoptions pour cette pièce demandait que le moule fût retourné sens dessus dessous plusieurs fois, cette opération se fit au moyen de forts tourillons en fonte que l'on fixait au moule au moyen de quatre croisillons qui aboutissaient à quatre pièces de bois de dix pouces d'équarrissage, fixées entre elles et l'about des croisillons par de fortes brides en bronze.

Le moule présentait une masse de douze mètres cubes, et ne pesait pas moins de trente-six milles livres; on lui faisait faire un demi-tour en moins de trois minutes, lorsque tout l'appareil était fait. Alors on démontait les fausses pièces de châssis qui avaient servi de couches provisoires pour le moulage, et on se mettait en devoir de battre des pièces de rapport, d'abord dans tous les endroits refoulés, et ensuite sur toute la surface du modèle, pour en obtenir l'empreinte la plus exacte; toutes ces pièces se trouvaient réunies dans une chape en sable, et enfin d'une fausse pièce pour fortifier le moule, et y donner une épaisseur convenable pour supporter le noyau, et la pression du métal, lorsqu'il serait introduit dans l'intérieur du moule.

La calotte fut fondue d'un morceau; elle devait l'être en six parties; le moulage se fit comme celui des cloches, à l'exception que le modèle qui est en terre, pour faire la chape de celle-ci, était en plâtre sculpté, pour faire la calotte. (Voyez ce que nous disons plus bas sur la fonte des cloches.)

Ce ne fut pas sans éprouver des contrariétés de la part de nos ouvriers, que nous établîmes, pour la fonte des grands bas-reliefs, le moulage en sable, et des moules qui les faisaient venir à la fonte d'une seule pièce; ce qui nous obligeait à faire la manœuvre de châssis qui avaient vingt pieds de longueur, sur huit de largeur, et seulement quelques pouces d'épaisseur.

Personne, excepté nous pourtant qui avions l'expérience, ne pouvait croire que les sables contenus dans des espaces aussi grands pourraient se maintenir dans des châssis aussi minces, lorsqu'il s'agirait de les retourner sens dessus dessous pour en faire la contre-partie. Malgré l'espèce d'opposition que nous éprouvions, et le peu d'intérêt que les ouvriers semblaient mettre dans une opération de cette nature, qui demandait un ensemble et des soins particuliers, nous fîmes les premières manœuvres avec un charpentier, que nous attachâmes exclusivement aux travaux de la fonderie. La première expérience qui réussit, ainsi que nous l'avions prévu, disposa favorablement les ouvriers, et ils adoptèrent notre méthode, sans aucune espèce de réticence ; et les manœuvres devinrent si familières aux mouleurs, qu'ils réussirent à les faire seuls, sans nous faire éprouver aucune perte, et sans que les moules éprouvassent aucune atteinte, ou avarie, en les tournant sens dessus dessous, pour en faire la contre-partie dans le bon creux (ce qui prend le nom de chape), sans altérer la pureté de celle-ci.

En employant cette méthode, il ne restait point d'intervalle entre la chape et sa contre-partie, pour l'espace que devait occuper la matière.

Les ouvriers pensaient que nous prendrions le parti de pratiquer cet intervalle en enlevant au noyau, comme ils ont l'habitude de le faire pour les petites pièces, une portion de sable égale à l'épaisseur que l'on voulait donner à la matière.

Une opération de cette nature eût été très longue et difficile ; elle nous aurait obligé à des manœuvres continuelles, qui, probablement, auraient occasionné la perte du bon creux, en se trouvant suspendu à plusieurs reprises, pour l'élever et l'abaisser sur sa contre-partie, après y avoir implanté des repères, que l'on appelle mouches en terme de fonderie, afin de reconnaître l'épaisseur du vide que la matière doit occuper.

L'étonnement que les ouvriers manifestèrent fut à son comble, quand ils nous virent poser sur les bords du moule, dans tout son pourtour, des surépaisseurs en sable, de sept à huit lignes, que nous avions fait préparer à l'avance dans des moules en cuivre; ces surépaisseurs formaient, sur le bon creux, un encadrement qui laissait toute la partie sculptée à découvert, de manière à former un vide con.enable pour l'introduction de la matière, lorsque les deux portions du moule se trouvaient rapprochées l'une contre l'autre, au moyen de presses que l'on met ordinairement pour empêcher l'écartement des deux portions du moule, et les fuites du métal, lors de l'emplissage.

La pose des épaisseurs d'écartement dura quelques heures, tandis qu'il eût fallu un travail de quelques semaines pour tirer d'épaisseur un grand bas-relief. Malgré l'évidence, qui parlait aux yeux, quelques ouvriers semblaient encore douter que nous parviendrions à joindre les deux pièces de châssis assez exactement pour éviter les fuites de matière, à l'instant de l'introduction du métal dans le moule.

La première fonte, pour laquelle nous employâmes notre procédé, eut lieu vers la fin de la semaine où le moule du grand bas-relief avait été commencé; elle réussit parfaitement: le bas-relief fondu avait une épaisseur égale partout; les figures étaient représentées en creux sur le fond du revers, avec la même pureté et la même précision qu'elles l'étaient en relief au côté opposé. Cependant nous faisons observer que nous avions retranché dans le noyau en sable tous les champs qui se présentaient perpendiculairement au tableau, afin de donner à ces endroits une épaisseur de matière convenable, et égale à celle du fond du bas−relief : ce démaigrissement du noyau n'avait lieu que dans les endroits les plus saillans.

Enfin, cette fonte, qui parlait plus haut que toutes les objections des raisonneurs, porta la conviction dans l'âme des plus incrédules, et on vit clairement que la fonte des bronzes de la colonne n'était plus un problème pour le moulage en sable, et qu'il cessait même de l'être pour le peu de temps qui nous avait été accordé pour fondre une réunion de pièces aussi considérables.

Nous dûmes la promptitude de chacune de nos opérations à l'organisation et à la disposition de notre atelier, dans lequel nous pouvions mettre en chantier, à la fois, six grands moules, sans nuire aux autres parties du travail, qui, ainsi que nous l'avons dit, n'avait pas de précédent.

FIN DE LA PREMIÈRE PARTIE.

SECONDE PARTIE.

FONTE DU FER

ET TRAVAUX QUI PEUVENT S'EXÉCUTER DANS
DES FONDERIES BIEN ORGANISÉES.

AVANT-PROPOS.

LE public et quelques gens instruits, n'accordent ordinairement de considération aux fondeurs qu'en raison du prix du métal qu'ils mettent en fusion, sans avoir égard au plus ou moins de connaissances qu'il faut avoir pour fondre les différens métaux; selon eux les fondeurs d'or et d'argent doivent occuper le premier rang, tandis que les fondeurs en fer sont en dernier. L'homme instruit qui partage une pareille opinion, et qui dit qu'un fondeur en fer ne peut prétendre à opérer la fonte de métaux plus précieux, a-t-il sérieusement pensé à ce qu'il dit? Il ne peut se dissimuler que le fer est le plus difficile à traiter de tous les métaux, et qu'il faut que le fondeur en fer ait au moins quelques notions élémentaires de chimie, et qu'il connaisse la docimasie ; ces connaissances ne lui sont-elles pas nécessaires pour la fusion de tous les métaux et pour la conservation de leur titre ?

S'agit-il de jeter ces métaux en moule ; le fondeur en fer exécute des ouvrages plus difficiles que tous les autres fondeurs : c'est ce que nous aurons occasion de voir lorsque nous traiterons des différentes parties du moulage. Et enfin, si on ajoute les difficultés qui se rencontrent pour obtenir de la fonte toujours propice aux ouvrages auxquels on la destine, on verra que l'art du fondeur en fer est celui qui demande le plus de précautions et de connaissances.

Si cette vérité n'avait pas été bien sentie, les Buffon, Réaumur, Duhamel Dumonceau et Monge auraient-ils tâché de surprendre les secrets d'un art dont ils n'auraient pas reconnu l'utilité? verrait-on parmi nos contemporains des savans, et les chefs de l'École des Mines, s'attacher entièrement à l'exploitation d'un métal que l'on s'obstine à regarder comme vil, et qui pourtant est si précieux, et que l'on ne peut obtenir constamment bon, malgré toutes les recherches et les expériences sagement dirigées et savamment conçues par des hommes aussi célèbres que ceux que nous venons de nommer ?

Nous n'avons pas sans doute la témérité de vouloir reculer les bornes de la science du fondeur en fer; nos prétentions se bornent à décrire les procédés déjà connus pour la fusion de ce métal; nous y ajouterons seulement quelques observations qui nous seront dictées par l'expérience, et qui pourront être de quelque utilité aux nouveaux fondeurs en fer, qui se multiplient en proportion du grand usage que l'on fait de la fonte dans les mécaniques en tous genres.

CHAPITRE PREMIER.

DE LA FONDERIE A FER, ET DU FOURNEAU DIT A LA WILKINSON.

Les fonderies à fer sont des ateliers considérables dont l'équipement est en raison de l'importance des travaux que l'on se propose d'y faire exécuter.

La fonderie du Creuzot et celle de M. Perrier, à Paris, peuvent être mises au premier rang : il y a quelques établissemens qui les suivent de près. On a coulé, dans les premiers, des pièces énormes par leur volume et par leur poids, tels que des cylindres de machines à vapeur, de la force de cent vingt chevaux et plus; ce qui nécessite la construction de plusieurs fourneaux à réverbère. Nous renvoyons, à ce sujet, le lecteur à notre Mémoire sur la fonte des canons de fer, chapitre second.

Les établissemens où l'on fond en grand doivent d'être bâtis très solidement, si les grues que l'on y emploie sont fixées à la charpente. Les murs doivent être bâtis en pierre de taille ou moellon avec des contre-forts, et doivent être surmontés, à la hauteur de vingt à vingt-quatre pieds, d'une charpente solidement construite, dont les poutres, qui porteront les bourdonnières des grues, auront quinze à seize pouces d'équarrissage, fortement liées entre elles par des moises pendantes et horizontales, placées dans une direction opposée, pour empêcher le mouvement de torsion que la charge des grues peut occasionner. Lorsqu'on les fait rouler sur les pivots, on ne peut mettre trop de solidité dans la construction de la halle, quand on adopte ce genre de grue à pivot.

Il serait plus prompt, et on aurait des établissemens beaucoup plus vastes et qui coûteraient moins, si l'on prenait le parti d'isoler les grues de toute construction, en les rendant susceptibles de lever des fardeaux de vingt à trente mille livres, ainsi que nous l'avons fait pour les bronzes de la colonne de la place Vendôme. Voyez la planche.

Des travaux tels que la fonte de gros cylindres, des balanciers de machines à vapeur, des volans, des colonnes, et tous les accessoires de grosses machines, et qui demandent l'emploi de plusieurs fourneaux, ne s'exécutent que dans des fonderies qui ont fait leurs preuves pour la confection de ces pièces majeures; les travaux journaliers qui exigent moins d'appareil, et par conséquent moins de dépense, s'opéraient il y a quinze ans dans les fourneaux à réverbère, car les chefs de ces grands établissemens auraient trouvé au-dessous d'eux de se servir de bas fourneaux à fondre le fer. En conséquence, ils faisaient faire une assez grande quantité de moules, dans le courant d'une semaine, pour en couler autant qu'un fourneau à réverbère pouvait fondre de métal dans plusieurs fontes consécutives. Cette marche présentait deux inconvéniens; c'est qu'il fallait couler à la chaudière, et que le métal, vers la fin de la coulée, ne conservait point assez de chaleur pour remplir les derniers moules, ce qui obligeait à mettre un reste de fonte aux déchets. Le second inconvénient résultait souvent de l'embarras où l'on se trouvait de fournir spontanément des pièces dont on avait un besoin absolu pour terminer ou même continuer l'ajustage de mécaniques, qui restaient en souffrance faute de pouvoir se procurer de suite les pièces dont on avait besoin. Des considérations de cette nature, et des motifs d'économie, ont engagé les propriétaires de ces fonderies à imiter notre exemple, ainsi que celui de M. de Larbre; ils ont monté, comme nous, plusieurs fourneaux à la Wilkinson, qui peuvent contenir depuis cinq cents livres de matière jusqu'à mille livres, et ils ont pu, comme nous, fondre tous les jours la quantité de fonte dont

ils avaient besoin, sans éprouver d'autres déchets que ceux résultant de la fonte.

Quand on a pris soin de choisir la qualité
de fonte que l'on doit fondre pour faire des
pièces douces à la lime et au burin, on est
presque certain qu'elle ne se détériorera pas à
la refonte, car le fer se comporte mieux dans
ces sortes de fourneaux que dans les fourneaux
à réverbère, et il s'y fait moins de déchet; on
peut fondre dans ces fourneaux pendant plusieurs jours et plusieurs nuits consécutivement. Le produit de chacun d'eux, pendant
vingt-quatre heures, est de deux mille cinq
cents à trois mille livres de fonte; cela dépend
du nombre de coulées, qui peuvent être faites
toutes les trois, quatre à cinq heures, suivant
la quantité de matière que l'on veut obtenir à
chaque fusion.

Un fourneau dit à la Wilkinson se compose
de quatre, six ou huit plaques de fonte, qui
le rendent carré, hexagone ou octogone; peu
importe la forme extérieure, pourvu qu'elle
ait la solidité suffisante pour résister à la force
du feu et à la dilatation des sables qui forment
l'intérieur. Ils ont ordinairement quatre pieds
et demi de haut, et peuvent avoir plus ou
moins; les différentes plaques sont réunies au
moyen de ceintures en fer, qui empêchent tout
écartement causé par l'effet de la chaleur qu'elles
éprouvent; la plaque du devant a à son embase
un trou de six à huit pouces de largeur sur

neuf de hauteur ; il a la forme d'une petite porte cintrée ; il sert à la coulée, et à décrasser le fourneau. Les Anglais ont des fourneaux plus élevés, et généralement plus grands ; ils ont deux trous, pour la coulée, qui sont opposés, ce qui facilite extraordinairement le décrassage ; la tuyère, dans ce cas, se trouve de l'un des côtés du fourneau : dans les fourneaux dont nous faisons usage, la tuyère est opposée au débouchage. On pratique ordinairement, dans la plaque de la tuyère, deux trous ovales de cinq pouces, suivant le grand axe, et de trois pouces sur le petit axe ; ce qui forme deux ouvertures de tuyère, dont une se trouve bouchée, tandis que l'autre introduit le vent des soufflets dans le fourneau. Cette double tuyère a pour but de pouvoir mettre dans le fourneau une plus grande quantité de matière ; mais cette méthode nous a toujours paru défectueuse, parce que le vent des soufflets rase de trop près la surface du bain, et tend à oxigéner la fonte : il vaudrait beaucoup mieux avoir des intérieurs de fourneau plus grands, et augmenter le vent des soufflets en proportion de leur vide intérieur. La plus basse des ouvertures de tuyère est à deux pieds du bas du fourneau.

La fonte que l'on y fond est en contact avec le charbon ; l'air ne tend point à l'oxigéner, et le vent des soufflets étant bien conduit ne doit point plonger dans le bain, ni même effleurer sa surface. Il est certain qu'en s'y prenant ainsi, on obtiendra de la fonte douce, si on a eu le soin de la choisir telle; car un morceau de fonte blanche suroxigénée, quand il n'y serait que pour la quarantième partie du poids total de la matière, est capable de fournir assez d'oxigène pour brûler le carbone que la fonte grise contenait, et de convertir la première qualité de fonte en fonte blanche intraitable, et si dure, qu'elle n'est bonne qu'à faire des poids à peser, du lest, et des boulets, qui souvent ne peuvent supporter l'épreuve du battage, et sont susceptibles de rayer les pièces, s'ils conservent encore quelques marques de la couture qui a réuni les deux hémisphères.

L'intérieur des fourneaux se fait avec du sable réfractaire. Nous avons dit de quelle manière on pouvait composer ce sable, et reconnaître celui qui se trouvait dans les sablonnières, Chapitre VIII, *Fabrication des canons de fer.* L'intérieur des fourneaux se fait, disons-nous, avec du sable réfractaire; on a un mandrin en bois, assez semblable à un modèle de masselotte, d'un pied à treize pouces de diamètre; on le met perpendiculairement sur la plaque de fonte qui fait le fond du fourneau, en l'avançant un peu vers la plaque du devant, pour laisser un peu plus de sable du côté de la tuyère, où la chaleur est plus grande que partout ailleurs, ce qui fait que le fourneau s'y détruit plus facilement: on comprime le sable à l'entour de ce mandrin, autant qu'il est possible ; on prend le soin de le dégager du sable, au fur et à mesure que le fourneau s'emplit : sans cette précaution, il pourrait se faire que l'on aurait beaucoup de peine à devêtir ce mandrin ; enfin, le fourneau est plein de sable, le mandrin est ôté, et il reste un vide à peu près cylindrique, et assez mal conformé, parce qu'il se ressent des variations que le mandrin a dû lui faire éprouver par les différens décotemens et changemens de position, pour arriver au haut du fourneau : ces inégalités du vide vont disparaître par la taille et le profil que l'on donne à ces fourneaux, avec une petite pelle de fer très taillante, et qui est un peu recourbée, en forme de gouttière. On doit se ressouvenir que le mandrin avait été mis jusque sur la plaque du fond du fourneau ; comme la fonte en fusion ne doit pas couler directement sur cette plaque, mais bien sur une sole en pente, du côté du débouchage, on bat donc, dans le vide du fourneau, un lit de six pouces de sable neuf, comme celui avec lequel on a fait ce fourneau, auquel on donne de suite la forme qui lui convient, en ouvrant le trou du débouchage dans le sable, jusqu'à ce qu'on ait rencontré le vide : cette ouverture se fait avec une truelle de fer longue et étroite, et très-coupante ; on lui donne la forme de l'ouverture de la plaque, en l'évasant en dedans, pour s'accorder sans ressaut avec le vide formé par le cylindre ou mandrin ; on donne à la sole une inclinaison vers le débouchage, pour l'écoulement de la matière. Si les sables, tant de la sole que du débouchage, n'avaient pas été suffisamment comprimés, on les comprime avec une petite batte ronde; on unit, avec le couteau à parer, la superficie des sables dans le bas du fourneau; on saupoudre de charbon toute la partie taillée, et le fondeur va faire l'évasement d'en haut, pour en former un étalage en cône renversé, tandis que le garçon fondeur, avec un panier vide, s'apprête à recevoir le sable qui se trouve tranché par l'espèce de houlette dont nous avons parlé. Immédiatement après avoir fait l'ouverture du débouchage, on fait celle des tuyères avec un instrument dont les tonneliers se servent pour ouvrir le trou des bondes de leurs tonneaux; cet outil se nomme *queue de cochon*. C'est à deux pouces au-dessus de la seconde tuyère, qui est celle d'en haut, que commence l'évasement du fourneau, qui peut avoir en haut vingt-sept à vingt-huit pouces de diamètre.

Quelque détaillée que soit cette description, elle a besoin, pour être mieux sentie, d'une coupe et d'un profil. (Voyez la Planche).

Nous donnerons plus tard la description d'un fourneau que nous avons imaginé pour la fonte simultanée de pièces d'un poids considérable, ou d'une proportion extraordinaire.

CHAPITRE II.

DES OUTILS DONT UNE FONDERIE DOIT ÊTRE POURVUE.

Le nombre des outils qui doit paraître dans l'inventaire d'une fonderie, est proportionné à la nature et à la variété des travaux qui doivent s'y exécuter; ce nombre est considérable pour un grand établissement; les principaux sont, en commençant par les fourneaux, les pelles à charger: elles sont en fer, avec un long manche recourbé, à double équerre; les ringards, tisoniers, et crochets de chauffe-pelles en fer pour le charbon; les rabots de brassage en fer et en bois pour la fonte du cuivre; quant au brassage du fer, il ne doit point avoir lieu. (Voyez ce que nous en avons dit au Chapitre III, *Fonte des canons de fer.*) La perrière, les ringards, les pinces à déboucher, et sceaux reliefs en fer, sont encore des outils qui appartiennent au fourneau : pour la coulée du métal, on se sert de cheneaux en fonte, d'entonnoirs en tôle, montés sur des châssis en fer, et de chaudières de différentes grandeurs; les plus fortes sont assez grandes, au moins, pour contenir sept à huit pieds cubes de matière, ou trois mille cinq cents à quatre mille de matière. Ces chaudières, que l'on a entièrement enduites d'argile, sont enveloppées d'un châssis de fer, réuni à une traverse qui dépasse la chaudière de chaque côté, de quatre pieds et demi environ, et qui se termine par deux douilles, où l'on passe des leviers de bois pour aider à donner l'inclinaison qui convient pour la verse du métal ; cette barre, qui peut rester carrée, est cependant arrondie auprès du collet de son embrassure avec la chaudière, pour y mettre deux crochets de pareille longueur, qui portent une mortaise à chacun de leurs bouts, où passent les deux bras d'un fléau en fer, qui est suspendu à l'une des moufles de la grue. Les moules que l'on doit couler étant placés dans la ligne circulaire qui a pour centre le pivot de la grue, et pour rayon le nez, ou chapeau de la grue, on transporte la chaudière, pleine de fonte liquide, au-dessus des jets de coulée ; on l'incline du côté de la tubulure, pour décanter le métal qui emplit les moules au fur et à mesure qu'ils donnent de l'inclinaison à la chaudière, au moyen des leviers qui servent de bras à la chaudière. Celle-ci n'est pas la seule dont on peut faire usage ; il y en a de plus petites qui se portent à bras d'homme, et qui peuvent contenir jusqu'à cinq cents de matière. On doit aussi en avoir de moindre dimension. Toutes sont montées sur des châssis en fer, et soigneusement garnies de terre à bourre, et échauffées avant que d'y laisser couler le métal, qui bouillirait s'il sentait la fraîcheur de la terre.

Nous avons donné au Chapitre IV de la fabrication des canons, la description d'une grue et de son mécanisme. Cette grue est à pivot du haut et du bas, et doit être fixée à une charpente très forte, supportée par un bâtiment solidement construit. Mais nous allons parler d'une autre espèce de grue qui peut servir avec avantage dans les cas où la halle de fonderie ne serait formée que par des bois moisés et d'une grande longueur pour la rendre plus spacieuse. C'est le cas dans lequel nous nous sommes trouvé lorsque nous avons eu à fondre les bronzes de la colonne de la place Vendôme ; il nous fallait un grand espace pour mouler plusieurs grandes pièces à la fois ; la construction en gros murs surmontés d'une forte charpente nous eût entraîné dans une dépense considérable et dans une perte de temps, dont nous devions être plus économe que d'argent, vu le peu de temps qu'on nous accordait pour faire des fontes aussi considérables. Le parti le plus sage que nous eûmes à prendre fut de faire construire un vaste bâtiment en bois légers ; ce qui nous occasionna de faire une grue isolée de toutes constructions, et cependant capable de supporter des fardeaux de vingt-cinq à trente milliers, ainsi que nous l'avons éprouvé dans la manœuvre du moule entier de la statue colossale de Napoléon. Pour faire une grue isolée, on scelle l'arbre vertical dans un massif de maçonnerie ; ou bien on fait en terre une espèce de puits, où l'arbre vertical tourne entre des collets, et sur un pivot pratiqué dans une crapaudine en fonte, scellés dans une grande pierre qui est au fond de l'excavation : le mécanisme de cette grue, dont nous donnons le dessin, est le même que celui que nous avons décrit au Chapitre IV précité.

Quoique la fonderie ait une grande grue, il est nécessaire qu'elle en ait plusieurs petites pour faire le service des bas fourneaux.

Au nombre des outils les plus multipliés qui font l'assortiment d'une fonderie, on doit compter les châssis pour beaucoup; il y en a tant, et dont les formes sont si multipliées, que l'on tenterait en vain de vouloir les décrire; une seule espèce doit fixer plus particulièrement notre attention, ce sont les châssis de milles pièces, qui sont des plates-bandes en fonte ou même en fer forgé, dont les longueurs varient de deux à quatre pieds, et qui ont ordinairement six à sept pouces de largeur. Ces plates-bandes s'ajustent au moyen d'équerres dont les angles sont plus ou moins ouverts, selon que l'on veut faire du châssis un carré, ou parallélogramme, un hexagone, un octogone, etc., et de barres de traverse en fer, soit droites, soit diagonales. Ces châssis s'ajustent avec des boulons à vis et à écroux, et sont très solides dans leur assemblage; ils peuvent servir à mouler un très grand nombre de pièces plates et des roues d'engrenage de tous diamètres. Il y a des châssis en fonte pour mouler des cylindres ; il y en a qui sont divisés par tronçons, ainsi que les châssis de canon ; enfin, on fait un grand nombre de châssis en bois de hauteurs et de largeurs différentes, qui sont susceptibles de se superposer; ces châssis sont solidement ferrés avec des équerres et des plates en fer, et peuvent, par leur réunion, former une variété considérable de moules.

Quand on parle d'un châssis, on le suppose toujours formé de deux pièces; l'une s'appelle le *corps du châssis*, et l'autre la *fausse pièce* : le corps du châssis est ordinairement plus élevé que la fausse pièce ; c'est ce que nous verrons à l'article *Moulage*.

Les tronceaux pour faire les noyaux des gros cylindres, sont ordinairement des lanternes en fonte percées de trous pour l'échappement de l'air ; ils sont montés sur des axes en fer, dont les collets sont arrondis pour tourner dans des coussinets que des tréteaux en fonte supportent pour donner la forme que l'on veut à ces noyaux, au moyen d'un échantillon ou calibre profilé exprès sur une planche ébiselée pour la rendre coupante comme les profils dont se servent les maçons pour former des moulures. Il y a des tronceaux de toutes dimensions.

En fait de gros outils, on a encore les caisses à sable, les soufflets de forge, quelle qu'en soit la forme, et les tables à mouler.

Voici la nomenclature des outils les moins considérables.

Les presses, les tamis en toile métallique ou en crin, les soufflets à main, les planches à mouler, les planches à broyer le sable, les rouleaux, les boîtes à noyau, les modèles en tous genres, les pincettes, les pelles, les tisonniers de fourneau, les happes courbes et droites, les écumoirs, les mandrins ou arbres à noyau, les lanternes à noyau pour les petits moules, les maillets, les tranches, les couteaux à parer, les sacs à poussier, les racloirs pour effleurer le sable, le cogneux avec lequel on comprime le sable; les battes à anses, à parer, rondes, pyramidales; le passe-partout, espèce de longue batte; les marteaux à une ou à deux pannes, les cuillers d'essai, les cuillers convexes et polies pour aplanir l'intérieur des chapes, les gouges ou dégorgeoirs, couteaux à parer ordinaires, truelles, les râpes en fonte pour décroûter les pièces, le secoueux, les brosses, le bouchon de laine, le houssoir, etc. Nous pourrions encore en nommer beaucoup d'autres qui appartiennent à chaque partie du fondage; mais cette longue liste ne présente pas un intérêt tel que nous ne puissions nous arrêter ici sans inconvénient.

CHAPITRE III.

DES SABLES ET DE LA MANIÈRE DE LES EM-PLOYER DANS LES HAUTS FOURNEAUX.

Nous avons avons parlé au Chapitre IV, sur la fonte des statues, des sables et de leur préparation ; nous en avons également parlé au Chapitre VIII, sur la fonte des canons, parce que les sables qui sont bons pour une partie ne valent rien pour l'autre : par exemple, si on changeait la destination de ces sables, qu'on moulât des canons avec le sable de Fontenay, et des statues avec le gros sable des canons, on ferait de fort mauvaise besogne. Il existe une troisième qualité de sable, c'est celui qui moule, dans les hauts fourneaux, ces belles poteries en fonte, dont il y a un grand nombre de magasins à Paris. Voici la manière de les préparer dans ces usines, et leur qualité dans la fabrication des fontes de première fusion.

Le hasard fournit souvent les sables que l'on emploie dans les hauts fourneaux, et les sablonnières les plus voisines de l'établissement sont celles qui ont la préférence : la manière d'essayer ces sables ne se fait point par des agens chimiques ; tout l'essai consiste à faire chauffer sur la gueuse ou sur des laitiers qui sortent du fourneau, une brouettée de ces sables. Lorsqu'ils sont secs, le broyeur apprenti qui prépare les sables, en forme une couche de deux à trois pouces d'épais, sur une grande planche à mouler; il l'humecte à différentes reprises par une aspersion; dans cet état, il le laisse tremper pendant quelques heures, l'humidité en a bien pénétré toutes les parties; alors il le tourne et retourne avec la pelle, il le frotte dans ses mains par petites portions; si le sable s'y attache, il est trop humide; on sasse du sable sec que l'on incorpore, et on réitère le frottement entre les mains jusqu'à ce qu'enfin, en en comprimant une poignée, il conserve l'empreinte des doigts. Ce sable ainsi préparé est mis dans une chaudière en fonte de rebut, pour y être employé au besoin; à peine entre-t-il dans cet état pour un cinquantième dans la fabrication des moules, et on ne le met qu'à l'endroit où la matière s'introduit dans le moule par les jets qu'on y a pratiqués; par exemple, dans un chaudron ou marmite, il forme le dessus du noyau, parce que le jet convenable à ces sortes de pièces y est fixé.

Les moules où ces sables d'essai sont employés, sont marqués, et le mouleur, en les coulant, remarque ce qui se passe dans le jet avant qu'il soit solidifié. Un seul mouvement de la matière sur la surface des jets, fait déclarer le sable bouilleux. On ouvre le moule presque aussitôt qu'il est coulé; et si ce sable s'attache à la pièce, il confirme l'opinion qu'il est bouilleux et vitrifiable; on le rejette pour en essayer d'un autre qui n'est reconnu bon que lorsqu'il reçoit la matière sans lui faire éprouver le moindre déplacement, et qui rend la pièce nette et propre. Lorsqu'elle est râpée, c'est-à-dire nettoyée de ses sables, tout autre essai ne prévaudrait pas auprès des ouvriers de fourneau dont quelques-uns sont bons mouleurs, tout en suivant une routine dont ils ne veulent pas se départir.

Ce serait en vain qu'un fondeur qui n'a pas l'usage de la fabrication d'un moule à couler la poterie, tenterait d'en faire une pièce; il est probable qu'il comprimerait trop la chape et le noyau, et que s'il voulait ne donner que la compression nécessaire, elle ne serait pas égale dans toutes ses parties, ce qui rendrait la pièce qui sortirait de ses mains inégale d'épaisseur et mal unie; dans le cas même où il viendrait à bout de pouvoir remplir son moule, ce qui est encore incertain, car il est probable qu'il se servirait de jets ronds, et qu'il verserait sa matière lentement pour la faire circuler également dans toutes les parties du vide, c'est cette précaution qui ferait manquer la pièce; car le métal entourant le noyau de toute part, l'échauffe, la vapeur se dégage, elle traverse le noyau à sa sommité, et lorsque le métal arrive pour clore le moule, il se rencontre un courant de vapeur qui empêche la réunion de la matière, ce qui rend la pièce galeuse dans le fond, et incapable de contenir aucun liquide. Que font les mouleurs de fourneau pour prévenir de tels effets, ils suppriment les évents, parce que la vapeur ne doit pas sortir par le haut du moule ; elle doit avoir son écoulement par le dessous du noyau qui a été percé de trous de broches pointues qui communiquent à des trous pratiqués dans la planche qui supporte le moule ; cette planche est isolée de terre par les barres qui en réunissent les ais, ce qui doit donner passage à la vapeur. Si la chaudière est de celles qu'on désigne sous le nom de chaudières cent vingt, elle a deux jets sur son fond : ces jets sont des espèces de lames de haches, c'est-à-dire qu'ils sont affûtés en coin, et ne portent que trois à quatre lignes d'épaisseur, sur six à sept pouces de large, au bout qui touche à la pièce ; de l'autre, ils ont sept à huit pouces de long sur un pouce à quinze lignes d'épaisseur ; ils sont mis parallèlement sur le fond de la chaudière à cinq à six pouces de distance : ces jets sont ainsi faits pour recevoir le métal spontanément.

Il faut se faire une idée maintenant de la manière dont on puise le métal dans le creuset du haut fourneau ; cela se fait avec des cuillers en fer dont le côté de la verse est aplati, tandis que le reste est arrondi ; elles portent des douilles où l'on met des manches à masselottes pour faire équilibre au poids de la fonte : les grandes cuillers peuvent contenir plus de soixante livres de matière. Pour couler ces pièces, deux mouleurs puisent ensemble la matière au fourneau ; ils vont le plus promptement possible vers le moule, l'un se met à droite et l'autre à gauche ; ils versent spontanément et à flot le métal dans chacun des jets ; en moins de deux secondes le moule est plein, la matière n'a pas eu le temps de dégager la vapeur avant un commencement de solidification ; quand elle se dégage, elle ne trouve pas d'issue par le haut du moule, elle suit la route qui lui est tracée par le bas, où on allume quelques brins de paille pour l'attirer, en sorte qu'une pièce qui serait venue défectueuse en employant une autre méthode, est saine, bien moulée, et d'un grain qui en fait le mérite et la beauté.

Ainsi, c'est à cette manière prompte de couler que l'on doit d'avoir des pièces légères et pourtant solides ; toutes les fontes marchandes qui se trouvent dans les magasins de Paris proviennent de la fonte qui se fait dans les hauts fourneaux avec des sables qui ont servi plusieurs fois et qui ne sont entretenus en bonne qualité que par le peu de sable neuf qui entre dans la composition des moules, ainsi que par le poussier de charbon qui sert pour empêcher la cohérence des différentes parties de moules entre eux et des modèles avec les sables.

CHAPITRE IV.

CHOIX DES FONTES CONVENABLES POUR SUBIR UNE SECONDE FUSION DANS LES FOURNEAUX A LA WILKINSON.

Il est de principe incontestable, et l'expérience prouve tous les jours que les fontes grises, c'est-à-dire qui présentent ce grain à leur cassure, donnent habituellement de la fonte douce; c'est donc cette espèce de fonte que l'on doit choisir pour faire des ouvrages qui demandent à être réparés, tournés, forés, limés et ajustés, ainsi qu'on le pratique pour toutes les pièces de mécanique.

Cependant cette bonne qualité de fonte grise peut changer avec le mode de fusion que l'on emploie, et cette fonte de bonne qualité peut devenir blanche, cassante et intraitable; les moules de mécanique qui en seraient remplis seraient perdus en pure perte. Le fondeur en fer doit donc agir avec plus de circonspection et de précautions que le fondeur en cuivre; car la matière de celui-ci en recevant un coup de feu plus fort, et en restant au fourneau plus long-temps, ne fait que s'y affiner, tandis que tout le contraire arrive pour la fonte du fer; car si la fonte reste long-temps en bain, il se sépare peu à peu une portion du graphite qu'elle contient, il monte à la surface du bain, où, par la présence de l'oxigène, il se brûle et se sépare de la fonte sous la forme d'acide carbonique; c'est ainsi que la fonte devient blanche et cassante, de douce et grise qu'elle était auparavant : c'est ce que notre expérience nous a trop souvent prouvé. Il suffit d'un changement dans l'atmosphère ; un temps pluvieux qui succède à un beau temps empêche l'activité des fourneaux à réverbère, et ralentit la fusion aux dépens de la qualité du métal; c'est ainsi que l'a reconnu, comme nous, l'auteur de la *Sidérotechnie*, d'après des résultats de cette importance qui entraîneraient infailliblement la ruine du fondeur.

On doit choisir les momens pour la mise en feu des fourneaux à réverbère. Il est encore un moyen de parer à cet inconvénient, c'est de construire des fourneaux qui puissent fondre le plus de matière dans le moins d'instans : nous renvoyons, à cet effet, le lecteur à la description que nous en ferons à l'article de la fonte des canons de fer, et nous ajouterons quelques détails sur la qualité des fontes et la manière de les conduire pendant la fusion pour les garantir du contact de l'oxigène.

Dans toutes les fontes que nous avons faites au fourneau à réverbère, nous avons eu soin, en faisant la sole, d'y mettre du poussier de charbon avec du verre pilé : celui-ci entre en fusion et vient recouvrir la surface du bain et la garantir du contact immédiat de l'air; et si nous avions besoin de puiser quelque peu de matière, c'était en prenant toutes les précautions possibles que nous le faisions. La cuiller en fer qui sert à ces opérations, était bien garnie de terre; aucune portion de fer n'était apparente, elle était rougie d'avance, on ouvrait l'œillard, on écartait avec le rabot de bois le verre pilé qui couvrait la fonte, on jetait de suite sur la surface une pelletée de fraisil de charbon, et l'on puisait; ensuite on recouvrait le bain de la portion de laitier que l'on avait écarté. Nous aurons occasion de parler plus tard des moyens que nous avons employés pour rendre à la fonte le graphite qu'elle avait perdu, et lui enlever l'oxigène qui s'y était introduit.

Il s'ensuit, d'après notre exposé, que plus les fontes ont été mises pendant leur fusion en contact avec l'air, plus elles blanchissent, en se saturant d'oxigène; et, au contraire, plus elles sont long-temps en contact avec du charbon, plus elles deviennent grises, plus elles conservent leur graphite, si elles n'en acquièrent pas de nouveau : en effet, on sait que la mine de fer traitée dans les hauts fourneaux avec de la houille, et qui reste quatre-vingt à quatre-vingt dix heures en contact avec le combustible, produit des fontes qui sont beaucoup plus carburées que celles qui n'y restent que onze à douze heures. C'est sans doute à cette cause que l'on doit la qualité supérieure des fontes anglaises, ce qui nous les fait rechercher pour les mettre plusieurs fois de suite en fusion ; tandis que toutes les fontes françaises qui se traitent dans des fourneaux moins hauts, et avec du charbon de bois, ne peuvent subir une seconde fusion sans devenir blanches et cassantes : telles sont celles de presque tous les hauts fourneaux de la Normandie, qui cependant sont grises, mais d'un grain serré et rond qui retient mal le graphite pendant la fusion, tandis que les bonnes fontes grises ont le grain plus gros et anguleux ; il retient le graphite, et sa contexture présente plus de solidité et de tenacité, non seulement pour la fabrication des bouches à feu, mais encore pour toutes les pièces de mécanique où l'on emploie la fonte.

Voyant les accidens qui pouvaient résulter de la fonte de fer, dans les fourneaux à réverbère, on a dû chercher un moyen de la fondre plus avantageusement, en courant moins de risque de se dénaturer ; on a donc pensé qu'en la faisant traverser une masse de charbon assez considérable, elle s'y fondrait, sans avoir le contact de l'oxigène ; de là viennent les fourneaux à manches, puis ceux dits à la Wilkinson, qui sont maintenant en usage dans toutes les fonderies, et dont nous venons de donner la description.

CHAPITRE V.

DU CHARBON DE TERRE ÉPURÉ, QUE L'ON NOMME COAK, ET DU FOURNEAU DE PRÉ-PARATION.

« Pour la fonte du fer dans les fourneaux
« à la Wilkinson, on n'emploie que du charbon
« de terre ou houille, qui est un combustible
« fossile, que l'on trouve en couches ou en
« nids dans les terrains secondaires. Ce com-
« bustible contient du carbone, de l'eau, de
« l'huile empyreumatique mêlée de goudron
« et d'ammoniaque, de terres, et par accident
« d'acides, de substances métalliques : quel-
« ques houilles sont mélangées de pyrites de
« fer.

« Sa densité varie entre douze à seize, celle
« de l'eau étant de dix.

« On a analysé des houilles, et l'on a re-
« connu qu'il existait de grandes différences
« entre elles. Lorsqu'on les expose à l'action
« du feu dans des vases fermés, un grand
« nombre de ces combustibles diminuent de
« poids, et cette diminution est quelquefois
« 0,50 à 0,60 ; d'autres, au contraire, ne pré-
« sentent aucune diminution sensible.

« Un charbon de terre de Decise, exposé à
« l'action du feu dans une cornue, a donné
« à Le Sage un résidu charbonneux de 0,60.

« Berthollet a obtenu d'une houille des Cé-
« vennes, 0,77 de résidu, en la distillant de
« la même manière.

« Hassenfratz a analysé plusieurs houilles
« de France, qui ont produit de 0,11 à 0,80
« de charbon, de 0,10 à 0,40 de matières va-
« porisables, de 0,11 à 0,45 de cendres.

« Des houilles d'Angleterre, analysées par
« Kirwan, ont produit de 0,57 à 0,75 de char-
« bon, de 0,22 à 0,41 de matières vaporisables,
« et de 0,10 à 0,50 de cendres.

« Plusieurs houilles du même pays, avec le
« charbon desquelles on traite le minerai de
« fer, ayant été analysées par divers savans,
« ont produit de 0,36 à 0,55 de charbon, de
« 0,42 à 0,51 de substances vaporisables, et
« de 0,02 à 0,12 de cendres. En général, on
« peut conclure de toutes les analyses de
« houilles qui ont été faites jusqu'à présent,
« que celles qui sont employées à la fusion des
« minerais de fer, contiennent 0,35 à 0,80 de
« parties charbonneuses, etc. »

Les houilles, telles qu'elles sortent du sein
de la terre, sont susceptibles de se combiner
avec des quantités d'eau plus ou moins considérables ; des expériences faites par les ingénieurs Duhamel et Blavier leur ont prouvé
que le pied cube de houille sèche pesait entre
85 à 97 livres, et l'hectolitre entre 117 et 146
kilogrammes ; qu'en les mouillant, ce combustible augmentait de poids et de volume, et
que l'on pouvait faire entrer 36 à 52 kilo-

grammes d'eau par hectolitre de houille sèche; enfin, que la quantité qui peut être ajoutée à la houille, est toujours en raison directe de sa trituration, et en raison inverse de sa pesanteur spécifique.

Une remarque de cette nature doit faire tenir sur leur garde les fondeurs, qui font des achats de houille pour le convertir en charbon, contre l'apparence de bonne foi que les marchands manifestent pour se défaire de leur marchandise. La houille est sèche en apparence quand on l'achète, et lorsqu'on la livre à la mesure, elle est mouillée pour la faire augmenter de volume.

Sans rapporter ici toutes les variétés de houilles dont les savans et les minéralogistes ont donné une classification, nous dirons que des trois espèces qui sont reconnues dans le commerce, sous le nom de houille sèche, houille maigre, et houille grasse, c'est cette dernière qui est la seule propre à la carbonisation; elle augmente de volume en brûlant; les parties qui sont divisées se réunissent et se collent ensemble; c'est la meilleure, soit qu'on l'emploie directement dans les feux de forges, soit qu'on la carbonise pour s'en servir dans les fourneaux à la Wilkinson, et les scarbiles qui en proviennent pour la fonte au creuset.

La houille grasse est la seule dont on doit faire usage dans le fondage du fourneau à réverbère; elle produit une belle flamme, et donne un degré de chaleur que l'on ne pourrait se procurer avec les autres houilles.

Après avoir examiné la qualité des houilles qui conviennent à la carbonisation, nous allons décrire la méthode dont nous nous servions pour l'obtenir avec le plus d'avantage.

Notre intention, en carbonisant la houille, n'était point d'en retirer l'huile empyreumatique, ni le goudron et l'ammoniaque qu'elle peut contenir; nous voulions simplement du charbon suffisamment cuit, sonore et brillant, qui pût peut-être encore contenir quelques parties bitumineuses, et qui ne fût point desséché comme celui qu'on retire des cornues où le gaz se prépare.

Pour remplir notre but, nous avons fait construire un fourneau comme ceux des boulangers, et fermé de même par une porte en tôle, qui avait un soupirail à coulisse pour introduire dans le fourneau autant d'air qu'il était nécessaire pour entretenir la combustion sans brûler le charbon.

Ce fourneau, comme ceux des boulangers, était fait des mêmes matériaux, et était à la même élévation du sol: il était pourtant moins grand, car il ne portait que quatre pieds et demi de diamètre. Il y a un trou de huit pouces en carré au milieu de la voûte, qui est aussi plate qu'il est possible, pour conserver la solidité du fourneau; le sommet n'est qu'à dix-huit pouces de la sole. On ajuste sur le trou carré de la voûte un tuyau en fonte

de huit pouces de diamètre, qui va joindre
un tuyau en poterie, que l'on élève le long
d'un mur de pignon, à la hauteur des cheminées des maisons du voisinage. Ce fourneau
est entouré de doubles murs en maçonnerie,
pour empêcher l'écartement des murs par la
dilatation de la chaleur. Ces murs s'élèvent au-
dessus de la voûte, de cinq à six pieds, et l'un
des côtés a une baye, où l'on met une porte
en forte tôle, ce qui fait une espèce de chambre
qui sert d'étuve pour le séchage de quelques
moules et des noyaux.

Pour se servir de ce fourneau, dont le feu
ne doit cesser qu'après un long espace de
temps, on le fait chauffer avec du bois de
boulanger, jusqu'à ce que la masse soit entièrement échauffée et d'un rouge blanc. Pendant que ce fourneau a chauffé, un ouvrier
a mesuré quatre demi-hectolitres de charbon,
de la qualité requise; il a jeté un peu d'eau
dessus pour l'humecter, il l'a retourné pour
que l'humidité pénètre également partout.
Dans cet état, l'ouvrier cuiseur nettoie son
fourneau des cendres que le bois aurait pu
faire; il jette ensuite également sur la sole,
avec une pelle de fer, les quatre mesures de
charbon; il égalise sa charge avec un fourgon
ou perche de bois, de manière qu'elle porte
environ quatre lignes d'épaisseur partout;
il ferme la porte. Le four, qui a noirci pendant
la charge, reprend sa chaleur lorsque la
porte est fermée; le sole échauffe et sèche le

charbon, qui commence à s'agglutiner ; et au moyen d'un peu de bois sec qu'on allume à la bouche du fourneau, on voit, en regardant par le soupirail, une flamme légère qui voltige au-dessus du charbon, sans s'y attacher d'abord ; c'est le dégagement du gaz ; elle s'y fixe ensuite, et le charbon continue à brûler de cette manière pendant six à sept heures, au bout duquel temps on le retire pour en remettre d'autre en sa place, comme on l'a fait en premier lieu. Le charbon que l'on a retiré a produit sept mesures au lieu de quatre que l'on avait mises, quoiqu'il ait cependant perdu trente-six à quarante pour cent de son poids. On continue ainsi l'opération, et lorsque la masse du fourneau est entièrement échauffée, l'on n'a pas besoin de mettre quelque peu de bois à la bouche pour allumer le feu.

On doit surtout prendre la précaution de ne laisser entrer d'air dans le fourneau qu'autant qu'il en est nécessaire pour la combustion ; car, s'il en était autrement, le charbon brûlerait sans produire de coak.

Les outils propres au fourneau sont un panier d'osier à l'usage des marchands de charbon de terre, un rabot en fer, une pelle de charge en fer, une pelle à défourner (le manche en fer rond et la palette en forte tôle, de quinze à seize pouces en carré), un crochet en fer pour casser la masse de charbon qui se tient par blocs de sept à huit pouces d'épaisseur, et quelquefois si gros qu'ils ne peuvent sortir par la bouche du fourneau ; enfin, il faut deux seaux et plusieurs perches de bois pour égaliser la charge du fourneau.

CHAPITRE VI.

DE LA FUSION DE LA FONTE DANS LES FOURNEAUX A LA WILKINSON.

Il n'y a rien d'aussi facile à bien exécuter que la fusion du fer dans les fourneaux à la Wilkinson ; il suffit de faire un choix de bonne fonte grise cassée en morceaux de quinze à vingt livres ; on a soin d'en écarter tout ce qui serait d'une qualité inférieure ; on divise ces fontes par charges de cinquante livres, contre trente livres à peu près de charbon de coak.

Si le fourneau dans lequel on va fondre est entièrement neuf, on doit mettre le feu au fourneau quelques heures avant de charger la matière ; pour cette opération, on met par l'ouverture du bouchage quelques morceaux de bois sec, on l'emplit de charbon par le haut, et on met le feu par le bas ; le bois s'allume, et communique facilement le feu au coak, s'il est sec, nouvellement fait, et de bonne qualité. On laisse, pour cet effet, l'ouverture de la coulée ouverte, pour établir un courant d'air ; on met seulement, en forme de croisillon, le bout de deux pinces pour en diminuer l'ouverture, afin que le charbon ne sorte pas du fourneau sans y brûler; on continue de mettre du feu, jusqu'à ce que le sable, qui fait l'intérieur du fourneau, soit de la couleur du charbon embrasé; alors on emplit le fourneau de nouveau charbon; on en couvre le dessus avec une plaque de fonte, et l'on met le vent des soufflets dans le fourneau; la flamme, au lieu de se diriger par le haut, prend la route de l'ouverture du débouchage, et se dirige par en bas : cette opération a pour but de chauffer la sole où le bain de matière va s'établir. Lorsqu'on jugera le fourneau suffisamment échauffé pour boucher l'ouverture avec du sable qui a servi à construire le fourneau, le fondeur en prend plein une pelle, il l'approche du bouchage, et, avec un ringard à décrasser, il le bat à l'entrée du fourneau, à l'épaisseur de six pouces à peu près; de cette manière il diminue l'ouverture, et on finit par le faire en y mettant la quantité de sable suffisante pour remplir le trou; on frappe en dehors quelques coups de batte sur le sable, ce qui le rend assez solide pour que la pesanteur de la fonte ne puisse pas le chasser de son lieu lorsque le fourneau est plein de matière.

Pendant l'opération du bouchage on a fait cesser le vent des soufflets : cette opération étant terminée, on active le vent, et l'on emplit le fourneau de nouveau charbon; ensuite on met par dessus la première charge de matière qui, dans une demi heure au plus, doit être fondue, ce que le fondeur reconnaît en regardant par la tuyère ce qui se passe dans le fourneau; une seconde charge de charbon, suivie d'une de matière, se fait, et ainsi de suite, ayant soin de faire activer le vent des soufflets, et de faire descendre, avec le tisonnier, les charges qui pourraient être suspendues. On règle les charges par la mesure du charbon, qui doit être toujours la même, et qui est mis à l'avance dans un panier; une sonde, que l'on introduit, fait connaître quand le fourneau a un espace vide capable de recevoir la charge : de cette manière on règle le travail des fourneaux à la Wilkinson, comme on ferait celui d'un haut fourneau.

Six charges, qui sont moins de deux heures à fondre, donnent trois cents livres de matière : si les pièces que l'on veut couler en prennent davantage, on continue la fonte, jusqu'à ce que la matière soit arrivée à la hauteur de la tuyère; alors on a dû préparer les moules pour la verse : c'est ce que nous verrons dans l'un des chapitres suivans. Un fondeur un peu actif, avec son aide, peut conduire deux et même trois de ces fourneaux à la fois, et il n'est pas rare de voir ce nombre en feu pour couler des pièces de deux milliers et plus.

Nous avons donné à ce fourneau une forme nouvelle, et des dimensions qui approchent de celles d'un haut fourneau; chacun d'eux peut contenir trois milliers de matière; ils ont été faits pour couler des canons à la suite d'une armée en campagne, et font partie d'un projet que nous avions fait, et qui fut présenté au chef du gouvernement d'alors, qui en ordonna l'expérience pour ce qui a rapport à la fabrication des projectiles. Dans ce projet, que nous adressâmes à Napoléon lui-même, nous disions qu'en trois jours de campement nous établirions l'une de nos fonderies, que nous nommions ambulantes, et que nous aurions un certain nombre de projectiles de fondus, quel que fût le calibre des pièces, et que dans quinze jours nous aurions également une pièce de canon du plus gros calibre, fondue, forée, et prête à battre en brèche, et que chaque jour ensuite verrait naître une nouvelle pièce. Ce projet fut soumis, par ses ordres, à l'examen de messieurs les officiers d'artillerie, et l'épreuve de la fonte des boulets seulement fut ordonnée. La veille du jour où je devais fondre, je fis transporter du sable pour faire l'intérieur du fourneau dans l'endroit qui m'était désigné, qui était l'une des cours de l'arsenal, rue de l'Université. Dès le matin du jour de la fonte, je n'avais aucun établissement de formé, et je portais fourneau, soufflets, sable à mouler, charbon, modèles et châssis, et à dix heures j'avais déjà fait une première fonte de boulets; j'étais à la seconde, quand le général G........ vint à midi; sa surprise devint extrême quand il vit où j'en étais: je fondais avec du coak; il exigea que je fondisse avec du charbon de bois. Je me servais de fonte concassée; il me fit apporter des boulets de gros calibre; je fis quelques représentations, en disant que c'était outrepasser ce que j'avais promis; il me fut dit que je devais vaincre toutes les difficultés. Je dissimulai mon mécontentement, et je me mis en devoir d'exécuter ce qui me paraissait si injustement prescrit, d'autant que je faisais ces expériences à mes frais, dans l'espoir d'une indemnité qui me fut refusée, quoique j'aie refondu des boulets de gros calibre avec du charbon de bois. D'après une expérience aussi concluante je pensais qu'il ne pouvait y avoir aucune objection à faire contre cette partie de mon projet; mais je me trompais; j'avais brûlé trop de charbon de bois: comme si des boulets que l'on envoie des forges de la Lorraine en Espagne ne coûtent pas plus chers que des boulets qui sont fondus sur les lieux, en consommant même quatre fois leur poids de charbon. Il faut avouer que si ce projet eût été celui d'un officier d'artillerie, il eût été accueilli avec enthousiasme; mais aussi pourquoi des particuliers s'avisent-ils d'aller frapper à la porte du maître, sans en avoir obtenu la permission de ceux qui en gardent les avenues.

Nous pourrions prolonger cet article indéfiniment, si nous voulions faire connaître ici les objections qui nous furent faites par écrit, et dont nous gardons les originaux, et les réponses que nous fîmes, en y ajoutant des plans qui ont mis dans les mains de l'artillerie un projet que nous lui revendiquerons en tout temps et en tous lieux. Il fait le sujet d'un Mémoire que nous publierons à la suite du second volume, et qui a rapport à la fonte des canons de terre et de mer.

CHAPITRE VII.

DE LA FUSION AU CREUSET ET DE L'ADOUCISSEMENT DE LA FONTE.

Les travaux de la fonte en fer devenant de jour en jour plus considérables, puisque tous les supports de mécaniques, les coussinets et même les roues d'engrenage, qui se faisaient en cuivre autrefois, ont depuis été faits en fonte, quand on a pu et su se procurer de la fonte douce et traitable pour la fabrication de ces petits objets, quelques fondeurs, et nous particulièrement, y avons donné nos soins; et, après quelques expériences, connaissant les principes constitutifs de la fonte, nous avons obtenu des résultats plus ou moins avantageux, qui nous ont fait tenter, chacun de notre côté, de nouveaux essais, qui ont enfin réussi à donner de la fonte telle qu'elle a pu remplacer le cuivre avec avantage. Comme on ne pouvait opérer sur des masses de fonte trop considérables, il a fallu tenter de fondre au creuset, parce qu'on était plus à même de faire des expériences comparatives en tenant la fonte en fusion dans plusieurs creusets.

C'est donc à ces tentatives que l'on doit de fondre la fonte de fer dans les mêmes fourneaux dont se servent les fondeurs en cuivre, avec des creusets de Picardie, ainsi que nous l'expliquerons pour la fonte du cuivre.

Voici comment la fonte s'opère : on a d'abord fait un choix de la meilleure qualité de fonte, sans aucun mélange de fonte blanche, et quand le creuset est monté et qu'il est entouré de charbon de coak, cassé en scarbille, tout au plus de la grosseur d'un petit œuf de poule, on a des morceaux de fonte déjà rougis sur le fourneau ; on les met doucement au fond du creuset, avec les pinces de fourneau, on couvre le creuset de son couvercle, ainsi que le fourneau du sien ; on fait chauffer en activant le soufflet, ce qui opère la fusion de ce qui est au fourneau ; on met de nouveau charbon, puis dans le creuset de nouvelle fonte rougie, qui ne tarde pas à se mettre en bain, comme la précédente. En continuant la chauffe, une troisième charge et quelquefois une quatrième sont nécessaires ; elles doivent se succéder sans interruption, et sans ralentir le vent du soufflet, car plus la fonte reste long-temps au feu, plus elle perd de son graphite ; c'est pourquoi, dès que la dernière charge est fondue, il faut se préparer à verser. Pendant la fonte, on doit

toujours tenir le creuset couvert ; si l'on écume
la fonte sur le creuset, il faut que ce soit avec
un morceau de bois ; on ne doit point, comme
on le fait au cuivre, brasser la fonte et la remuer avec le tisonnier, car l'approche du fer
forgé sur la fonte tend à lui ôter sa fluidité,
et à lui enlever son graphite, pour s'en em-
parer lui-même, et prendre la contexture de
l'acier. Tous les fondeurs qui ne connaissent
pas cette particularité, et il n'y en avait guère
dans Paris qui la connussent, avant que nos
ouvriers se fussent répartis dans différens ateliers qui veulent fondre au creuset, réduisent
la fonte grise en fonte blanche, et se trouvent
tout étonnés d'avoir des ouvrages de fonte
intraitable, quand ils auraient pu en obtenir
de douce, s'ils l'avaient jetée en moule sans
lui faire subir le brassage.

On conçoit que le cuivre, qui est mélangé de
plusieurs sortes de métaux, a besoin de subir
l'opération du brassage ; car il est ordinairement allié à l'étain ou au zinc, quelquefois
même au plomb. Tous ces métaux n'ont pas la
même pesanteur spécifique : les deux premiers
sont plus légers que le cuivre rosette, et celui-
ci plus léger et moins fusible que le plomb ;
celui-ci se détache de la masse en premier lieu
et occupe le fond du creuset, la rosette forme
le second lit, et le troisième est formé par les
deux métaux qui sont les plus oxidables et
vaporisables. Enfin, il est constant que si l'on
laissait refroidir le métal dans cette position,

après avoir subi une bonne chauffe de fusion, l'on trouverait ces métaux séparés dans l'ordre que nous avons indiqué, à l'exception du zinc, qui aurait pu se vaporiser si le creuset était resté long temps découvert, et se réduire en fleur ou poussière blanche, dont l'atelier des fondeurs de cuivre est partout tapissé.

D'après ces considérations, il est certain que l'on doit brasser le cuivre pour en faire un amalgame parfait, tandis qu'il n'en est pas de même de la fonte : le graphite, qui constitue sa couleur grise et qui lui donne sa qualité douce, est en expansion dans toutes ses parties comme le sel dans l'eau; et, quoique incomparablement plus léger que le fer, il ne peut monter à la surface du bain, et c'est cette extrême légèreté qui fait que les molécules de carbone ne peuvent opposer assez de résistance à la viscosité de la fonte pour monter à la surface, à moins qu'elles n'y soient sollicitées par le brassage. Or, on connaît avec quelle facilité le graphite ou carbone se brûle par la présence de l'oxigène, pour qui la fonte a une tendance particulière.

C'est pourquoi nous ne pouvons trop nous appesantir sur l'inconvénient qu'il y a de brasser la fonte, d'autant plus que les deux savans Monge et Hassenfratz le recommandent dans leurs ouvrages, sans doute par inadvertance, car ils publient l'un et l'autre que le graphite se trouve également répandu dans la masse du bain, et n'y est retenu que par l'espèce de viscosité de la fonte, quelque chaude qu'elle soit : ils reconnaissent également la tendance de la fonte pour l'oxigène et la destruction du graphite par ce fluide élastique.

Comme on voit, on a dû agir avec la plus grande circonspection dans la manière de fondre la fonte, pour lui conserver sa qualité ; et souvent on ne réussit pas toujours, après y avoir donné tous ses soins, tant la fonte est difficile à traiter, et a des dispositions à passer à l'état de fer forgé, que l'on obtient dans les affineries en remuant la fonte en bain, en la présentant souvent, avec des ringards de fer, au vent des soufflets qui la saturent d'oxigène, et lui brûlent son graphite ; ce qui lui fait perdre son état de fluidité pour la rendre à l'état pâteux, que l'on augmente encore en introduisant des mâchefers qui proviennent des houlettes et grenailles qui se font dans la forge. La pièce que l'on retire de cette opération se cingle avec de petites masses ; on en laisse refroidir l'extérieur avant que de la soumettre à la percussion d'un marteau qui pèse mille livres, ou à la compression d'un cylindre dont le but est de réunir et souder ensemble toutes les parties métalliques, pour en exprimer les parties étrangères et terreuses. Ce serait nous écarter de notre sujet que de faire connaître le travail du fer forgé ; revenons à la fonte.

Ainsi que nous l'avons fait remarquer au commencement de cet article, le savant Réaumur n'a pas cru au-dessous de lui de chercher les moyens d'adoucir la fonte ; il est fâcheux que ses expériences se soient plutôt portées pour lui donner de la douceur et de la ductilité, par des recuits, que lorsqu'elle était en fusion. Nous avons mûri avec réflexion toutes les opérations de ce savant ; nous avons répété même ses expériences ; elles ont presque toujours été satisfaisantes ; mais nous avons trouvé qu'elles entraînaient dans une manipulation et des frais qui devenaient à charge dans une grande exploitation : c'est pourquoi nous avons reporté nos idées vers l'adoucissement de la fonte en bain, et voici, à cet effet, le raisonnement que nous nous sommes fait. La fonte de fer est le produit de la mine ; après avoir passé par le fondage des hauts fourneaux, elle contient plus ou moins d'oxigène, ou plus ou moins de carbone ; si elle est suroxigénée, elle est blanche et cassante ; si elle contient trop de graphite, elle est carburée, et propre à être employée en seconde fusion, où elle acquiert un degré de tenacité plus considérable que dans son origine ; mais la moindre circonstance, le vent des soufflets mal dirigé, sa tenue en fusion pendant un trop long espace de temps, et un excès de chaleur, peuvent priver la fonte spontanément de son graphite, et la rendre blanche et intraitable à la lime et au ciseau. Nous avons analysé, autant qu'il est en nous, les opérations de Réaumur ; nous avons remarqué qu'il y entrait beaucoup de substances animales, la poudre d'os, les cornes, les cuirs, etc., de toutes substances propres à produire de l'ammoniaque et du carbone ; nous savions que l'azote est une des bases qui constitue ce sel, et l'affinité qui existe entre ce fluide aériforme et l'oxigène ; en conséquence, nous avons pu croire que l'adoucissement de la fonte par le célèbre Réaumur ne pouvait provenir que d'une combinaison d'oxigène dont la fonte est pourvue, avec l'azote dont l'ammoniaque en contient une quantité considérable. Cette découverte nous a conduit à penser que l'oxigène ayant plus d'affinité avec l'azote qu'avec la fonte, il se séparait de cette dernière pour composer l'air vital, et qu'en introduisant dans la fonte du carbone en même temps que de l'azote, le premier prenait la place qu'occupait l'oxigène, et celui-ci se combinait avec l'azote pour se convertir en fluide aériforme : ce que nous avons remarqué toutes les fois que nous avons fait nos essais, qui ont parfaitement réussi, car la fonte a toujours repris sa ductilité et sa couleur graphitique, et acquis même deux qualités qu'elle n'avait pas auparavant l'adoucissement, qui étaient de se travailler comme l'acier, susceptible de pouvoir faire des taillans qui acquéraient de la dureté par la trempe et de la douceur au recuit, et de ne fondre qu'à un plus haut degré de température approchant celui du fer forgé. C'est M. Darcet qui, le premier, nous a engagé à préparer des fontes de cette qualité pour remplacer les creusets de fer pour la fonte de l'argent : nous ferons connaître le résultat de nos expériences.

Jusqu'à ce moment nous avions gardé le secret de la préparation que nous mettions dans la fonte pour l'adoucir ; cependant nous nous servions de nos ouvriers pour convertir la fonte blanche et truitée en fonte carburée ; ils voyaient ce changement s'opérer à l'instant par leurs soins ; nous leur donnions la préparation chimique, renfermée dans un morceau de bois, qui n'était autre chose qu'un bout de perche de saule, ou de tout autre bois tendre que l'on avait percé par le bout d'un trou de neuf à dix lignes de diamètre sur cinq à six pouces de longueur, dans lequel nous introduisions moitié de sel ammoniac, bien sec et réduit en poudre, mélangé avec moitié de poussier de charbon pilé et tamisé ; au moyen du long manche de cette espèce d'étui, on enfonçait dans le bain cette composition qui s'y mettait en fusion au fur et à mesure que l'étui brûlait ; la matière se mettait en ébullition et lançait des flammèches ; alors une crasse considérable se formait sur la surface du bain, qui devenait plus visqueux, et il s'élevait une fumée suffocante, qui répandait une odeur de mofette presque insupportable ; et la matière, de fonte blanche ou au moins truitée qu'elle était, devenait spontanément une fonte grise et de la première qualité, qui avait considérablement augmenté en tenacité.

Cette préparation, dont deux onces suffisaient pour adoucir cinquante livres de fonte, est fort simple et peu coûteuse; cependant elle produit des effets étonnans; elle est dans les principes reconnus par les savans.

Dans les recuits de Réaumur on y voit figurer des parties animales et fécales, qui sont les bases constitutives de l'azote; ces substances, carbonisées par le recuit qui se faisait dans des moufles, fournissaient le carbone : il est donc évident que lui et moi employons les mêmes matières pour obtenir l'adoucissement de la fonte; mais nous avons obtenu sur lui l'avantage de le faire pendant la fusion, sans que cela nous oblige, comme lui, à des recuits coûteux, et qui tendaient à déformer les pièces et à les faire écailler.

Notre préparation nous a réussi également par le recuit, et nous en avons remis un échantillon, lors de nos premiers essais, à M. Molard, conservateur du Musée des Arts et Métiers; c'est un gros jet à trois branches, de fonte suroxigénée; deux des branches sont adoucies, et la troisième reste dans son état naturel, pour donner et fournir la preuve de l'adoucissement; elle fait l'un des côtés du jet; la partie du milieu est douce et se laisse entamer à la lime et au ciseau; la troisième est également douce au-dessus de la trempe qu'on lui a donnée; le taillant est dur et peut remplacer l'acier trempé.

Il est probable que M. Molard aura conservé ce jet, qui ne laisse aucun doute sur l'adoucissement de la fonte par la combinaison de l'ammoniaque et du carbone; c'était l'une de nos premières productions dans ce genre. Nous avons remarqué dans la fonte ainsi préparée, qu'en outre de la ductilité et de la tenacité qu'elle conservait même après la trempe, elle était moins fusible que la fonte ordinaire, qui se fond à 175 degrés du pyromètre (1) de Wedgwood, parce qu'elle approchait plus de l'acier ; c'est ce qui nous donna l'espoir de réussir à composer des creusets de fonte, pour les substituer à ceux du fer forgé pour la fonte de l'argent, dans les hôtels des monnaies, ainsi que M. Darcet nous en avait donné l'idée : ce savant modeste, devient de jour en jour plus recommandable par les services qu'il rend constamment aux artistes, avec la franchise et la cordialité qui le caractérisent. Nous rapportons ici le procès-verbal de nos expériences, quoique nous sachions que ce savant a obtenu depuis des résultats beaucoup plus avantageux, sur le degré de fusibilité de la fonte, parce que nous croyons faire une chose utile au public, et dont il nous saura gré, en publiant notre méthode d'adoucir la fonte, quand

---

(1) Ce pyromètre se compose de deux règles en cuivre, convergentes et divisées en degrés; on y met un cylindre d'argile, etc.

Voyez le *Manuel de Physique* de M. Julia-Fontanelle, à la librairie de Roret.

nous pourrions encore en tirer un bon parti pour nous-même. Notre but, en publiant ce mémoire, a été de donner un nouvel élan à l'art du fondeur; c'est à ceux qui nous succéderont à perfectionner cet art; nous nous trouverons heureux si nous avons pu y contribuer pour quelque chose.

Extrait des registres des délibérations de l'Administration générale des monnaies, séance du 18 février 1811.

« M. J.-B. Launay, inventeur des creusets en fonte de fer, s'est présenté à la séance, et a demandé qu'il lui fût remis un certificat énonciatif du résultat des expériences faites dans les laboratoires des essais, d'un creuset de son invention.

« L'administration arrête qu'il lui sera donné copie du rapport fait à ce sujet par M. Anfrye, inspecteur-général des essais, pour lui servir de certificat; signé, Guyton, Sivard et Mongez, administrateurs; pour extrait conforme : le secrétaire-général de l'administration, signé Bertrand. »

Copie de la lettre de M. Anfrye, inspecteur-général des essais, à l'Administration générale des monnaies, en date du 13 février 1811.

« Messieurs,

« Vous m'avez chargé de suivre et de vous rendre compte d'une expérience indiquée par M. Launay, dont le but est de substituer pour la fonte de l'argent le fer de fonte au fer forgé.

« Cette expérience a eu lieu le lundi 4 du présent mois, elle a duré depuis midi jusqu'à neuf heures du soir; quelques vices de construction dans le fourneau sont la cause que dans un si long temps on n'a pu opérer la fonte que de 25 kilogrammes d'argent, au titre de nos espèces; on a coulé cet argent en lingots, ne le supposant pas assez chaud pour le prendre à la cuiller.

« Ayant examiné le creuset, qui était de capacité à contenir 100 kilogrammes, j'ai remarqué qu'il n'avait été attaqué ni dans sa substance ni dans sa forme.

« On a repris l'expérience le jeudi suivant, et ce jour-là, encore, on a employé le même temps pour fondre 25 kilogrammes; mais la fusion était parfaite, de sorte qu'on a puisé à la cuiller dans le creuset pour couler une lame de même dimension que celles propres à la fabrication des pièces de cinq francs; cette lame ne laisse rien à désirer, l'argent s'est trouvé au titre de 0,89 kilogrammes, ce qui prouve que le titre n'a pas varié.

« Je conclus de cette expérience, qu'on peut espérer de substituer les creusets de fer de fonte aux creusets de fer forgé, pour la fonte de l'argent, ce qui présenterait un grand avantage quant aux prix; je crois même que les creusets de fer de fonte résisteront plus longtemps que les creusets de fer forgé, parce que la fonte est moins oxidable que le fer; enfin, messieurs, vous avez le creuset, et vous devez juger qu'il est aussi sain qu'avant d'en avoir fait usage.

« Je désire que le résultat satisfaisant de l'essai soit suivi d'opérations en grand, qui justifient ce rapport, car je dois avouer qu'avant l'expérience mon opinion était contraire au succès qu'on a obtenu.

« J'ai l'honneur d'être, etc., signé Anfrye.

« Pour copie conforme : le secrétaire-général de l'Administration, signé Bertrand. »

Malgré le résultat d'une expérience qui n'avait contre elle que le temps employé à la fusion, ce qui provenait de ce que nous avons été obligé de fondre dans un fourneau dont on ne pouvait élever la cheminée pour lui donner du tirage, nous n'avons pas donné suite à ces opérations, parce que le directeur des monnaies ayant à vendre une assez grande quantité de creusets de fer, les céda à ses confrères à des prix qui ne nous permirent pas de monter un établissement pour ce genre d'industrie, et nous en fûmes, dans cette occasion comme dans plusieurs autres, pour nos frais.

CHAPITRE VIII.

DU MOULAGE ET DE LA COMPOSITION DES MODÈLES.

AVANT que le fondeur pense à mettre son métal en fusion, il faut qu'il ait fait des moules ou creux pour l'introduire et obtenir après le refroidissement des pièces dont la forme, les dimensions et les proportions soient les mêmes que celles du modèle qu'il a dû étudier, afin de le poser dans le moule de la manière la plus avantageuse pour en obtenir le démoulage ou la conservation du creux, ce qui revient au même.

Il est assez difficile de déterminer par des règles générales le moulage de toute espèce de pièces; cependant, nous pouvons dire généralement que le moulage consiste à pratiquer et à conserver dans une matière douce, liante, compressible ou solidifiable, des cavités dont le volume et la forme soient en creux ce que le modèle est en relief; et ajouter que le moulage s'opère toujours, quelque difficulté que présente le modèle pour en obtenir l'empreinte, si l'on fait concourir d'abord la pose du modèle et les différentes coupes dont il est susceptible avec la division des châssis ou chapes en plusieurs parties, ainsi que celle de la matière moulante en pièces de rapport, soit que ces différentes dispositions concourent ensemble ou séparément pour obtenir la conservation du creux dans le démoulage. Comme ce que nous venons de dire est à peu près la seule règle générale, et que cela est insuffisant pour donner une idée nette de l'opération du moulage et du démoulage, nous rapporterons quelques exemples des pièces qui présentent le plus de difficultés dans chaque partie.

Voyez ce que nous disons du moulage à l'article *fondeur en cuivre*.

Dans le moulage en sable, il y a deux manières de comprimer les sables : dans celle nommée en sable vert, le sable ne reçoit de compression qu'autant qu'il est nécessaire pour la solidité du moule et pour obtenir l'empreinte avec exactitude; dans le moulage en sable recuit, le sable est de nature plus douce et plus compacte, la compression plus forte. Nous ne nous occuperons dans ce moment-ci que du premier moulage; nous parlerons du second à l'article *fondeur en cuivre*; nous donnerons les raisons qui ont déterminé tous les mouleurs à comprimer légèrement les sables qui ne reçoivent pas le recuit; nous avons assez parlé dans ces différens mémoires de composition des sables pour n'en rien dire dans ce moment.

Revenons au moulage, que l'on peut diviser en quatre espèces, relativement à la manière d'être des moules et à la substance qui les compose : 1°. le moule découvert; 2°. le moule en métal ; 3°. le moule en terre ; 4°. le moule en sable.

Tout ce que nous pouvons faire de mieux pour donner une description exacte de ces différens moulages, c'est de rapporter la description qu'en fait le savant auteur de la *Sidéro-technie* ; cela pourra donner lieu à quelques observations de notre part, et du conflit naît la vérité.

Puis nous dirons à ce sujet, dans différens chapitres, ce qui a eu lieu pour la fonte des ponts et de quelques grands travaux que nous avons fait exécuter ; ces descriptions fourniront une foule d'exemples auxquels on pourra rapporter le moulage de toutes sortes de pièces.

« Les moules découverts sont ceux dans « lesquels on ne forme d'empreinte que sur « l'une des faces de la pièce ; l'autre, qui reste « à découvert, prend une forme plane dont « la position est horizontale ; ce sont des creux « faits dans du sable, dans de la terre ou dans « toute autre matière facile à mouler, et dans « lesquels on coule la fonte liquide : celle-ci « remplissant l'espace vide, prend la forme « qu'on lui a donnée, et l'une de ses faces se « moule sur le fond du creux, tandis que l'au- « tre (celle qui est exposée à l'air) se refroidit « rapidement, et se crible de trous plus ou « moins grands, plus ou moins considérables ; « cette perforation est produite par l'extension « inégale de la masse de fer, lorsqu'elle se so- « lidifie. »

Nous avons remarqué aussi que la surface exposée à l'air est plus ou moins unie, suivant le degré de chaleur de la fonte, et de la précision que l'on mettait dans l'emplissage du creux, et suivant même la nature de la fonte elle-même; de manière que l'on peut voir des plaques coulées à découvert parfaitement unies, à l'exception de quelques ondulations que la matière, mise en mouvement par le flot de la coulée, a conservées en se figeant.

« On coule ordinairement dans des moules « découverts, des plaques de fonte, des contre-« cœurs de cheminée, des plaques de poêles, « des marteaux de forge, des enclumes, des « poids à peser, des lests pour la marine, et, « en général, tous les objets qui ont une face « droite, qui peut sans inconvénient être « recouverte d'aspérités, et même contenir des « cavités plus ou moins considérables, sans « que ces qualités puissent influer sur la qua-« lité et l'usage de la pièce obtenue. »

Nous devons faire observer que depuis que l'on a adopté le système des nouveaux poids et mesures, l'on a abandonné la manière de couler les poids à découvert, parce que l'on exige que la plate-forme soit unie, et que la trémie du dessous ne soit creusée qu'autant qu'il est nécessaire pour y couler le moins de plomb possible pour maintenir l'anneau et laisser la place du poinçonnage : ainsi, les poids à peser, s'ils étaient en fonte creuse, ne seraient pas livrables, et il est impossible de les couler autrement qu'entre deux sables.

Nous faisons observer également qu'il est rare de couler les plaques dans les hauts fourneaux d'un côté et de l'autre de la gueuse, ainsi que Réaumur et l'*Encyclopédie* en font mention ; mais qu'elles sont, au contraire, coulées dans des formes de châssis proportionnées à l'épaisseur et à la dimension de la pièce. On met ces châssis sous le sable de l'aire du fourneau ; on place en travers, en tous sens, des bois ronds et unis ou des tringles de menuiserie ; on les renferme sous le sable que l'on fait arriver au niveau de la pièce du châssis qui a été établie de niveau ; on forme le creux dans le sable préparé que doit occuper le modèle, qui doit avoir de la dépouille (nous dirons ce qu'on entend par dépouille). Les mouleurs ôtent leurs chaussures ; si c'est une plaque qu'ils ont à mouler, ils montent sur le modèle, ayant soin de le faire enfoncer horizontalement ; pour en agir ainsi, il faut que ce soit une surface sculptée qu'ils aient à mouler, car pour mouler à découvert une plaque unie, on n'a pas besoin de modèle : c'est ce que nous allons expliquer. Pour continuer l'opération du moulage, on enfonce des clous ou des tirefonds sur la surface du modèle qui est en dessus ; ils servent à retirer bien perpendiculairement le modèle, qui alors laisse apercevoir l'empreinte sculptée, qui est d'autant mieux formée que les bas-reliefs sont moins refoulés, et que le modèle a été comprimé de façon à donner au sable tout l'uni dont il est susceptible. Sur cette surface de l'empreinte on saupoudre du poussier de charbon, on en frotte la plaque pour la sécher, et on la remet bien exactement dans son empreinte; on la comprime encore en dansant à pieds nus sur le modèle; le moule devient parfaitement uni, on forme les côtés en approchant du sable du modèle, et le rebord qu'ils forment n'est pas plus épais que la plaque que l'on veut obtenir : on retire le modèle de son lieu, et le moulage est fini et prêt à recevoir la fonte. Les bâtons ronds que l'on a mis sous le sable du moule étaient destinés à former des soupiraux pour donner échappement à la vapeur que la chaleur de la matière ne manque jamais de faire dégager des sables humides; on les retire de leur place, et par là on évite des explosions qui pourraient faire fendre et briser la pièce, quoique coulée à découvert.

Comme tous les auteurs qui ont parlé de la fonte ont toujours fait mention du moulage à découvert, qui autrefois avait une certaine importance, nous n'avons pas cru devoir nous dispenser d'en donner un exemple, quoique nous sachions que cette manière de couler n'est presque plus pratiquée, et qu'il est préférable et plus prompt de couler les pièces à ornemens entre deux sables. Ainsi, on peut dire que l'on ne moule à découvert maintenant que les plaques dont on n'a pas de modèle. Nous allons expliquer cette manière de mouler.

Pour mouler des plaques unies sans modèle, les mouleurs emplissent une fausse pièce de châssis de sable propre à mouler; ils en compriment la surface, en la dressant à la règle et au niveau, et cette surface, sur laquelle on a saupoudré du poussier de charbon, se polit avec le couteau à parer : alors on a deux bouts de règles, si la plaque doit être un parallélogramme de la dimension de chacun des côtés; on met sur le sable le grand côté, on approche contre le bord extérieur des sables que l'on comprime à la hauteur de la règle, ce qui doit faire l'épaisseur de la plaque; ensuite on ajuste à angle droit la règle du petit côté, on comprime le sable à son bord extérieur, comme on l'a fait pour le grand côté : cette opération se répète autant de fois qu'il y a de côtés, c'est-à-dire quatre, et la plaque est moulée.

Quelques plaques, commes celles des poêles et d'autres, doivent avoir des feuillures et des couvre-joints; quand il en est ainsi, si le couvre-joint doit faire saillie du côté de la surface moulée, on enfonce une règle de la même dimension que cette saillie dans la plate-forme du sable, ce qui y fait un enfoncement; alors on obtient ces feuillures et couvre-joints en plaçant à l'aplomb de l'enfoncement une règle de fer, lutée et garnie de terre, qui entre dans

l'épaisseur de la pièce et remplit exactement
l'espace vide que les couvre-joints doivent occuper : cet exemple doit suffire pour faire
connaître le moulage à découvert. On a préparé des coulées pour ces sortes de pièces ; ce
sont de petits bassins qui sont mis à l'entour de
la plaque et sur les bords, de chaque côté ; les
fonds de ces bassins sont inclinés vers le
moule et arrivent aux bords pour que la matière qui y sera versée, et non dans le moule,
puisse s'y rendre à flot sans dégrader la surface unie, ce qui arriverait si le métal était
versé directement. Quatre ou six mouleurs,
qui ont chacun une cuillerée de fonte formant
à peu près le poids que l'on veut donner à la
plaque, versent spontanément, chacun dans
son bassin, la matière liquide qui arrive à flot
de chaque côté et ne tarde pas à former une
surface plane et unie, parce que la fonte avait
assez de chaleur pour prendre son niveau,
comme le fait tout liquide : c'est ainsi qu'on en
use pour les plaques qui doivent peser deux
ou trois cents, et qui entrent dans la construction des fourneaux de réverbère ; on en
use également pour les plaques moins pesantes,
pour lesquelles on ne prend de fonte qu'en
raison de leur poids ; le nombre des coulées est
en raison de la grandeur des plaques.

CHAPITRE IX.

DES MOULES DE MÉTAL.

« Plusieurs métaux, tels que l'étain, le
« plomb et le zinc, les combinaisons d'étain
« et d'antimoine, qui se fondent à une faible
« température, se coulent dans des moules en
« bronze, de laiton, de fonte de fer et de fer
« forgé; le laiton, qui se fond à une tempéra-
« ture plus élevée, se coule en plaques sur
« des pierres droites et polies; le fer cru ou
« la fonte de fer, qui se fond encore à un plus
« haut degré de température, se coule, dans
« quelques circonstances, dans des moules de
« fer ou de fonte de fer.

« Toutes les fois qu'on ne se propose d'ob-
« tenir qu'une seule pièce, ou seulement quel-
« ques pièces d'une forme et d'une dimension
« données, le moule qui procure la fonte la plus
« exacte, avec le moins de dépense, est celui
« qu'il faut préférer dans ce cas; il faut cou-
« ler dans des moules de terre ou de sable;
« mais si l'objet doit être moulé un grand
« nombre de fois, il semble qu'il serait plus
« économique de couler dans des *moules de*
« *métal*, comme les potiers d'étain, les fon-
« deurs de boulets de canon, ou dans des
« moules de pierre, comme les fondeurs de
« laiton. »

Le célèbre Réaumur a fondu avec succès des pièces délicates dans des moules de fer, et même de fonte de cuivre; mais toutes les pièces obtenues de cette manière (quoique venues avec assez de netteté) étaient tellement dures et cassantes, qu'il était impossible de les travailler: ce résultat était facile à prévoir; les moules de métal se refroidissant très promptement devaient solidifier la fonte avec une très grande rapidité, et lui communiquer, en conséquence, la dureté et la fragilité qu'elle acquiert par la trempe. Cet infatigable et laborieux savant fit chauffer les moules avant de couler, et les porta à une température beaucoup plus haute que celle que l'on donne aux moules de terre; la fonte en sortait toujours cassante et dure.

Ainsi ces sortes de moules, précieux dans une foule de circonstances, lorsqu'il s'agit de fondre des métaux qui se fondent à une légère température, ne peuvent être employés que dans les cas particuliers où la fonte que l'on obtient peut être dure et cassante.

M. Hassenfratz pense qu'il aurait été à désirer que les moules de métal, avant et après la coulée, eussent été placés dans des fourneaux échauffés, ou dans un milieu dans lequel la température eût baissé très lentement: tous les faits connus jusqu'à présent font croire que dans ce cas il aurait été possible d'obtenir de la fonte douce et un peu ductile.

Le même auteur rapporte en note deux objections, qui font la censure la plus vraie des moules de métal pour y couler de la fonte.

Il serait possible, dit-il, que par cette haute température long-temps continuée, à laquelle le moule et le métal fondu seraient exposés, il arrivât deux inconvéniens graves : 1°. que le moule s'oxidât à la longue et que les empreintes délicates se déformassent; 2°. que le métal et le moule finissent à la longue par adhérer ensemble, et alors il serait extrêmement difficile de les séparer.

Ces vérités ont été tellement senties par les personnes qui se sont occupées de la fonte du fer, qu'elles ont totalement abandonné un procédé qui altérait toujours la qualité de la matière, sans présenter d'autre avantage que celui de ne pas faire un moule pour chaque pièce, chose qui est sitôt faite, si l'on emploie le moulage en sable pour remplacer les coquilles métalliques.

Quoi qu'il en soit, l'artillerie se sert encore de ces sortes de moules, qui sont faits de deux pièces massives, au milieu de chacune desquelles est creusé un hémisphère du diamètre égal à celui que doit avoir le boulet que l'on se propose d'obtenir; dans la partie supérieure, est creusée une ouverture qui sert de jet, par laquelle on coule la fonte; ces deux pièces, auxquelles on donne le nom de *coquilles*, s'accouplent et se placent, dans cette position, entre deux madriers qui leur servent de presse; on les y serre avec des coins, pour en faire accoler exactement les joints. M. Grignon blâme cette manière de couler les boulets, parce que, dit-il, il se forme souvent, dans leur intérieur, des creux qui diminuent le poids du projectile, et l'empêche quelquefois d'atteindre le but. Nous pensons sur les moules métalliques, pour couler les boulets, comme M. Grignon ; mais nous apportons d'autres raisons, qui, jointes à ce qu'il dit, devraient faire abandonner cette manière de fabriquer les projectiles pleins.

Nous pensons que le creux métallique où l'on fond ne peut être tellement vidé d'air qu'il n'en retienne quelques globules, qui tapissent ordinairement la partie supérieure du moule, et forment, dans le boulet, une cavité qui est très près de la surface, et qui se découvre, lors du tir, et fait siffler le projectile. Indépendamment de cette cavité, il en existe une autre, qui provient de la retirure du métal, lorsqu'il se solidifie ; cette retirure se fait encore dans l'axe du projectile et à la surface supérieure, et on ne peut parvenir à mettre cette cavité au milieu de la sphère coulée, qu'autant qu'on a pris la précaution de tourner le moule sens dessus dessous. Lorsque le jet est entièrement solidifié, quelle que soit la nature des moules, les fondeurs, habitués à fondre des boulets, ne manquent jamais à retourner leurs moules, sans quoi les boulets ne pourraient supporter l'opération du rebattage : il n'est pas facile d'en agir ainsi pour les moules en coquilles ; car plusieurs moules sont renfermés dans la même presse, et leur degré de refroidissement étant inégal, il s'ensuivrait que l'opération du tournage des moules agirait sur les uns sans avoir d'effet sur les autres.

Nous ne craignons pas de trop nous avancer en blâmant l'usage des moules métalliques, surtout lorsqu'on réfléchit que l'on peut faire un moule en sable, pour fondre des boulets, pendant le temps que la fusion du métal se fait, dans quelque genre de fourneau que ce soit, et sans que l'on soit obligé d'employer plus d'un ouvrier et son aide pour ce genre de travail.

Enfin, comment peut-on employer des moules métalliques quand on sait, et l'expérience journalière le prouve constamment, qu'un morceau de fer forgé, introduit dans un creuset de fonte carburée, lui ôte spontanément son graphite, pour lui fournir de l'oxigène.

M. Grignon était tellement pénétré de cette vérité, qu'il conseilla de se servir de ringard de fonte pour brasser la fonte que l'on veut conserver grise ; et nous, nous ajoutons que nous ne croyons pas utile de brasser la fonte, par des raisons que nous développerons plus tard, lorsqu'il sera question de la fonte des canons.

Nous ne finirions pas de citer des exemples pour appuyer notre opinion sur les moules métalliques, pour y couler la fonte de fer. En voici un que toutes les personnes qui ont fait sceller à chaud des fers de bonne qualité dans la fonte ont dû remarquer : c'est que ces fers ou anneaux, de ductiles qu'ils étaient, sont devenus cassans, et ont changé de grainure par leur trempe dans la fonte où on les a scellés, et que celle-ci, de grise qu'elle était, présenta des bavures d'autant plus dures et intraitables, que ses parties approchent davantage du morceau de fer qu'elles tiennent en scellement.

D'après des faits aussi constans que ceux que nous venons de rapporter, est-il étonnant que le savant Réaumur ait obtenu des résultats tels que ceux dont il nous a fait part dans ses Mémoires sur *l'art d'adoucir le fer*.

CHAPITRE X.

DES MOULES EN TERRE.

Il n'est pas de fondeur qui ne soit obligé d'employer la terre pour faire tout ou partie des moules, suivant la nature et la forme des pièces qu'ils ont à couler : il était assez d'usage autrefois de voir faire dans les hauts fourneaux toutes les fontes marchandes, tels que marmites, chaudrons et chaudières, enfin tous les ustensiles de cuisine ; mais, depuis quelques années, on a remplacé ce procédé par le moulage en sable, qui produit des marchandises mieux exécutées, malgré que l'on soit encore dans l'opinion que les moules en terre produisent une fonte plus douce, plus facile à travailler, parce que ces moules peuvent être facilement chauffés, et que la terre qui les compose se refroidit beaucoup plus lentement que le sable : la fonte y conservant plus long-temps sa chaleur, sort du moule avec plus de mollesse et de tenacité. Il est certain que, si l'on compare la terre avec des moules faits entièrement en sable neuf, sans avoir reçu la préparation nécessaire, la terre conservera l'avantage; mais la manière dont on prépare les sables, en les faisant recuire, et en introduisant une dose convenable de vieux sable ou de poussier de charbon, qui s'allume dans le moule sans s'y consommer, parce qu'il est privé d'air, empêche le refroidissement de la matière, en la cémentant même de nouveau graphite. La couche ou couverte que l'on met sur les moules en sable, a cette propriété, en même temps qu'elle empêche la vitrification des sables, qui sans cela s'attacheraient à la surface de la pièce, si elle était un peu forte.

Quoique l'on ait abandonné, dans presque toutes les fonderies, le moulage en terre, pour le remplacer par le moulage en sable, il est des circonstances où l'on est obligé d'avoir recours à ce moulage, comme par exemple pour la fonte des cloches et des chaudières de grande dimension, dont on n'a pas de mo-

dèle, pour des noyaux surtout, petits et gros ;
les noyaux de peu de dimension ont plus de
consistance en terre qu'ils n'en auraient en
sable ; c'est pourquoi tous les fondeurs de petites pièces creuses font leur noyau dans des
moules de coquilles ; ils les font sécher et recuire, et les ajustent à la rape dans l'intérieur des moules, qui, le plus souvent, sont
faits en sable.

On peut employer les sables doux de Fontenay-aux-Roses, au lieu de terre franche ; ce
sable, quand il a reçu la préparation de la
terre, est doux et moelleux comme elle au
toucher, et il est susceptible de prendre des
empreintes avec plus de pureté que la terre,
en ce que sa retraite, par le séchage, n'est
presque rien, si on la compare avec la terre.

Les fondeurs qui ne tiendraient pas compte
de cette retraite, qui est d'environ quatre lignes et demie pour pied, ne pourraient pas
faire des pièces d'une dimension donnée.

Il est un genre de fondeurs qui, selon nous,
doivent employer la terre au lieu du sable ;
ce sont ceux qui font les patrons ou modèles
des fontes marchandes des hauts fourneaux,
parce qu'il faut que les diverses marchandises,
telles que marmites et chaudières, aient des
dimensions proportionnées, que l'on nomme
point, et chaque *point* représente le poids
d'une livre, sur un diamètre donné : ce diamètre doit être le plus grand possible, pour
produire des marchandises avantageuses.

Quelques fondeurs ont voulu fournir des modèles aux forges ; ils ont, en conséquence, contre-moulé les pièces en fonte les mieux venues ; ils ont ajouté à la colle, intérieurement et extérieurement, des sur-épaisseurs de papier, pour rendre les pièces capables d'être réparées au tour en dehors et en dedans ; mais ces modèles ainsi fondus, loin de présenter de l'avantage pour le débit des fontes, avaient moins de diamètre que les modèles sur lesquels ils avaient été contre-moulés.

Et la raison en est bien facile à saisir : la pièce coulée en laiton, dans le moule qui avait des sur-épaisseurs, prend une retraite de deux lignes pour pied ; si le diamètre de la pièce est de deux pieds, voilà quatre lignes de moins sur ce diamètre ; le tournage doit prendre deux lignes et demie, ce qui fait six lignes et demie ; la pièce en fonte, coulée sur un pareil modèle, diminue, par la retraite, d'une ligne et demie pour pied, ce qui réduit le diamètre de la pièce ainsi fondue de neuf lignes et demie, et elle n'a plus qu'un pied onze pouces deux lignes et demie, au lieu de deux pieds qu'elle devait avoir. On voit que, pour parvenir par le contre-moulage, il aurait fallu ajouter une sur-épaisseur extérieure de cinq lignes, qui, jointe à l'épaisseur de trois lignes de la pièce, aurait amené un modèle en laiton de plus de huit lignes d'épaisseur. Les fondeurs de patrons connaissent les résultats de pareilles expériences ; c'est pourquoi ils font un secret de la manière dont ils s'y prennent; et l'on voit le fils succéder à son père, de manière qu'il n'y a qu'une seule famille, dans les forges de Normandie, qui soit en possession de cette branche de commerce. Leur secret consiste à faire leurs moules de patrons en terre pour être coulés en laiton, et ensuite tournés en dehors et en dedans; et, afin de donner une épaisseur égale à leurs patrons, ils percent au foret des trous d'une ligne ou deux de diamètre sur quatre côtés du modèle; au moyen de ces trous, ils donnent l'épaisseur égale que le modèle doit avoir, et s'assurent ainsi du poids des pièces qui doivent provenir des moules fabriqués sur de pareils modèles.

Nous avons inséré cette méthode de faire des modèles à l'article de la fonte du fer, quoique les fondeurs de modèles prennent le titre de fondeurs en cuivre, et qu'ils ne travaillent que ce métal; mais, comme le résultat de leurs opérations a pour but de fournir des modèles aux forges, il nous a paru que cette note devait prendre ici sa place. Ces fondeurs ont les connaissances pratiques sur la dépouille des modèles; ce qui fait que ce qui sort de leurs mains réussit à la fonte sans tâtonnemens.

Comme nous aurons occasion de parler du moulage en terre pour la fonte des canons, celle des cloches et des statues équestres, nous terminerons ce chapitre par dire, avec l'auteur de la Sidérotechnie, que les pièces moulées peuvent être pleines comme les canons et les cylindres; elles peuvent être creuses comme les modèles dont nous venons de parler. Les moules des premiers objets sont formés de deux coquilles sous une même enveloppe, au milieu de laquelle est le vide que la pièce doit occuper.

On divise en trois parties les moules des pièces creuses : 1°. le noyau ; 2°. la chemise (c'est l'espace que doit occuper, dans le moule, le métal fondu) ; 3°. la chape ou manteau ; ce dernier est formé avec la terre qui recouvre la chemise et qui, enveloppant l'espace que la fonte doit occuper, conserve l'empreinte de tous les reliefs de l'extérieur de la pièce : c'est le moule proprement dit.

CHAPITRE XI.

FABRICATION DU PONT DES ARTS; SON ENSEMBLE.

En entreprenant la description des travaux relatifs à l'ajustage et à la fonte du pont des Arts, nous avons pensé que le lecteur ne verrait pas sans quelque intérêt la publication des notes et des travaux que nous avons fait exécuter pour parvenir à la fonte et à l'ajustage d'un travail qui n'avait pas de précédent en France ; et, comme nous devons justice aux hommes éclairés qui ont conçu ce projet et qui en ont fait exécuter l'ensemble, nous dirons que tous les travaux se sont faits sous la sur-

veillance du gouvernement, et du conseiller
d'état directeur général des Ponts et Chaussées, par messieurs les ingénieurs attachés à
son département.

Feu M. Dillon, alors ingénieur ordinaire, a
été chargé de cette construction, feu M. Du-
moutier étant alors ingénieur en chef du département de la Seine.

Le projet de ce pont doit appartenir à feu
M. Desessart, inspecteur général, et à M. Dillon,
qui l'ont étudié et travaillé ensemble. Nous ne
parlerons pas des différentes modifications qu'il
reçut lorsque nous étions occupé à en tracer
l'épreuve dans la grande salle de l'hôtel d'Orsai,
rue de Varennes, à Paris.

La construction fut arrêtée avec des piles en
pierre et une augmentation de force dans les fers.

M. Dillon possédait à un tel point l'ensemble de son projet, que le charpentier, le
maçon et le fondeur ont marché de pair ; tous
ont mis la main à l'œuvre pour ce qui concerne
leur partie, et leurs dimensions étaient si bien
données et si bien prises que, quoiqu'éloignés,
ils ont raccordé leurs divers travaux.

Quant à nous, nous avons reçu des instruc-
tions particulières de M. le directeur-général, par la lettre suivante, du 25 vendémiaire an 10.

Le directeur-général au citoyen Launay.

« Instruit, citoyen, que vous avez été à
portée d'étudier, d'une manière particulière,

ce qui concerne la fonte du fer, je désirerais savoir si vous voudriez être chargé de diriger, et d'inspecter à la fois, celle que je compte faire exécuter dans votre département, ou dans ceux qui en sont très peu éloignés, pour la construction des trois ponts en fer que l'on doit établir très incessamment à Paris, et dont les travaux sont déjà commencés.

« Je vous fais observer que, quoiqu'il n'y ait point de pièces difficiles dans aucun des trois systèmes adoptés, il serait possible néanmoins que les maîtres de forges eussent besoin de vos conseils; d'ailleurs il est de la plus grande importance que ces objets aient une résistance suffisante, et qu'ils conservent la pureté des formes et l'exactitude des dimensions. Il s'agirait donc, citoyen, de diriger la charge des fourneaux, de faire exécuter devant vous les premières pièces, en un mot de guider les maîtres de forges, les inspecter aussi souvent que vous le jugeriez convenable; et, pendant votre absence, un élève des Ponts et Chaussées, que j'attacherais à ces travaux, pourrait vous remplacer, pour faire suivre exactement la marche que vous auriez tracée.

« Je vous prie, citoyen, de me faire part très promptement de vos intentions à ce sujet.

« Je vous salue, Cretet. »

Nous étions alors dans le département de l'Eure; nous écrivîmes à M. le directeur général que nous acceptions avec reconnaissance la mission dont il voulait bien nous charger, quoique nous n'ignorassions pas les difficultés d'un pareil travail, tant pour la retraite qu'à cause de la routine des ouvriers dont il fallait les détourner : ce que nous parvînmes à faire en les flattant.

M. Dillon, pour commencer nos fonctions, nous remit un croquis qui donnait au pont cinq cent quatorze pieds de long, composé de neuf arches de chacune cinquante-sept pieds deux pouces d'ouverture, et de trente pieds de largeur, mesure prise du milieu des deux fermes de tête, à partir de la naissance des arcs ; la flèche du pont est de dix pieds ; les arcs sont une portion de cercle, et se réunissent au milieu au moyen d'une clef ; le rayon de ce cercle est de quarante-deux pieds six pouces.

Chaque travée du pont des Arts est composée de cinq fermes qui viennent s'appuyer sur des coussinets en fonte placés sur les piles et les demi-piles des culées ; ces fermes sont réunies par des entretoises horizontales qui lient tout le système.

Sur les coussinets s'élève une espèce de palée composée de montans verticaux défendus contre un mouvement horizontal par des arcs-boutans inclinés et des entretoises horizontales.

Chaque ferme est composée de deux arcs de cercle qui se buttent au milieu de l'ouverture de l'arche qu'ils franchissent ; ils sont réunis ou embrassés par une clef à cheval à la fois sur l'une et sur l'autre, et retombent sur les coussinets des piles ; ces grands arcs sont suspendus à des points d'appui, d'abord par des contre-fiches inclinées et qui s'assemblent avec eux et les cornettes des grands arcs au moyen de boulons, et à la tête des montans qui sont traversés par un boulon qui réunit deux contre-fiches à ce montant ; ensuite par l'about d'autres arcs intermédiaires qui s'assemblent à droite et à gauche des piles avec les grands arcs de deux arches consécutives, qui sont au moyen d'une pièce chantournée, dite pièce de jonction. Les petits arcs sont supportés à leur milieu par un affourchement pratiqué à l'about supérieur du montant des palées par lesquelles ils sont supportés en même temps au niveau de la clef des grands arcs du pont.

Toutes les fermes d'une même arche sont retenues dans leur écartement respectif, et préservées d'un deversement particulier à quelques unes d'entre elles par un système d'entretoises horizontales; ces entretoises sont assemblées aux pièces de jonction et aux arcs ; savoir, à l'about des contre-fiches, aux clefs et au milieu des distances entre les clefs et lesdites pièces de jonction.

Pour soutenir le plancher du pont, qui est de niveau, la partie du milieu des clefs, et celle des petits arcs, a été terminée en forme de tenon, ainsi que l'extrémité des montans verticaux.

Les assemblages des montans et des entretoises ont été répartis de manière que les abscisses horizontales des portions d'arcs interceptés entre eux fussent parfaitement égales ;

enfin, pour s'opposer plus efficacement à tous les efforts qui pourraient solliciter les fermes à déverser dans le sens horizontal, ce qui ferait que la rampe du pont ne serait plus en ligne droite, mais courbée au centre des arches, ce qui indiquerait un défaut de solidité, que l'on devrait se hâter de réparer pour éviter la ruine entière de ces constructions, qui n'ont de solidité qu'autant que la charge se trouve à l'aplomb de la ligne milieu des fermes, dont l'épaisseur n'est que de trente lignes.

Ainsi, pour la construction du pont des Arts, il y a dix-sept cours d'entretoises horizontales, abstraction faite des piles, et sept points d'appui qui supportent le plancher du pont.

Ce plancher est composé de pièces de bois horizontales, garnies de pointes de diamant en fonte, pour garantir ces pièces de la pourriture qui commence par attaquer les bois dans leurs abouts, où les pores sont ouverts à l'impression de l'air humide, qui est plus abondant sur les rivières que partout ailleurs ; et dans le sens de la longueur du pont, de longuerines perpendiculaires à la direction des premières, et de croix de Saint-André, qui, plus que toutes autres pièces de bois, empêchent le devers général. Ces assemblages sont recouverts d'un plancher en madriers, dont les abouts sont recouverts par des plates-bandes de fer, qui vont dans le sens de la longueur ; ces pièces ont été ajoutées à la seconde réparation des plates-formes qui se

sont trouvées usées depuis la construction de
ce pont.

Enfin, des rampes en fer forgé règnent
sur les têtes des fermes d'amont et d'aval,
dans toute la longueur du pont. Le système
supérieur aux coussinets ne devant point avoir
lieu pour les demi-piles des culées, les petits
arcs, et les contre-fiches des grands arcs, ont
été munis de crochets en fonte, scellés dans
la maçonnerie, où ils servent à maintenir la
demi-ferme qui leur correspond.

Nous allons passer maintenant à la description particulière de chacune des pièces dont
nous venons d'indiquer la destination et la
position dans l'assemblage général.

CHAPITRE XII.

DIMENSION DES GRANDS ARCS, COMPOSITION DES MODÈLES, MOULAGE ET COULÉE DE CES PIÈCES.

AINSI que nous l'avons dit plus haut, les
grands arcs, qui se joignent suivant le rayon
vertical passant par le milieu de la largeur
des arches, ont sept pouces de largeur, sur
deux et demi d'épaisseur. Le tenon de l'about
des arcs qui s'emmanchent dans les coussinets, est terminé circulairement ; ce tenon est
marqué par un renfort, qui forme une surface
assez étendue suivant laquelle ils s'appuient

sur la face extérieure des coussinets, pour la réunion des contre-fiches, des pièces de jonction, des petits montans, et des cours d'entretoises respectives ; les arcs ont été munis de joues ou cornettes, dont la direction tendait au centre de la courbe ; ces cornettes sont doubles des deux côtés de l'arc, et laissent un vide entre elles de deux pouces et demi, où viennent s'ajuster les abouts des contre-fiches, des pièces de jonction et des petits montans ; elles sont terminées par une portion circulaire, qui conserve une résistance uniforme autour du trou qui y est percé ; sur les faces de l'arc nous les avons terminées en pans coupés, autant pour éviter un surplus de matière inutile, que pour éviter des refroidissemens inégaux, qui tendent toujours à altérer la qualité de la matière dans les épaulemens que les ressauts occasionnent immédiatement avant la bride ou cornette, destinée à embrasser les pièces de jonction ; l'arc forme deux renforts arrondis pour loger l'about des petits arcs qui sont arrondis en cet endroit, suivant le galbe de ces renforts ; la pièce de jonction vient se superposer, et entre dans les cornettes de l'about des petits arcs et dans celles du milieu des grands arcs, et y est boulonnée de manière à ne pouvoir se dévêtir de quelque côté que l'effort se fasse sentir sur les grands et les petits arcs.

Nous n'ignorions pas que nous avions à donner à faire des pièces d'une exécution difficile, même pour des mouleurs très expérimentés. Nous connaissions la manière de travailler des ouvriers de hauts fourneaux, et les rejets qu'ils font de toute espèce de modèle qui n'a pas de dépouille. Pour la pureté des pièces du pont, tous les angles étaient des angles droits, par conséquent sans dépouille; en conséquence nous résolûmes de faire trouver cette dépouille dans les coupes des modèles, afin qu'on puisse les retirer du sable, sans faire d'arrachures au moule. Ce travail se fit à Paris, sous les yeux de M. le directeur général et de MM. les ingénieurs, qui adoptèrent avec plaisir nos projets d'exécution : un seul parut les frapper, et je me trouvai seul de mon opinion ; ce fut celui de la retraite que l'on devait donner aux modèles. Monge, Perrier, de l'Institut, et divers autres savans, ne portaient cette retraite qu'à une ligne pour pied, tandis que notre expérience nous démontra qu'elle était d'une ligne et demie pour pied. Nous citâmes, à cet effet, plusieurs travaux, dont le résultat de la retraite était tel que nous l'avions avancé; nous ajoutions, en faveur de notre opinion, qu'il était plus facile d'ôter aux abouts des grands arcs huit lignes de fonte, que de les y ajouter. Après un conseil qui fut tenu à ce sujet, nous fûmes autorisé à donner aux modèles une augmentation d'une ligne et demie pour pied, à condition que nous ferions une épure dans les forges, pour la vérification du premier des grands arcs qui serait coulé : la vérification en fut faite, et notre assertion fut rigoureusement prouvée.

Il était de la plus grande importance pour l'exécution de la charpente en fonte, de déterminer, d'une manière exacte, cette retraite dans les fontes ; car comme tout le système d'assemblage se communique, sans intermédiaire, dans toute la longueur du pont, au moyen des petits arcs, il aurait fallu, si l'on s'en fût rapporté à l'autorité des deux savans que nous venons de nommer, refaire au moins les petits arcs, et leur donner une courbure telle, qu'elle puisse faire raccorder leurs abouts dans les encastremens réservés aux grands arcs. Cette vérité fut sentie par MM. les ingénieurs, qui nous félicitèrent sur nos observations.

Nous disions donc que nous adoptâmes la division des modèles afin de faciliter leur dépouille, pour ce qui a rapport aux grands arcs. Le modèle était divisé en deux parties principales dans son épaisseur ; les deux parois latérales étaient formées par un assemblage en planches, terminé suivant la courbure de l'arc, et doublées par des bandes en fer, pour assurer leur maintien ; ces parties de modèle avaient moins d'épaisseur à leur concavité, qu'à la partie convexe extérieure, et le milieu du modèle était composé de petites planchettes séparées, coupées suivant la courbure de l'arc, et mises à la suite des unes des autres, et seulement séparées par un boulon.

La réunion du modèle se faisait au moyen de petites brides en fer, portant des talons de chaque côté; ces talons, taillés en glacis, étaient encastrés, ainsi que le corps de la pièce, de toute leur épaisseur dans le bois du modèle, et serrés par un boulon à tête fraisée, qui traversait le modèle et réunissait ses deux parties latérales contre les planchettes, au moyen des talons en glacis, dont chaque bride était pourvue.

Les planchettes avaient une diminution d'épaisseur en sens contraire de celle donnée aux arcs latéraux; cette inclinaison procurait la dépouille, lorsque l'écrou qui réunissait les brides était dévissé, pour empêcher qu'il n'y eût aucune saillie attenante aux deux cercles du modèle : nous y avions ajouté le modèle du renfort, pour le maintien de l'about des petits arcs, au moyen de goujons en fer, sur la convexité du modèle des arcs.

Les renforts latéraux qui se trouvent près des coussinets, et à la clef, ainsi que les cornettes, étaient construits séparément, et réunis à volonté au corps du modèle, par des coulisses en bois pratiquées dans les renforts ou cornettes, et remplis par des liteaux appartenant aux faces verticales de l'arc; ces liteaux étaient dirigés perpendiculairement à la corde sous-tendue d'un bout de l'arc à l'autre, celui-ci étant posé la partie convexe en bas : cette situation renversée était celle qui lui était destinée pour en exécuter le moulage. Nous

avions disposé nos châssis pour parvenir à
cette opération, en sorte que le modèle entrait de toute sa hauteur dans le sable, et le
contour du châssis était déterminé suivant sa
courbure ; les fausses pièces, c'est-à-dire les
pièces supérieures, n'étaient alors que destinées à clore la surface supérieure du moule,
et à recevoir les modèles de jet à cales et les
évents qui se trouvaient notamment aux deux
bouts des arcs. Ces fausses pièces étaient au
nombre de sept, sans y comprendre l'exhaus-
sement que l'on mettait aux abouts, pour faire
plus de charge, comme masselottes, hors de
la coulée de la pièce ; trois de ces pièces, c'est-
à-dire celle du milieu et les intermédiaires,
avaient la forme d'une trémie, et s'élevaient
au-dessus du niveau des extrémités du modèle ; elles contenaient le canal des jets, dont
le débouché extérieur dépassait de sept à huit
pouces les abouts du châssis. D'après ce que
nous venons d'expliquer sur la position du
modèle dans son châssis, on reconnaît sans
doute que le système de composition du modèle ne permet pas la dépouille des deux
côtés : l'un, celui du tenon des coussinets,
est terminé circulairement ; et l'autre, qui était
formé par la coupe du rayon du milieu des
arcs, formait à l'extrados un prolongement
qui se serait trouvé refoulé dans le sable, de
manière à empêcher le devêtissement du modèle, sans faire des arrachures aux moules.
Pour mettre notre système de démoulage à

l'unisson, nous avons ajusté une pièce en coupe à sifflets, qui, au moyen de vis, tenait à l'ensemble du modèle, et pouvait se démonter à volonté lors du moulage. Quant à la partie circulaire du tenon, nous n'avons pas cru devoir en changer la disposition, car il suffisait, pour obtenir le démoulage, de former une cavité dans le sable de la pièce du châssis de dessous, jusqu'à ce que l'on fût à la moitié de la partie circulaire du tenon ; alors la fausse pièce, qui doit recouvrir cette partie du modèle, porte un téton de sable, qui est l'empreinte de la partie circulaire.

Nous faisions mouler d'abord l'arc tout entier, sans s'occuper, pour le moment, des cornettes et des renforts latéraux ; on les moulait ensuite, en creusant le sable dans l'endroit que ces saillies devaient occuper, puis on les juxtà-posait, les rainures ajustées sur les liteaux ; on comprimait le sable tout à l'entour, de manière à avoir la solidité requise pour opposer une résistance convenable à la masse de fonte qui devait remplir le vide que le modèle avait laissé dans le moule. Les parties demi-circulaires des cornettes devant descendre plus bas que la convexité de l'arc, il n'y avait, entre deux cornettes correspondantes, qu'une épaisseur de sable égale ; on ne pouvait craindre qu'en retirant ces pièces du moule, après le corps du modèle, on n'éprouvât quelque difficulté, parce qu'elles n'avaient pas de dépouille sensible. En faisant nos modèles, nous avions prévu cette difficulté, et nous les avions construites de deux pièces ; la première représentant la cornette entière à l'extérieur, et la deuxième formant un cercle entier, tangeante à la surface convexe de l'arc composant la paroi intérieure du vide des joints ; ces deux parties se réunissaient par des coulisses très libres, à queue d'aronde, et dirigées de manière que sa surface de joint fût inclinée, et que la plus grande épaisseur de la seconde partie fût au fond du moule : cette construction donnait une dépouille au reste du modèle, en évitant tout frottement contre la paroi intérieure du moule. La partie circulaire se trouvait abandonnée, et ensuite retirée de la manière la plus commode.

C'est en prenant de telles précautions pour la coupe des modèles et leur démontage dans le moule que nous avons pu parvenir à faire mouler en sable vert des pièces d'une aussi grande dimension par des hommes habitués à faire des chaudrons et marmites ; ces pièces ne sont sans doute pas des plus pesantes que l'on ait fondues, puisqu'elles ne pèsent que deux mille quatre cents livres ; mais nous n'avons vu nulle part, jusqu'à ce moment, des pièces de trente-deux pieds de long.

Le châssis des arcs était en bois : il était composé d'un fond en planches de dix-huit lignes d'épaisseur, et les deux bords avaient trois pouces ; la coupe supérieure était faite sur le même cintre que celui de l'intérieur des arcs; l'assemblage de ces bords ne pouvait éprouver aucun écartement, car ils étaient traversés par des entretoises en bois, serrés par des clefs et des boulons en fer. Le dessus du châssis était composé de sept fausses pièces, ainsi que nous venons de le dire; la rencontre des fausses pièces avait lieu suivant une surface plane, et était fermée par deux plaques en fonte appartenant à chacune d'elles; ces plaques étaient échancrées à leur partie inférieure pour contenir la portion du sable qui devait en occuper l'épaisseur, afin de se réunir à la partie correspondante de la fausse pièce suivante, et ne pas interrompre la surface supérieure du moule : ces plaques ont été employées pour retenir dans chaque fausse pièce le sable qui devait y être comprimé; sans cette précaution on aurait toujours eu à craindre les éboulemens et la destruction des surfaces de joints; on les enduisait encore de terre grasse délayée pour que leur contact fût parfait et qu'il n'y eût aucune ouverture par où la fonte pût s'échapper.

La superposition des fausses pièces était maintenue au moyen de goujons, et elles étaient fixées au corps du châssis par des crochets et des serre-joints en fer.

Pour mouler les arcs, on commençait par remplir tout le corps du châssis avec du sable préparé à cet effet, et peu comprimé; on y pratiquait ensuite un canal avec une planche découpée suivant la coupe transversale de l'arc et faisant l'office du rabot que l'on faisait glisser sur les deux bordages ; alors plusieurs ouvriers tenant le modèle, la partie circulaire en bas, le déposaient dans le canal, et l'y enfonçaient en frappant dessus par l'intermédiaire de tasseaux en bois, afin de ne pas en épaufrer les arêtes. Les percussions qu'il recevait dans toutes ses parties comprimaient suffisamment le sable du fond du moule ; et pour s'en convaincre on relevait le modèle de dessus la couche de sable qu'on venait de former, et on s'assurait, avec les doigts, de l'état de compression ; s'il n'était pas assez considérable, on labourait légèrement avec le bout d'une tranche la partie la moins comprimée, et on y ajoutait une couche de sable proportionnée au degré de solidité que l'on avait remarqué dans la couche de sable ; le modèle était mis de nouveau en place, et on continuait sa compression. On vérifiait ensuite avec un cordeau si chacune des faces du modèle était dans un même plan vertical, et si les abouts étaient bien de niveau, et la courbure de l'arc telle qu'elle devait être pour que la pièce coulée pût s'ajuster facilement dans le système de fermes qui composent ce pont. Pour cela, on se servait d'un assemblage en bois très solide et non susceptible de fléchir dans le sens vertical, et sur lequel nous avions déterminé plusieurs ordonnées terminées par des tasseaux en acier. Si le modèle ou la pièce fondue ne se rapportait pas à tous les points de ces or-

données, on frappait le modèle dans les endroits les plus élevés, de manière à lui faire
constamment la même courbure. S'agissait-il
de la pièce fondue, on faisait pendant le refroidissement plusieurs vérifications avec le calibre, et on faisait supporter la pièce seulement
dans ses abouts lorsqu'il fallait donner une
courbure plus considérable; on dégageait, au
contraire, le sable de dessous ses abouts lorsqu'il était question d'aplatir la courbure; enfin, on agissait sur le modèle comme sur la
pièce pour les maintenir suivant la courbe
donnée, et qui est celle que l'on avait relevée
sur une épure faite en conséquence.

Ces opérations essentielles sur le modèle
étant terminées, on battait le sable également
des deux côtés, et on moulait les cornettes et
les renforts, ainsi que nous l'avons indiqué,
jusqu'à ce que le sable fût parvenu à la hauteur
des bords du châssis; on unisait cette surface
et on l'avivait avec les angles du modèle au
moyen de la cuiller à parer; on saupoudrait
sur le tout du poussier de charbon : alors on
mettait les fausses pièces en trémie en place,
on les y assujétissait au moyen des goujons et
crochets, on plaçait les jets convenablement
pour que la matière en s'introduisant dans le
moule n'en dégradât point les parois; c'est ce
qu'en terme de fonderie on nomme couler à
cale, c'est-à-dire que la première chute de la
matière se fait sur les bords du moule, d'où
elle s'introduit au moyen d'un chenal propor-

tionné à la pièce dans l'intérieur du vide. Les jets, qui étaient des fuseaux de bois longs de quatre pieds et de deux pouces de diamètre, et qui étaient un peu coniques pour en faciliter la dépouille, étant placés, on comprimait le sable couche par couche dans toute la hauteur du châssis ; enfin toutes les fausses pièces se comprimaient de la même manière jusqu'à ce que le moulage en fût entièrement fait; alors on enlevait successivement les fausses pièces en commençant par les trémies, et l'on procédait à l'enlèvement du modèle. Pour y parvenir, on dévissait premièrement les brides, et l'on séparait le modèle de l'about coupé en sifflet; on retirait ensuite les planchettes qui dégageaient le milieu du moule ; alors on rapprochait les deux arcs latéraux qui abandonnaient le sable du moule, les cornettes et les renforts, et on pouvait facilement enlever chaque portion de cercle du modèle sans faire de dégradations au moule; s'il s'en faisait, elles n'étaient que légères et pouvaient se réparer facilement et promptement : souvent on n'avait qu'à faire disparaître les coutures que les différentes parties du modèle laissaient empreintes dans le sable, après quoi on recouvrait le moule de toutes ses fausses pièces dans l'ordre contraire à celui du moulage.

Cette opération du moulage et du démoulage était toujours finie avant que le creuset du haut fourneau fût entièrement plein, pour ne pas retarder le fondage qui aurait pu en

souffrir ; on retirait des épreuves du fourneau , et l'on jugeait de la qualité de la fonte.
Nous étions présent à toutes ces coulées , qui
employaient deux mille cinq à six cents livres
de fonte , y compris les jets et les évents. On
commençait par couler dans les jets du milieu,
et on continuait ainsi jusqu'à ce que la fonte, en
acquérant des niveaux successifs, fût parvenue
aux jets des fausses pièces intermédiaires ; arrivée à ce point , six à sept mouleurs coulaient
avec leur cuiller par tous les jets à la fois,
jusqu'à ce qu'elle eût gagné les extrémités du
moule ; alors on versait la fonte par les évents,
et l'on entretenait tous les jets constamment
pleins pour fournir à la retraite ; l'on ne cessait que lorsque les débouchés des jets et des
évents étaient entièrement figés, et que la communication avec le reste de la pièce ne pouvait
plus avoir lieu.

Nous avions fait adopter cette méthode de
couler, afin d'éviter que la fonte ne parcourût
le moule en descendant avec vitesse, ne le
dégradât sur son passage, et ne remplît la
partie circulaire des cornettes avant que le
niveau fût accru jusqu'à elle ; en effet, le courant de matière n'étant pas continu, elles auraient éprouvé un refroidissement avant de se
joindre à la masse totale, et ne se seraient point
soudées pour faire corps avec elle : cet effet
a eu lieu quelquefois par la faute des mouleurs,
toujours trop empressés de couler par les jets
intermédiaires, et même par ceux des abouts.

Quelques précautions que l'on prît pour nettoyer le moule et pour empêcher l'écume du fer de s'y introduire, on rencontrait des pièces qui n'avaient pas toute la pureté qu'elles devaient avoir, et ces crassiers s'attachaient toujours à la surface courbe intérieure. On fortifia le modèle en cet endroit, au moyen d'une petite masselotte, et cet inconvénient, qui avait fait rebuter quelques pièces, disparut. Il y en avait un autre contre lequel nous avons récriminé plusieurs fois; c'était de jeter de l'eau sur les sables qui avaient servi au moulage, pour empêcher qu'il ne se brûlât. Cette eau accélérait le refroidissement inégalement, et particulièrement au centre, ce qui a été cause que quelques unes de ces pièces n'ont pu résister à l'épreuve du transport qui se faisait sur des voitures à deux roues, les abouts des arcs en haut; comme ces voitures n'avaient que quatorze à quinze pieds de charge, il restait deux bouts qui ne pouvaient être supportés, et qui occasionnaient, par les secousses du pavé, la rupture de ces arcs au milieu, quelque soin que l'on prît de faire une torse de cordage pour empêcher le fouet des arcs pendant leur transport : aussi est-on certain que toutes ces pièces employées au pont des Arts ont la plus grande solidité possible, et sont sans porosité, ce que l'on doit à la manière de couler verticalement et à la remonte. Quelques personnes ont pensé que la retraite de pièces aussi longues était pour quelque chose dans la rupture des arcs; mais s'il en eût été ainsi, la courbe se serait redressée et ne se serait point ajustée avec le gabari de vérification : on avait le plus grand soin de rendre le sable meuble après la coulée, aux approches de toutes les saillies, des cornettes et renforts.

Les rebuts des pièces se faisaient assez facilement, parce qu'on était convenu de donner au maître de forge une indemnité proportionnée aux rebuts qu'il éprouverait, et que d'ailleurs cette fonte ayant les qualités de gueuse, on en tirait parti sur-le-champ.

CHAPITRE XIII.

DES PETITS ARCS ET DE LEUR MODÈLE, DU COUSSINET, DE SON MODÈLE, ET DU MOULAGE DE CES PIÈCES.

Les petits arcs sont des pièces qui entrent à leur milieu dans les enfourchemens des montans des piles; ils sont destinés à suspendre aux points d'appui deux demi-fermes consécutives, si le système venait à éprouver un abaissement indépendant des piles, ou à s'opposer au changement de forme et même à la rupture des fermes, en repoussant la partie des grands arcs qui serait sollicitée à remonter, si un fardeau trop considérable les surchargeait à la clef, puisqu'alors ils seraient obligés de s'élever au point intermédiaire, entre la puissance et la résistance, qui est justement l'endroit où les petits arcs viennent se joindre aux grands.

Le sommet des petits arcs doit servir de point d'appui pour les pièces de pont du plancher qui sont à l'aplomb des palées; c'est pourquoi ils portent à la partie correspondante aux enfourchemens un renfort supérieur, dont la forme est pareille au tenon qui termine les clefs. Les petits arcs portent des cornettes dans lesquelles s'ajustent des petits montans à droite et à gauche des piles, et se réunissent de chaque côté au moyen des pièces de jonction avec les grands arcs des fermes correspondantes des deux arches successives; c'est pourquoi nous avons mis vers l'about des petits arcs des cornettes semblables à celles des grands arcs, l'épaisseur de toutes ces pièces étant la même: mais les petits arcs n'ont que cinq pouces trois lignes de hauteur.

Nous avons établi le même système dans la composition du modèle des petits arcs que celui des grands arcs, et l'on employait pour le moulage le même châssis, et les mêmes procédés, les mêmes précautions et les mêmes instrumens pour déterminer la position du modèle.

Le modèle particulier du tenon supérieur était retenu à l'arc par des goujons en fer, il se démoulait après le corps du modèle; mais il est à remarquer que la partie circulaire de ce tenon traversée par le boulon, était plus large que l'arc, et ne pouvait se trouver en dépouille par la disposition perpendiculaire qu'elle conservait dans le moule. Pour donner de la dépouille à ce tenon, le modèle a été formé de trois pièces, savoir, deux latérales et une intermédiaire, comprenant toute la partie correspondante à l'épaisseur du modèle; les deux autres, en saillie de droite et de gauche, étaient assemblées par des coulisses en queue d'aronde, qui restaient dans le sable du moule quand on retirait la partie du milieu; on les ôtait ensuite facilement en les faisant passer par le vide formé par le démoulage de la pièce principale.

Les jets et les évents étaient disposés pour ces pièces comme pour les grands arcs, et l'on suivait pour la coulée la même précaution; les mêmes inconvéniens se sont présentés, on les a évités de la même manière.

Il faut remarquer que la faible dimension de ces petits arcs devait faire redouter beaucoup plus de difficultés par leur fabrication, et un refroidissement de matière pendant la coulée; de plus, nous étions obligé d'apporter beaucoup de soin pour bien déterminer leur courbure dans le châssis, attendu la grande flexibilité du modèle: cependant, malgré toutes les précautions que nous pouvions prendre, ces pièces ont souvent changé de courbure, soit en plus, soit en moins, sans que pourtant cela se soit opposé à leur raccordement avec les grands arcs.

Le voilement de ces pièces n'avait rien qui pût les empêcher de servir, parce que leur élasticité est assez considérable pour donner les moyens de les forcer à quitter leur double courbure, soit avec des clefs, soit par l'effet des entretoises, comme l'expérience l'a fait voir.

Les petits demi-arcs pour les culées n'ont point eu de modèle à part; on les a obtenus en choisissant, parmi les petits arcs défectueux, ceux qui pouvaient être appropriés à cet usage; pour les couper à leur longueur, on faisait une tranchée à leur pourtour avec la tranche à manche, puis on les laissait tomber en porte-à-faux, et ils se séparaient précisément à la rainure pratiquée.

Les coussinets ou chapeaux reçoivent la retombée des grands arcs des deux demi-fermes qui leur correspondent; dans le sens perpendiculaire aux têtes de pont, ils présentent des mortaises qui renferment le tenon des abouts des arcs, dont le renfort s'appuie en même temps sur les surfaces contre lesquelles s'exerce la poussée des fermes; ils soutiennent la palée établie sur les piles, et l'extrémité inférieure des montans d'enfourchemens qui embrassent le milieu des petits arcs est descendue dans une mortaise pratiquée à leur partie la plus élevée.

La figure des coussinets est celle d'un parallélipipède surmontant une pyramide quadrangulaire tronquée, posée elle-même sur un plateau qui la dépasse dans le sens parallèle aux têtes; sous ce plateau il y a une tige

longue de trois pieds qui y est réunie par un
cavet; cette tige et presque tout le coussinet
sont enfermés dans la maçonnerie des piles.

Les coussinets étant des pièces assez massives, ils auraient mal réussi si on les eût coulés
en sable vert; la masse de fonte aurait comprimé ce sable de manière à déformer un moule
ainsi fait. C'est pourquoi nous avons pris le
parti de faire recuire ces moules pour leur
donner la solidité nécessaire, et s'opposer à la
pression de la matière, qui était d'autant plus
grande que la base du coussinet occupait plus
d'espace, et que la tige était plus élevée. Dans
la description que nous ferons de la formation
et du moulage des coussinets, on verra ce qui
a rapport aux mandrins et à leur portée dans
le modèle. Deux parties principales composent
le modèle de coussinet, l'une est moulée dans
le corps du châssis, et l'autre dans la fausse
pièce supérieure. Nous avons subdivisé ces
deux parties pour parvenir à la dépouille, afin
d'éviter un moulage en pièces de rapport qui
aurait été long, et peut-être mal exécuté par
la plupart des ouvriers de fourneaux qui n'ont
pas l'habitude d'un pareil travail.

La réunion des pièces a, en conséquence,
dû présenter un assemblage susceptible de conserver la forme et d'être séparé à volonté.

Le châssis entier était composé de plaques
de fonte réunies aux angles par des équerres
en même métal, qui y étaient contre-rivées de
la manière la plus solide.

On superposait la fausse pièce au moyen de goujons de fer et à clavettes, reçus dans des douilles jointes à cette fausse pièce.

La partie du moulé dans le corps du châssis comprenait le corps de la pyramide et le parallélipipède supérieur ; les surfaces de la pyramide étaient formées par des planches qui s'ajustaient à queue d'aronde, de manière que son intérieur restait vide ; la base de la pyramide, ou plutôt la surface de jonction avec le plateau, avait une ouverture qui permettait d'y introduire le bras, pour opérer la manœuvre des tirefonds avec lesquels on fixait les portées des mandrins qui devaient conserver le vide des mortaises : ces portées avaient huit à neuf pouces de saillie. Pour éviter que le noyau, lorsqu'il serait renfermé dans le moule, ne se dérangeât et ne fît la bascule, nous avions imaginé de traverser le châssis et le noyau par une barre de fer d'un pouce de diamètre environ, enduite de terre ; ce qui, après la fonte, formait un trou au milieu du tenon pour y mettre une cheville d'assemblage, s'il en eût été besoin : la pression du renfort du grand arc sur la surface du coussinet était plus que suffisante pour s'opposer à tout devêtissement après l'assemblage d'une ferme.

Le parallélipipède ou carré supérieur s'ajustait au moyen d'une gorge carrée qui lui faisait emboîter le dessus du tenon de la tronquature de la pyramide ; enfin, dans cette boîte où en entrait une seconde ouverte, et dont le vide représentait la mortaise pour loger l'extrémité inférieure des montans d'enfourchement, cette boîte, qui terminait la surface du dessus du coussinet, était destinée à recevoir, pendant le moulage, le mandrin de la mortaise.

La seconde partie du modèle, moulée dans la fausse pièce, était remplie par le plateau sur lequel pose la pyramide et de la queue du coussinet; cette queue n'avait qu'une légère dépouille, attendu sa facile extraction du moule et le peu d'importance qu'on devait mettre à conserver les vives arêtes de cette partie du coussinet, qui devait être scellée dans la maçonnerie. Quant au plateau, nous lui avions donné une dépouille particulière et qu'il serait bon d'appliquer à toutes les formes cubiques et parallélogrammiques un peu volumineuses. Ce plateau était composé de cinq morceaux, savoir : quatre principaux formant le contour et une grande partie de son volume, et un cinquième en forme de clef réunissant tous les autres; et, en complétant la figure de ce plateau, il faut supposer que cette pièce, qui réunit les autres au moyen de vis, est ôtée et laisse un espace vide intérieur. On peut imaginer alors deux plans parallèles qui coupent à la fois deux côtés adjacens du contour du plateau; cette section fournit quatre morceaux semblables, deux à deux, et symétriquement placés. Deux de ces morceaux sont triangulaires, et les deux autres complètent le contour du parallélipipède. On peut maintenant faire glisser l'un de ces morceaux pour s'avancer dans le vide formé par la clef, il abandonnera le sable qui le circonscrit, et on pourra le retirer sans toucher le sable, ainsi que son semblable, qu'on a fait glisser de la même manière ; il ne restera plus alors que les deux morceaux triangulaires isolés dans le moule et d'une extraction très facile. La queue du coussinet, qui avait une légère dépouille, dépassait le châssis de la fausse pièce ; au moyen de petites percussions il abandonnait le sable, et laissait vide l'empreinte qu'il venait de former : c'est ainsi que le démoulage du coussinet était opéré. C'est au fondeur, qui a de ces sortes de pièces compliquées et sans dépouille à mouler, à mettre en usage tous les moyens que son expérience et son imagination peuvent lui suggérer ; peut-être trouvera-t-il, dans la coupe des modèles dont nous venons de parler, des exemples qui pourront lui être de quelque utilité ; et il ne craindra pas de faire des moules d'une grande dimension, puisqu'il aura toujours la facilité de les confectionner, lors même qu'ils seraient immuables par leur volume.

On sait que lorsqu'un fondeur veut couler des pièces considérables d'un seul jet, ce n'est pas la quantité de matière qu'il doit fondre qui lui présente des obstacles, mais la fabrication des moules.

Ce que nous venons de consigner sur le

moulage en sable, semble peu d'accord avec
ce qui est dit dans la Sidérotechnie, qui n'ad-
met que le moulage en terre pour des pièces
un peu considérables. Nous ferons voir en son
lieu et place que nous ne partageons pas à
cet égard la manière de voir du savant auteur
de cette production. Nous pourrions terminer
ici ces citations ; mais comme nous avons
pris l'engagement de faire connaître toutes les
opérations de la fonte des ponts de fer de
Paris, nous allons continuer de passer en revue
toutes les pièces qui entrent dans leur composition , après avoir décrit l'opération du
moulage des coussinets. Quoique le nombre
des figures que nous avons jointes à ce travail
ne soit pas suffisant pour expliquer d'une
manière satisfaisante tous les détails de cette
opération, cependant elles serviront, avec l'explication que nous en ferons, à donner une
idée exacte de l'ensemble de ces productions.

Après avoir séparé les deux parties principales du modèle, on pose à plat sur une
planche celle qui doit être moulée dans le
corps du châssis, c'est-à-dire la portion pyramidale ; on pose les portées des noyaux pour
l'about des grands arcs , on les assujettit intérieurement avec les tire-fonds , on saupoudre
du poussier de charbon sur le modèle pour
le sécher, autant que faire se peut, on l'entoure de son châssis, on met même dans la
boîte du parallélipipède supérieur le noyau en
fonte destiné à former la mortaise de l'about

du montant d'enfourchement. Ces opérations terminées, on met une petite quantité de sable dont on entoure le bas du modèle en l'appuyant avec les mains ; on met encore une petite quantité de sable de manière à former un lit de quatre à cinq pouces d'épaisseur ; ce lit de sable, s'il est suffisamment comprimé, doit se réduire à la moitié de sa hauteur d'après plusieurs expériences que nous avons faites à ce sujet ; enfin, à force de mettre des couches successives, le châssis s'emplit, la pièce et les portées des noyaux sont entourés de sable et moulés, après quoi l'on retourne le tout sens dessus dessous, et l'on présente à découvert la surface inférieure de la pyramide, on affleure le modèle et on saupoudre du poussier de charbon ; alors on réunit à la première partie du modèle celui du plateau dont la superposition est maintenue par des goujons en fer, ayant une embase qui les empêche d'entrer tout-à-fait dans l'épaisseur de la face inférieure de la pyramide ; sur ce plateau s'ajuste le modèle de la queue dans une situation convenable, et le tout est circonscrit par la fausse pièce que l'on fixe avec des clavettes : cette seconde partie se moule comme la première, et l'on place les jets sur la surface du plateau ; enfin on laisse ouvert le bout de la queue pour servir d'un large évent par lequel on verse à la fin de la coulée, pour fournir autant que faire se peut à la retraite du métal, qui continue encore dans le corps de la pyramide, lors même que la tige ou queue est entièrement solidifiée.

Avant de démouler, il faut séparer les deux assemblages du châssis, et présenter à découvert, les surfaces de contact des deux parties du modèle, pour retirer la partie pyramidale moulée dans le corps du châssis, qui se trouve naturellement en dépouille, et qui abandonne alors la boîte parallélipipède qui lui sert alors de sous-bassement. Quoique celle-ci n'ait pas de dépouille sensible, elle se démoule facilement en la tirant perpendiculairement à soi, et laisse après elle la deuxième boîte renfermant le noyau de la mortaise des montans d'enfourchement; alors on retire cette boîte, ainsi que les portées pour les mortaises des abouts des grands arcs.

Les motifs qui nous ont engagé à séparer la pyramide du parallélipipède sont basés sur ce que celle-ci, ayant beaucoup de dépouille, pouvait bien ne pas s'enlever perpendiculairement à son axe, ce qui aurait fait varier le parallélipipède, et causé par conséquent des arrachures à cette partie du moule; tandis qu'en le séparant pour le démouler, on l'enlève aussi perpendiculairement qu'on veut, parce que son poids n'est pas capable de faire varier la main du mouleur qui opère ce démoulage. Quant à la boîte, nous l'avons également imaginée pour éviter le dérangement du noyau; car lorsqu'elle reste seule, il est aisé de prendre des précautions pour l'enlever avec précision, puisqu'alors les mains peuvent parvenir jusqu'à elle, et la saisir librement. Pour démouler la seconde partie, on enlève d'abord la clef, et l'on fait rentrer en dedans les diverses subdivisions du plateau. Quant à la queue, elle se retirait ainsi que nous venons de le dire.

Pour parvenir à la coulée, on enduisait d'une couverte l'intérieur du moule, après avoir mis en place les noyaux des mortaises du tenon des grands arcs ; on faisait sécher convenablement les différentes pièces du moule que l'on réunissait ensuite, en prenant toutes les précautions pour la fermeture des châssis.

Le sable dont on se servait dans l'usine, où ces pièces massives étaient fondues, était bon pour les petits ouvrages, mais il n'était pas assez réfractaire pour ne pas se vitrifier par la chaleur d'une pièce qui restait plus d'un quart d'heure en fusion après la coulée, ce qui fait qu'on a été obligé d'enlever cette croûte au ciseau et au burin pour l'ajustage des portées ou renforts des grands arcs qui venaient s'appuyer sur les glacis de la pyramide des coussinets.

CHAPITRE XIV.

Nous avons cru devoir adopter les mêmes procédés que ceux dont nous venons de parler pour les petites pièces du pont que pour les grosses, c'est-à-dire la division du modèle dans le moule, et nous avons soumis au même tracé les petits et grands montans, les contre-fiches des arcs-boutans et des grands arcs, des entretoises de toute espèce, enfin les crochets des petits arcs, et les contre-fiches des culées. Nous parlerons des pièces de jonction et de la clef séparément.

Les petits montans sont destinés à s'ajuster dans les cornettes des grands et des petits arcs, à droite et à gauche des clefs et des enfourchemens ; ils doivent avoir une direction verticale, et être boulonnés à leur partie supérieure avec les pièces de pont du plancher. Les montans dont il s'agit ont été moulés, couchés sur leur plus large dimension ; le châssis était composé de deux parties, c'est-à-dire le châssis et la fausse pièce : quoique ces deux pièces soient quelquefois pareilles, on ne les en désigne pas moins par châssis et fausse pièce ; on entend par châssis ou corps de châssis la pièce qui ne porte pas les goujons, et celle où des planches à mouler peuvent s'appliquer des deux des deux côtés ; c'est dans cette pièce que l'on commence ordinairement le moulage. Pour revenir aux petits montans, nous disions que ces pièces étaient couchées sur leur plus large dimension ; le modèle pouvait se démonter dans le moule, sans altérer l'empreinte de celui-ci ; le sable se refoulait par lits, de manière pourtant à faire corps ensemble ; la pièce n'était pas moulée entièrement dans la pièce de châssis ; la fausse pièce servait à mouler la seconde surface.

Si on eût mis un pareil modèle dans les mains d'un fondeur de Paris, il ne se serait certainement pas servi des divisions du modèle pour le démoulage, il aurait fait une couche de sable dans une pièce de châssis propice, et y aurait déposé son modèle de manière que la diagonale du parallélipipède fût parallèle avec la surface du châssis ; de cette manière un angle du modèle se serait trouvé perpendiculaire à la surface du châssis, ce qui aurait été un moyen de dépouille plus simple que celui que nous avons cru devoir adopter.

Si nous avions adopté ce système, il aurait fallu faire changer la manière de travailler des ouvriers ; ils auraient trouvé gênant, et surtout trop long, d'établir pour chaque modèle une pièce de couche, et il n'est pas certain qu'ils aient toujours réussi à aviver les arêtes du sable sur celles du modèle, ce qui aurait fait des sutures à la pièce qu'il eût fallu ébarber ; ensuite le temps accordé pour la fabrication nous faisait un devoir d'adopter tous les moyens de travail les plus expéditifs, d'autant plus que nous allions dans une usine abandonnée que l'on restaurait, et cette restauration pouvait durer fort long-temps.

Enfin, suivant notre méthode, le moulage se faisait ainsi que nous venons de l'indiquer ; ensuite on retournait le châssis sur la planche, et la surface de jonction du modèle était à découvert ; puis on unissait bien le sable en l'assurant sur les bords du modèle avec le couteau à parer : ceci achevé, on superposait la seconde moitié du modèle du châssis après avoir saupoudré du poussier de charbon, tant sur le modèle que sur la surface du sable, pour empêcher son adhérence avec la partie déjà confectionnée. On plaçait convenablement les modèles des jets, des évents et des cales en appuyant d'abord le sable le mieux apprêté sur le modèle, et on en faisait la compression lit par lit, ainsi qu'il est d'usage de le faire dans les hauts fourneaux. Le moulage achevé, on commençait aussitôt le démoulage, en enlevant la fausse pièce qui emportait avec elle la moitié du modèle qui y est moulée ; ainsi les deux moitiés de la pièce se trouvant moulées respectivement dans le châssis et dans la fausse pièce, on pouvait les démouler en retirant d'abord les vis qui servaient à la subdivision de chacune des moitiés, et en enlevant celle-ci, en faisant glisser les coupes du modèle l'une sur l'autre pour les dégager du sable.

Les modèles des jets, des évents et des cales étaient moulés de même; et le moule terminé, alors on replaçait la fausse pièce sur le corps du châssis, pour attendre l'instant de la coulée: on avait toujours soin de placer les évents sur la partie la plus élevée du modèle, qui était le carré de l'embase du tenon; les cales étaient mises au milieu de la longueur; après la coulée et le refroidissement de la pièce, on la râpait, et on enlevait au burin les bavures et les tétons des jets; ensuite ces pièces passaient dans les mains de l'ajusteur.

Les montans qui s'ajustent dans la moufle des pièces de jonction sont semblables aux petits montans, ils sont seulement plus longs; leur modèle, les opérations du moulage et de la verse de la matière sont les mêmes que pour les petits montans, c'est pourquoi nous nous dispenserons d'en dire davantage au sujet de ces pièces.

Les contrefiches des grands arcs sont destinées à s'opposer au changement de courbure des grands arcs; elles s'ajustent dans les cornettes formées, à cet effet, entre la retombée des arcs et les pièces de jonction; elles vont se réunir aux montans d'enfourchement avec lesquels elles sont boulonnées, et termine ainsi par une partie verticale surmontée d'une partie de cylindre pour conserver la force de la matière qui se serait trouvée affamée par le trou que l'on doit percer à cet endroit; par la même raison l'extrémité inférieure est terminée par une partie cylindrique dont le diamètre est égal à celui de la cornette du grand arc dans laquelle elle doit s'ajuster ; le modèle de cette pièce était composé suivant le même système que celui adopté pour la coupe des montans dont nous venons de parler : ainsi la manière de mouler ces pièces, quoique dans des châssis plus grands, est encore la même que nous avons décrite. Cependant, pour faciliter le démoulage de la partie qui devait s'appuyer sur le montant de l'enfourchement qui fait un angle avec le reste de la pièce, nous avions fait construire à part cette partie du modèle et réunir avec des vis au corps du modèle ; on enlevait ces vis, et les diverses pièces du modèle se retiraient facilement, après quoi on démoulait séparément et sans difficulté la portion restée dans le moule pour se réunir aux autres morceaux du modèle : cette tête n'ayant point de dépouille, et croyant inutile de faire des divisions pour un si petit modèle, nous lui en avions fait donner en inclinant légèrement les faces qui la terminent. Ainsi que nous venons de le dire, le système de la coupe du modèle étant le même que celui des autres pièces, le travail de la manipulation a été le même, et on a obtenu les mêmes résultats.

Les entretoises des clefs doivent être réunies avec ces mêmes clefs par deux boulons traversant en même temps l'about de chacun des arcs ; les deux extrémités ont la forme d'un T, et les branches de chaque T sont terminées par des parties cylindriques pour conserver la force que les trous enlèvent au métal; comme les branches coupent le corps de la pièce à angle droit, et que les angles dans la fonte équivalent à une tranchée que l'on y aurait faite pour en faire la séparation, nous avons raccordé ces parties au moyen de cavets qui y donnaient une plus grande force; on mettait, ainsi qu'il est d'usage, les évents sur les parties cylindriques, comme plus élevées, afin de donner une issue à l'air qui est contenu dans le vide du moule avant et pendant la coulée; cela n'empêche pas de rencontrer des cavités dans le forage de ces pièces.

C'est ici le cas de faire connaître la nature des cavités qui se trouvent dans les fontes. Presque tous les fondeurs les attribuent à l'air qui reste renfermé dans les moules et qui doit nécessairement occuper une place vers la surface de la pièce coulée. Il est certain que la présence de l'air dans un moule produit une cavité d'autant plus grande que le globule d'air est plus considérable; mais si l'on perce la fonte pour traverser cette cavité, on s'aperçoit que l'intérieur a des formes arrondies et parfaitement lisses conservant un éclat métallique : les autres cavités que l'on rencontre dans la fonte (et c'est presque toujours celles-là qui étaient dans l'intérieur des pièces) se trouvent ordinairement plus près du centre de la pièce que les autres; elles proviennent des retirures que le métal éprouve après qu'il est coulé et que les jets sont figés; on remarque celle-ci par des arrachemens et des irrégularités sans nombre, ainsi que par des changemens de direction.

Les fondeurs de projectiles pleins savent qu'il doit exister des cavités, sans s'embarrasser d'où elles peuvent provenir; c'est pourquoi ils retournent leur moule sens dessus dessous pour mettre la cavité au centre du projectile, qui conserve sa fluidité plus long-temps que vers les parois du moule : c'est ainsi qu'ils réussissent à faire recevoir des projectiles qui peuvent résister à l'action du rebattage. Nous démontrerons à l'article Canons, par un calcul, les effets de la retirure du métal, tant qu'il conserve sa fluidité, et de sa retraite lorsqu'il est solidifié.

Les entretoises de jonction sont destinées à maintenir l'écartement des fermes, à la jonction des arcs; leurs extrémités sont terminées par un cadre rectangulaire, dont l'intérieur est vide et permet le passage du boulon et la manœuvre de l'écrou, qui se trouvent situés dans l'axe de la pièce. La partie traversée par le boulon a une forme cylindrique, sur laquelle on pratiquait toujours un évent; tous les angles intérieurs de ce cadre rectangulaire étaient raccordés par un adoucissement en pans coupés.

Les entretoises des petits montans doivent maintenir l'écartement des fermes, suivant des lignes correspondantes aux petits montans;

leurs extrémités sont terminées par une partie qui s'appuie sur la cornette de l'arc, avec lequel elles s'ajustent; cette partie, perpendiculaire au corps de la pièce, est terminée par une partie cylindrique, qui est traversée par un boulon; elle se réunit en dedans par une portion circulaire, qui empêche les angles qui auraient eu lieu, et donne à cette pièce la solidité nécessaire pour supporter le tirage, en porte à faux, que ces pièces doivent éprouver, puisqu'il se fait dans une ligne parallèle, et éloignée de sept pouces du corps de la pièce.

Les entretoises intermédiaires ont été adoptées, après la conception du projet, pour empêcher le fouet des arcs sur la ligne perpendiculaire aux têtes; elles sont de deux espèces, c'est-à-dire que les premières s'ajustent à enfourchement sur les grands arcs des fermes externes, tandis qu'un bout, pareil à celles des fermes intermédiaires, s'ajuste par approche, et chevalement, sur les grands arcs, au moyen de boulons qui lient ensemble ce système d'entretoise. Les ajustemens qui dépassent les grands arcs sont terminés comme les cornettes, qui sont venues à la fonte avec ces pièces; de manière que l'on prendrait, sans une sérieuse attention, ce système d'entretoise comme s'il avait été prévu. Il tient le milieu dans les grands arcs, entre les cornettes et les retombées, et les clefs.

Le travail du moulage du corps de ces pièces est le même que celui précité. Les abouts

de ces entretoises se démoulaient séparément,
et après le corps du modèle ; on mettait un
évent sur les têtes, qui présentaient une masse
de matière assez considérable ; cela empêchait
les cavités causées par l'air ; mais elles avaient
toujours des cavités provenant de retirures
qui se font pendant que le métal reste fluide
dans le moule : il n'y a que des masselottes
aussi volumineuses que le corps de la pièce,
qui puissent prévenir ces cavités ; outre un
déchet de matière, le temps que l'on aurait
employé à enlever ces masses inutiles ne pouvait être mis en compensation avec des défauts qui disparaissent souvent dans le forage
des trous.

Les entretoises des montans d'enfourchement étaient destinées à mettre ces montans
perpendiculaires, et à les réunir par un même
courant d'entretoise ; leurs abouts sont terminés différemment ; les uns embrassent les montans des fermes externes, et les autres la moitié des montans des fermes intermédiaires,
pour se réunir entre elles au moyen de deux
boulons à écrou. Les extrémités qui sont réunies présentent une espèce de T, comme les
entretoises de clef, et sont contournées de manière à pouvoir embrasser la moitié des montans d'enfourchement, et laisser passer l'about
vertical des arcs-boutans sur lesquels elles
s'appuient ; elles sont maintenues de niveau
par des tasseaux en fer forgé, mis à prisonnier
dans les montans d'enfourchement des deuxième

et quatrième fermes. A l'about de ces entretoises, qui correspondent aux fermes externes, on voit un vide de la dimension de la tête des contrefiches, où elle passe pour servir de décharge, et empêcher le roulis que les montans pourraient éprouver, si le système d'entretoises était constamment perpendiculaire aux fermes. Les contrefiches s'appuient en bas sur le petit parallélipipède, et sont ajustées en coupe à sifflet, et boulonnées ensemble au milieu de l'assemblage : on a laissé, à cet effet, des grossissures de métal pour y forer des trous.

Les grands montans, qui sont ajustés dans les coussinets à l'aplomb des palées, ont une dimension plus considérable dans le sens parallèle aux têtes des arches; ils portent un enfourchement à leur partie supérieure, qui embrasse le milieu des petits arcs; l'enfourchement est formé par deux joues en saillie sur les faces parallèles aux têtes, et raccordé avec le reste de la pièce par des cavets, pour donner un adoucis aux fontes qui empêche le refroidissement subit d'une partie de la pièce.

Le boulon de l'assemblage des contrefiches traverse le montant au-dessus de l'origine des deux cavets.

Les montans ont été moulés, leur plus large dimension appuyée sur la planche à mouler; le modèle était coupé en deux parties principales moulées dans un châssis et une fausse pièce, et subdivisées par là comme les autres pièces ; mais pour ces pièces, un noyau, dont le milieu était en fonte et couvert de terre à bourre, placé dans des cavités pratiquées par des portées, ou liteaux en bois, qui faisaient partie du modèle, formait l'enfourchement où les petits arcs venaient se loger.

Les modèles des crochets, des contrefiches et des petits arcs aux culées, ont été composés de deux parties, moulés dans un châssis et une fausse pièce supérieure ; ils avaient de la dépouille dans leur forme extérieure ; les crochets des contrefiches étaient boulonnés à la partie verticale de ces pièces, et avaient même forme, et étaient terminés par une espèce de T ; les crochets des petits arcs étaient terminés deux à deux avec l'about de ces pièces ; ils représentaient chacun la moitié d'un T, et s'appuyaient contre elles suivant une de leur face

---

CHAPITRE XV

ET DERNIER SUR LE PONT DU LOUVRE.

Pièces de Jonction et les Clefs.

Les pièces de jonction, dont la forme est chantournée, sont destinées à réunir les grands et les petits arcs à leur rencontre, et à s'ajuster avec un montant vertical, sur lequel s'ap-

puie une portion du plancher du pont ; elles
sont maintenues par des boulons entre les cornettes dont chacun des arcs a été muni ; elles
ont elles-mêmes une moufle pour recevoir l'a-
bout inférieur de leur montant, qui se termine
circulairement, comme l'intérieur de la moufle.

Nous avons en outre pratiqué au milieu de
ces pièces, et à l'aplomb du montant, un trou
carré, à l'effet d'y passer un boulon, dont le
milieu de la tige est carré, pour empêcher la
torsion que ces boulons auraient éprouvée, en
serrant les écroux communs à deux entretoises dont nous avons déjà parlé ; les joues
de la moufle ont été portées en saillie, et réunies par un assemblage de moulure, dont il
est facile de reconnaître l'utilité.

La surface de contact, avec les surfaces supérieures des grands et petits arcs, et le renfort
ajouté au grand, ont été chantournés de manière à faire juxtà-position avec ces assemblages ; les cornettes ont été arrondies, ainsi
que les parties engagées dans les joues des arcs,
pour conserver à ces parties leur force, qui
aurait été altérée par le passage des boulons.

Ces pièces ont été moulées dans une position inverse à celle où elles ont été placées sur
les grands arcs.

Le châssis était composé de deux pièces, et
le modèle séparé en deux parties principales :
la première, moulée dans le corps du châssis,
comprenait la moufle jusqu'à l'assemblage des

moulures, formant leur réunion avec le reste
de la pièce ; l'autre partie était moulée dans la
fausse pièce, et la réunion était chantournée
comme la surface correspondante à la jonction
des deux portions du modèle, que nous allons
considérer séparément pour expliquer leur dépouille. La première, moulée dans le corps,
était composée de trois pièces, savoir : le contour extérieur, qui n'avait point de dépouille,
attendu son peu d'étendue, et deux parties
circulaires formant les parois intérieures des
cornettes ; ces parties étaient réunies au reste
du modèle par une coulisse très libre à queue
d'aronde, et dirigées suivant un plan incliné, de
manière que la partie la plus épaisse répondît
au fond du moule. Ces coulisses restaient dans
le sable quand on retirait les modèles, et pré-
venaient toute espèce de frottement, formant
le noyau de la moufle, qui devait recevoir
l'about arrondi du montant ; elles se retiraient
ensuite facilement avec la main. La deuxième
partie du modèle se réunissait à la première
au moyen d'une feuillure ou canal rectangulaire qui recevait une languette saillante sur
la surface de jonction de la première partie
avec la deuxième. Cette portion était subdi-
visée en deux autres par un plan incliné qui
permettait à l'une d'elles de glisser sur l'autre,
et de sortir du moule en laissant un libre espace à la seconde de ces pièces ; elles étaient
rapprochées et serrées par des clefs en bois

formant une double queue d'aronde, qui s'en allait toujours en diminuant par le bas, afin de se dévêtir plus facilement.

La surface supérieure du moule étant comme la face de réunion des pièces de jonction avec les arcs, on pratiquait trois jets, dont l'un servait d'évent pendant la coulée. Pour conserver le trou carré du milieu du corps de la pièce, qui devait être obtenu à chaud, nous avions pratiqué, dans le modèle, un trou semblable, dans lequel, pendant le moulage, on passait une broche en bois qui traversait les masses de sable de droite et de gauche, ainsi que le châssis; cette broche faisait place, après le démoulage, à un noyau ou tige carrée en fer, garnie de terre à bourre. Le coulage de ces pièces n'offre rien de particulier, et généralement elles sont très bien venues à la fonte; elles ont été soumises, comme toutes les autres, à l'ajustage qui s'est fait en partie sur place.

Les clefs des grands arcs. Ces pièces sont destinées à embrasser les abouts des grands arcs à leur rencontre, et à soutenir un rang de pièces de pont du plancher; leur partie supérieure fait l'office de montant, et prend la forme d'un tenon, terminé circulairement autour de la partie traversée par le boulon; il est réuni au corps de la pièce par une surface courbe, qui diminue insensiblement et conserve la solidité.

Les joues de la clef sont forées et traversées par des boulons destinés à assembler les

abouts de chaque arc et la face correspondante des entretoises de clef; la distance entre
les joues est égale à l'épaisseur des arcs, et la
même extérieurement que celle des renforts
que portent les arcs, aux approches de leur
rencontre à la réunion des deux grands arcs.

Les clefs ont été moulées dans un châssis et
une fausse pièce. A cet effet nous avons divisé
le modèle en deux parties principales.

La partie moulée dans le corps du châssis
est composée du tenon et du chapeau qui forme
le recouvrement de la coulisse; les joues étaient
moulées dans la fausse pièce; la première partie
était formée d'un seul morceau ayant une dépouille insensible. Cette même partie portait
deux plates-bandes en fer, limées à queue d'a-
ronde, pour servir de coulisseau aux modèles
de joues, et les maintenir toujours dans une
position verticale. Son moulage terminé, on
ajoutait la fausse pièce, ainsi que les modèles
de joues, et l'on achevait de mouler; on séparait alors le châssis et la fausse pièce. Dans
cette opération les deux plates-bandes en fer
glissaient dans leurs coulisses, et abandonnaient les joues, qui se trouvaient isolées dans
leurs châssis communs.

Le démoulage de ces joues, qui étaient à
queue d'aronde, pour se joindre au renfort
des grands arcs, avait une dépouille peu sensible; elle était celle qui provient de la diver-
gence de deux rayons qui auraient une ouverture d'angle de seize pouces, et dont le centre

se trouverait à quarante-deux pieds six pouces.
Ces pièces ont été coulées dans la même position qu'elles occupent dans le pont; elles ont
dû marquer quelques retirures de matière,
mais qui n'affaiblissaient en aucune manière
le corps de la pièce. Ces pièces ont été généralement bien fondues, et n'ont pas présenté
un ajustage dispendieux, parce que nous avions
eu soin d'augmenter, dans le modèle, la distance entre les deux joues, ainsi que nous
l'avions fait dans toutes les autres pièces de
cette nature, attendu le resserrement qu'éprouvent toujours ces espèces de formes, qui est
occasionné par la pression du métal contre les
parois du sable, et qui le force à obéir; ce qui
donne de l'épaisseur aux tenons et enlève de
la largeur aux mortaises. Il n'est pas un fondeur qui ne soit convaincu de cette vérité, qui
semble anéantir les effets de la retraite, tout
au moins pour les pièces d'une petite dimension.

Nous ne parlerons pas de l'ajustage des
pièces du pont des Arts; cela nous entraînerait dans des descriptions qui nous écarteraient
de notre objet. Quoique cette partie doive plutôt appartenir au fondeur qu'à tout autre,
dans les ateliers bien montés, les pièces de
fonte sortent tout ajustées, et beaucoup mieux
que dans certains ateliers où les ouvriers que
l'on emploie ne connaissent pas la nature et la
qualité des fontes, et passent un temps énorme
à ajuster une pièce qu'un fondeur rejetterait à

la première inspection; comme aussi ils mettent au rebut, pour un léger défaut apparent, des pièces qui ont au reste toutes les qualités requises, ductilité et solidité. On a vu plusieurs de ces exemples dans l'ajustage du pont d'Austerlitz, que l'ingénieur chargé de ce travail avait confié à un maître compagnon serrurier, qni possédait tous les talens de son état, sans avoir aucune connaissance sur les fontes qui lui étaient remises; ce qui a occasionné un assez grand nombre de pertes, et un travail mal exécuté.

La conception et l'exécution des modèles dont nous venons de parler ont été généralement approuvées par le conseil général des ingénieurs, et les ouvriers dans les forges les ont accueillis avec enthousiasme après un premier moulage. Le fait est que le travail d'un pont comme celui des Arts était inexécutable dans un haut fourneau sans la coupe des modèles; et nous ne doutons nullement que les fondeurs, à qui nous ouvrons une première voie, sauront en profiter pour se procurer des fontes bien faites et à bon marché; il ne s'agit que de faire des modèles faciles à exécuter, et bien confectionnés; on gagne bien la dépense qu'ils peuvent occasionner, tant parce qu'ils facilitent l'ajustage, que parce qu'on peut tirer un grand nombre d'empreintes qui ne pourraient avoir lieu sur un modèle que l'on est obligé de *décotter*, c'est-à-dire ébranler avec la batte ou le marteau.

CHAPITRE XVI.

COMPOSITION DU PONT DU JARDIN DES PLANTES.

Ce que nous avons dit relativement à la fabrication du pont du Louvre, doit se rapporter aux opérations qui ont eu lieu pour le pont d'Austerlitz ; les procédés mis en usage pour le moulage sont les mêmes, les modèles sont calculés sur les mêmes retraites, et les coupes sont sur le même principe de dépouille appropriée à la forme des pièces.

Chaque ferme du pont d'Austerlitz se compose de vingt-et-un voussoirs, de quatorze tympans détachés des voussoirs, et de sept qui sont fixes aux voussoirs.

Tous les tympans augmentent insensiblement de proportion jusqu'au plus grand, qui a dix pieds de hauteur, mesure prise à la branche qui appuie sur les coussinets ; cette hauteur de dix pieds est celle de la flèche du pont, de manière que par l'assemblage le dessus d'une ferme de pont est en ligne droite.

La flèche du pont du Jardin des Plantes est de 3 mètres 250 centimètres ; l'ouverture des arches, à la naissance des cintres, est de 30 mètres 8 centimètres, ou de milieu en milieu des piles, 32 mètres 50 centimètres ; le rayon pour décrire l'arc de cercle sous-tendu par une corde de 30 mètres 6 centimètres, est de 37 mètres 52 centimètres. Chaque voussoir a 1 mètre 30 centimètres de hauteur; le cintre intérieur ou intrados est de 1 mètre 587 millimètres, et le cintre supérieur ou extrados est de 1 mètre 636 millimètres : la différence entre l'intrados et l'extrados est de 29 millimètres, ou à peu près 13 lignes.

Le compartiment des voussoirs est de trois cintres de 40 mètres de largeur et de 70 millimètres d'épaisseur; ces cintres sont réunis par 5 montans de 35 millimètres sur 70 de dimension, qui se réunissent aux cintres par des pans coupés : il eût été à désirer que dans la composition de ce pont, on eût moins cherché à agrandir les huit espaces vides aux dépens de l'épaisseur de ces petits montans; ces pièces, dont la retraite dans le moule se faisait beaucoup avant celle des cintres, malgré les pans coupés, tendaient à séparer des cintres qui n'avaient point encore le degré de solidification pour suivre cette retraite, surtout lorsque la fonte, dont on coulait les voussoirs, n'avait pas la tenacité des fontes carbonnées; et malheureusement quelques personnes chargées par les ingénieurs de recevoir les pièces n'avaient pas l'instruction nécessaire pour remplir une mission aussi délicate: comme nous devions recevoir les pièces concurremment avec elles, et que nous avions prévu que l'on ne manquerait pas de rejeter sur nous toutes les fautes qui seraient commises, nous eûmes une marque particulière de réception, elle ne nous quittait jamais.

Dans un voyage que nous fîmes des forges à Paris, nous fûmes appelé dans les ateliers de montage du pont, où il se trouvait beaucoup d'ingénieurs, indépendamment de celui qui était chargé de sa construction; on nous adressa des reproches fort amers sur le nombre de pièces défectueuses que nous avions reçues pour être employées dans la construction; nous essuyâmes une bordée de reproches auxquels nous ne répondîmes qu'en priant de nous faire voir ces rebuts. Un tas se composait de vingt-et-un voussoirs; il était convenu que la marque de réception serait la lettre R, posée à droite sur le champ du cintre supérieur, le spectateur placé devant la face de la pièce qui recevait les jets et les évents. Nous examinâmes ces vingt-et-une pièces qui étaient posées dans l'ordre indiqué; nous vîmes qu'une seule pièce avait été reçue par nous, nous en fîmes la déclaration aussitôt, on nous en demanda la preuve, nous fîmes voir notre poinçon qui était formé d'un R taillé en pointe de diamant, tandis que celui des autres était plus petit et plein.

Mais comme nous ne pouvions croire que nous eussions expédié une pièce défectueuse, nous demandâmes qu'elle fût retirée du tas, pour en faire un examen plus approfondi. A l'inspection de la pièce, il est vrai que l'on remarquait une enfonçure de quelques lignes qui portait beaucoup de graphite, preuve certaine de sa ductilité et de sa tenacité ; malgré l'enfonçure qui était visible à tout le monde, nous reçûmes cette pièce, qui fut généralement rejettée par tous ceux qui étaient chargés de l'ajustement des pièces du pont, ce qui nous donna la preuve certaine que l'ingénieur qui dirigeait cette construction l'avait confiée à des mains inhabiles sous le rapport du travail de la fonte, et ce qui faisait présumer qu'un très grand nombre de pièces défectueuses se trouvaient employées dans les fermes du pont, dont le montage était très avancé : cette pièce fut soumise à l'ajustage d'après notre avis, et il fut reconnu que l'on n'en avait pas employé de plus pleines et de plus ductiles.

Les ingénieurs nous demandèrent notre secret de réception ; nous ne crûmes pas devoir leur en faire un mystère, et nous leur dîmes qu'indépendamment d'un œil exercé et du son que l'on tirait en frappant sur les pièces, il y avait des marques visibles de défectuosité. Le dessus des pièces qui sont poreuses ont des endroits plus unis et plus clairs que dans le reste de la pièce, parce que la chaleur de la matière a fait vitrifier les sables du moulage qui restent attachés à sa surface, tandis que les endroits clairs qui sont poreux ne pouvaient porter assez de chaleur pour opérer cette vitrification ; c'était donc un indice certain que cette partie unie célait une cavité qu'un coup de panne de marteau mettait au jour. Elle se trouvait d'autant plus étendue, que la partie lisse était plus grande; on en connaissait la capacité en remplissant d'eau cette cavité. Pour reconnaître la qualité des fontes qui n'étaient jamais assez dures pour ne pas se laisser entamer par la lime et le burin, nous faisions mettre les pièces en équilibre sur leur centre de gravité, et le son que nous en retirions nous faisait connaître la qualité des pièces; celles qui avaient un son clair et argentin étaient de fonte blanche, peu propre à être employées, et celles dont le son était sourd et les vibrations de peu de durée, étaient de bonne qualité.

Les personnes qui ne connaissent pas la qualité des fontes, donnent la préférence aux premières; et cependant celles-ci sont ce que le métal de cloche est en tenacité avec le cuivre rouge, dont les fontes grises sont la comparaison.

Quand les pièces ont des ruptures à chaud, il est presque impossible de s'en apercevoir; mais de petites percussions données dans les endroits que l'on soupçonne de cela annoncent, par un son particulier, le défaut qu'elles renferment.

Tels furent les documens que nous donnâmes; mais leur application devenait difficile dans les forges, vu le peu de temps que l'on avait pour opérer le décintrage du pont avant la saison des glaces.

C'est pourquoi nous ouvrîmes l'avis de faire

arriver à Paris toute la fabrication , parce que les ouvriers des forges avaient intérêt à employer tous les produits des hauts fourneaux , et qu'ils useraient des mêmes moyens dont ils s'étaient servi , qui consistaient à cacher à notre inspection les pièces suspectes , pour les présenter ensuite à qui les recevait sans pouvoir en faire un examen approfondi.

On fit à cet effet un nouveau traité avec le fournisseur , qui n'était ni ne pouvait être pour rien dans la ruse employée par ses ouvriers , puisque les fontes de rebut devaient servir à la fabrication du fer forgé , et représenter la gueuse que l'on coule ordinairement pour ce travail.

L'ouvrier à qui on offrait tant de facilités pour la réception des pièces , travaillait beaucoup , et par conséquent gagnait beaucoup.

Enfin , le produit de six fourneaux fut envoyé à Paris , où , en suivant le mode de réception que nous avions adopté pour nous-même , on ne dut plus employer dans la construction du pont que des pièces de bonne qualité , et il en fut fourni une quantité telle que les travaux du pont n'éprouvèrent par là aucun retard.

Nos occupations dans cette affaire consistaient à faire fabriquer les modèles , à les mettre aux mains des ouvriers , et à faire exécuter en notre présence toutes les différentes pièces , ainsi qu'à recevoir toutes celles que l'on soumettait à notre examen dans les six hauts fourneaux placés dans un cercle de sept à huit lieues. Ces occupations venant à diminuer, cela nous donna le temps de pouvoir nous livrer seul à la fabrication des voussoirs de clef, dont les dimensions qui nous étaient remises variaient jusqu'à 66 millimètres.

Nous mettons sous les yeux du lecteur le tableau des variations.

Tableau des dimensions des voussoirs de clef de la première arche du pont d'Austerlitz, côté de l'Arsenal.

	DIMENSIONS, non compris l'augmentation du modèle pour la retraite.		RÉDUCTIONS à faire sur le modèle en prenant moitié de chaque côté.	
	INTRADOS.	EXTRADOS	INTRADOS.	EXTRADOS
	mètres.	mètres.	mètres.	mètres.
1re Ferme d'amont........	1,53	1,57	0,057	0,066
2e Ferme en allant en aval..	1,562	1,594	0,025	0,042
3e Ferme *idem*..	1,533	1,578	0,054	0,058
4e Ferme *idem*..	1,531	1,573	0,056	0,063
5e Ferme *idem*..	1,544	1,585	0,043	0,051
6e Ferme *idem*..	1,541	1,585	0,046	0,051
7e Ferme ou celle d'aval.........	1,535	1,578	0,052	0,058

Ces dimensions nous furent envoyées le 14 vendémiaire an 14, et c'était pour cintrer la première arche; il n'y avait donc pas un instant à perdre pour faire la fourniture de clefs, si on voulait faire le décintrage du pont avant l'arrivée des glaces.

Nous sentîmes toute l'importance du travail qui nous était confié, et des difficultés que nous aurions à surmonter, puisque nous ne pouvions nous servir des modèles de voussoirs sans changer tous les compartimens, pour arriver à la mesure juste qui nous était donnée. Nous y parvînmes, en faisant pour chaque clef une épure sur le sable comprimé, et en enlevant la quantité de sable qu'il était nécessaire de retrancher pour obtenir les proportions demandées : c'est ce que nous obtînmes au moyen de règles de l'épaisseur des voussoirs que nous renfermions dans le sable avant de battre la fausse pièce. Nous fîmes trente-cinq opérations de cette nature, qui étaient subordonnées au produit du fourneau, et à l'époque de l'envoi des dimensions. Les soins particuliers que nous dûmes mettre dans cette affaire, nous obligèrent à une surveillance de nuit et de jour, pour faire produire au fourneau toutes fontes de première qualité, car nous avions le plus grand intérêt, tant pour la prompte exécution des travaux que pour soutenir notre réputation, à ce qu'il ne se trouvât pas de pièces de rebut dans une fourniture qui avait été particulièrement confiée à nos soins; ce qui devait ajouter à la conviction que nous n'avions participé en rien à la réception des trois cents mille livres de fonte qui se trouvèrent défectueuses.

Si nous avons fait connaître ces particularités, c'est qu'il est encore dans notre intérêt que le public sache à quoi se réduit le travail que nous avons fait dans cette singulière construction.

L'ingénieur qui a dirigé l'ensemble des travaux a été plus heureux dans la conception de son système d'ajustage, que dans les dimensions qu'il a données aux pièces de fonte (1). Si ce système d'ajustage eût été conduit par d'autres ouvriers que des apprentis, il aurait reçu les mêmes éloges qu'il mérite pour son superbe pont d'Iéna. Le pont d'Austerlitz s'est ressenti de la précipitation que l'on a mise à assembler la charpente en fer ; mais il fallait arriver au décintrage, ou voir perdre toutes les opérations d'une campagne.

Le système des fermes du pont est composé de vingt-et-un voussoirs, qui sont liés , de fermes en fermes, par des entretoises qui les séparent par une distance d'un mètre 951

---

(1) Il faut toujours éviter de passer brusquement d'une partie forte à une partie faible, car dans la retraite de la fonte, le refroidissement étant plus lent pour les parties fortes, les pièces se brisent souvent dans le passage du fort au faible. Ce principe est posé sur ce que les parties fortes fournissent du métal aux parties faibles tant qu'elles sont en fusion, ce qui affame les épaulemens, et produit des ruptures, soit à chaud, soit à froid.

centimètres. Il y a sept fermes de l'amont à l'aval, ce qui forme cent quarante-sept voussoirs par chaque arche, qui sont liés entre eux par deux cent cinquante-deux entretoises, qui réunissent les joints des voussoirs, suivant une ligne qui leur est perpendiculaire, au moyen de boulons à écroux.

Il y a moitié des entretoises qui sont à trois branches, qui s'ajustent sur des tasseaux fondus, aux cintres du bas, avec les voussoirs; il y a trois boulons par chaque tête d'entretoise, qui sont destinés à empêcher la variation dans la ligne droite et perpendiculaire. Le rang d'entretoise, qui est supérieur à celui-ci, n'a que deux têtes pour deux boulons; mais le système de tympan, qui s'ajuste à enfourchement sur le grand cintre, vient porter par des talons sur la branche renforcée de l'entretoise; deux boulons unissent, en passant dans les cintres, les entretoises qui sont opposées perpendiculairement aux têtes de pont, et deux autres mis perpendiculairement sur la plate-forme, où les parties renflées de l'entretoise unissent les deux talons des montans extérieurs des tympans; le montant intermédiaire est pris à enfourchement au milieu de l'extrados de chaque voussoir.

Indépendamment de cet ajustage, les voussoirs, proprement dits, portent des têtes qui viennent renforcer les montans des tympans des boulons, traversent deux têtes de voussoirs et deux tiges de tympan, et appellent à

joint les voussoirs, lors même qu'ils n'y seraient pas sollicités par la pression qu'ils exer-
cent mutuellement l'un sur l'autre.

Un tel système d'ajustage permettait de croire
à son auteur, à toutes les personnes qui en ont
eu connaissance avant son exécution, qu'il aurait les plus heureux résultats, s'il était exécuté avec cette précision qu'il est nécessaire
de mettre dans un travail de cette nature, qui
n'a de force qu'autant que les fermes conservent leur aplomb dans le centre des points bu-
tans; car, quelques pouces de devers, à la tête
de ces fermes, faisaient tendre tout le système
à la dislocation, puisque dans cet état elles ne
conservent plus le centre de gravité qui est
indispensable dans une courbe composée de
plusieurs pièces, surtout si elles n'ont que très
peu d'épaisseur.

Dans le cas de devers, les fermes n'ont plus
d'appui direct; elles le reçoivent de la masse
d'entretoises qui lient les différentes fermes
entre elles, et qui ont pour base la largeur
du pont.

Aussi long-temps que tout le système d'entretoise ne sera pas surchargé par une trop
forte pression, dans le sens du travers du pont
(pression qui lui est donnée par le devers des
fermes), il pourra suffire momentanément au
service que l'on exige pour le passage, surtout si on évite avec soin toute espèce de
chocs; mais si cette pression, qui se fait surtout sentir au sommet du cintre, devenait

trop considérable, il suffirait que trois boulons, ou deux branches d'entretoises, vins-
sent à rompre pour opérer l'anéantissement
du pont. En effet, supposons que les deux
boulons, qui n'ont qu'un pouce de diamètre,
qui traversent les têtes des deux entretoises qui
réunissent le voussoir de clef avec un de ceux
qui lui servent de joint, viennent à rompre,
ce joint, qui a quitté la perpendiculaire, tend
à fuir du côté du devers; alors la ferme n'a
plus de butée, et tend à tomber; mais elle est
retenue par les entretoises qui la lient à sa
voisine; celle-ci se trouvant surchargée par
un poids énorme, qui agit dans le sens du devers, ne peut résister à la charge : quelques
boulons, ou quelques branches d'entretoise, se
brisent, et c'est ainsi que, semblable à une
maison dont les murs seraient hors d'aplomb,
un pont composé de plusieurs voussoirs
peut s'abîmer à l'instant où on y pense le
moins. Malheureusement le pont d'Austerlitz
nous a paru se ressentir de la précipitation
que l'on a mise à terminer l'arche de halage;
si on eût pris pour celle-ci les mêmes précautions que pour les autres, elle se compor-
terait d'aplomb comme elles. Cette arche, selon
nous, a le plus urgent besoin de restauration,
puisqu'un seul voussoir dont le joint serait
déplacé, entraînerait la ruine du pont entier :
ne doit-on pas craindre le choc d'un gouver-
nail, d'une mâture, ou même l'ébranlement
causé par les voitures qui sont lourdement

chargées, ou vont avec une très grande vitesse ; la rupture de deux entretoises, ou de quelques boulons, pourrait occasionner tous ces désastres.

Messieurs les ingénieurs ne sont pas sans avoir remarqué la tendance que l'arche de halage a pour le devers, et que ce devers est plus considérable même que l'épaisseur d'une ferme, et que, par conséquent, elle menace ruine.

Ce qui peut leur donner de la sécurité dans ce moment, c'est que tout le système des fermes, étant lié par un si grand nombre d'entretoises, dont l'ajustage est solide, sur une base de trente-six pieds, il ne peut y avoir un devers général et spontané : nous partageons leur opinion à ce sujet ; mais nous pensons aussi qu'un seul voussoir qui abandonnerait son joint, est capable d'entraîner, par la charge d'une ferme, toutes les autres à céder, et cette base, sur laquelle on se repose, venant à diminuer par la chute de quelques fermes, finirait par céder elle-même.

Nous avons manifesté ici notre opinion dans l'intérêt général, et afin d'attirer la sollicitude de la direction des ponts et chaussées, qui, selon nous, paraît mettre trop d'insouciance dans les travaux qu'elle fait exécuter.

Nous avons fait un dessin de ce pont, ainsi que le détail des modèles. Pour parvenir au moulage, nous engageons le lecteur à voir l'explication des planches ; nous ne dirons rien du moulage qui se fait en sable dans des châssis en fonte, il rentre dans la classe des moulages entre deux sables, et ne présente pas plus de difficultés, moyennant les coupes que nous avons données aux modèles pour leur procurer la dépouille, puisqu'ils n'en ont pas extérieurement.

CHAPITRE XVII.

DES HAUTS FOURNEAUX TOURNANS ET SOUFFLETS.

Nous ne pouvons nous dispenser de dire quelque chose des usines qui ont fourni une aussi grande quantité de fonte en aussi peu de temps; elles sont situées dans le département de l'Eure, et appartiennent, en partie, à M. le comte Roy, qui les faisait exploiter par des agens.

Le fourneau des vangonins est le plus considérable, en ce qu'il y a deux masses de fourneaux, et que les bâtimens de fonderie sont plus grands. Nous parlerons donc plus particulièrement de cette usine.

Les fourneaux des vangonins sont situés dans la commune de Conches, département de l'Eure, sur une petite rivière, appelée le Lemme, qui prend sa source à un quart de lieue au-dessus de l'usine, dans plusieurs fontaines; les eaux sont toujours plus que suffisantes pour l'entretien d'un des fourneaux, et elles gèlent rarement à l'endroit de sa source: cependant en hiver les tournans se gèlent et marchent difficilement. Cette usine est susceptible de fabriquer tous les ouvrages en fer fondu; elle travaille pour alimenter des forges à fer qui en dépendent; elle fait de la poterie qui est assez renommée, et toute espèce de fontes marchandes; elle travaille pour la guerre et pour la marine; on y fond tous les projectiles pleins et creux.

Le vent des fourneaux est fourni pour chacun d'eux par deux soufflets en bois; leur forme est celle d'une pyramide quadrangulaire dont la base est un parallélogramme, et placée sur une de ses faces presque horizontalement; ils sont construits en bois de sapin très sec et se composent de plusieurs pièces: la première et la plus considérable est la caisse du dessus, qui a environ quatorze pieds de longueur; elle a trois paremens, c'est-à-dire, un formant la base de la pyramide et cintré, et deux latéraux qui sont solidement fixés à la partie supérieure; ces trois côtés frottent sur des liteaux ou tringles en bois qui sont ajustées dans la caisse inférieure, qui est de la grandeur intérieure de la caisse du dessus; ces liteaux sont repoussés par des ressorts en fer de loupe bien forgé et battu à froid, et opèrent un frottement dans la caisse du dessus et tout à son pourtour, lorsque celle-ci est mise en mouvement autour

d'un axe, dans un sens vertical : ce mouvement à vingt-sept pouces de haut en bas, et
est produit par des cammes qui sont entaillées
par tiers dans l'arbre d'une roue à double har-
nais, qui s'engrène dans un hérisson enman-
ché sur l'arbre d'une roue à eau. Cette roue
est assez singulière dans sa construction ; elle
a sept pieds de large, sur huit de diamètre ;
l'eau lui est fournie par dessus et tombe dans
des aubes qui ont toute la largeur de la roue,
de manière qu'avec une nappe d'eau de sept
pieds de largeur sur six lignes d'épaisseur,
la roue fait un assez grand nombre de tours
pour produire à chacun des soufflets quatre
vibrations par minute.

Voici les dimensions de toutes les parties de
l'ouvrage qui se trouve renfermé dans la
masse du fourneau :

	pieds.	pouces.	lignes.
Longueur de la dame.....	1	6	
Longueur du chiot, ou partie évasée de la dame pour l'écoulement du laitier.......		6	
Hauteur de la dame......	1	1	6
Largeur de la dame à sa base...................		11	
Largeur de la courbe qui termine la partie supérieure..		6	
Longueur du boustard, ou pièce de fonte qui se met au-dessus de la coulée pour que le fondeur puisse appuyer ses ringards.		10	

	pieds.	pouces.	lignes.
Longueur de la cotière qui termine le creuset à l'opposé de la dame : cette pierre n'a que six pouces de saillie, et peut être plus longue; c'est souvent une vieille dame que l'on emploie à ce service, ci..		6	
Largeur de la pièce coulée.		6	
Longueur de la partie intérieure du creuset à sa base..	2	3	
Longueur de la partie correspondant aux tympes.	1	6	
Longueur de la partie extérieure.	1	6	
Longueur totale du creuset qui comprend les trois autres.	5	3	
Largeur du creuset au pied de rustine.	1	5	
Idem aux tympes.	1	8	
Idem à la dame.	2	4	
Largeur du creuset au haut.	2	1	
Longueur *idem*.	2	5	6
Grand diamètre de l'ellipse des estalages.	8		
Petit diamètre *idem*. . . .	6	6	
Grand diamètre de l'ellipse du gueulard.	2	5	
Petit diamètre *idem*.	2		6
Distance de la tuyère au pied de rustine.		10	
Longueur de l'ouverture de la pierre de tuyère.		8	

	pieds.	pouces.
Hauteur de ladite.		4
Hauteur du creuset jusqu'à son raccordement avec les estalages.	5	6
Corde de la courbe convexe du raccordement des estalages au creuset.	1	6
Hauteur des estalages. . . .	5	6
Hauteur de la cheminée dite charge.	16	
Hauteur totale.	27	
Hauteur du paravent ou cheminée.	4	
Epaisseur dudit.		8
Largeur.	4	
Distance du fond du creuset à la voûte des soupiraux. . .	4	
Hauteur des voûtes.	6	
Hauteur de la voûte de fondage.	11	
Hauteur de la voûte des soufflets.	10	

Le centre de l'ellipse du gueulard ne correspond pas verticalement à celui des estalages, il vient tomber à deux pouces six lignes plus loin du côté du contrevent que du côté de la tuyère, ce qui donne le déversement de la charge.

Les masses des fourneaux se construisent avec des pierres de taille, et principalement avec du grès, surtout dans la partie inférieure; elle peut se construire en brique : le tout est maintenu par des tirans et des brides en fer.

L'évasement des voûtes en tous sens est soutenu par des madriers en fonte qui ne sont autre chose que des gueuses.

On a dû pratiquer plusieurs trous ou soupiraux tout au pourtour de la maçonnerie, pour empêcher que la chaleur ne fasse lézarder les murs; sous le milieu de la masse et à l'aplomb destiné au creuset il y a des canaux en forme de croix de Malte et recouverts de plaques de fonte.

On fait le creuset avec des pierres de grès très réfractaires; on les tire dans les carrières de Sainte-Marthe, situées à une lieue du fourneau. Presque tous les hauts fourneaux de la contrée se construisent avec ces pierres, qui passent pour les meilleures.

Il entre dans la construction d'un fourneau la pierre de tuyère et celle de dessus; elles sont creusées en forme d'entonnoir, lorsqu'elles sont superposées, dont on aurait enlevé une portion conique, ce qui fait que la pierre de tuyère est aplatie sous le dessous pour recevoir les buses des deux soufflets; il y a, en outre, deux ou trois pierres dites de rustine, deux ou trois appelées contrevent; selon la hauteur du libage, il a deux tympes, et toutes ces pierres mises les unes sur les autres sont arrangées en forme de trapèze qui est plus étroit vers le pied de rustine et plus large vers la dame, et va en augmentant au fur et à mesure qu'il s'élève. Cette partie du fourneau s'appelle le creuset; il est surmonté par une seconde partie qui se nomme estalage : l'estalage se fait avec du gros sable réfractaire qui est comprimé en forme de cône renversé, suivant les dimensions que nous venons de donner; la charge ou cheminée est également un cône dont la base touche celle des estalages, elle peut se construire en tuile ou en brique; la composition de cette construction se nomme ouvrage.

Le gueulard se trouve au haut de la charge, et c'est par là que l'on introduit le charbon, la mine, le fondant qui est ordinairement de la marne et de la castine.

Les ouvriers qui conduisent l'opération d'un fourneau qui ne fait que la gueuse sont en petit nombre, quoique le travail marche jour et nuit.

Ils sont deux fondeurs qui restent alternativement à surveiller le vent des soufflets et à retirer les laitiers, et ensuite à couler la gueuse; ils sont aidés par deux boqueurs qui retirent les laitiers encore rouges de devant la dame du fourneau, et les transportent sur des brouettes garnies de tôle à la machine dite bocàrd; ils aident le fondeur dans toutes ses opérations, et lui fournissent l'eau, la terre grasse et le frasil dont il a besoin : les boqueurs travaillent alternativement, ainsi que les chargeurs qui sont sur la masse du fourneau, et qui l'alimentent de charbon, de la mine et du fondant.

Il y a en outre un laveur de mine qui fait un tas suffisant sur la masse pour la consommation du jour et de la nuit ; le chargeur va chercher lui-même le charbon aux halles qui sont très proches, et en emplit autant de resses qu'il en faut pour compléter une charge : en tout sept ouvriers ; mais ce nombre augmente considérablement lorsqu'il s'agit de fabriquer des pièces diverses ou de la poterie. Il faut également que le fourneau soit fourni d'une foule d'attirails qui sont à peu près les mêmes que ceux que nous avons décrits en parlant des différentes branches de la fonderie : nous renvoyons d'ailleurs à la Sidérotechnie, qui est l'ouvrage le plus étendu et le plus lumineux que l'on puisse avoir pour diriger les maîtres de forges dans toutes leurs opérations.

Nous n'avons parlé des hauts fourneaux que pour faire connaître le travail qu'ils peuvent faire, et pour donner une idée de ces usines et surtout de la construction d'un fourneau ; nous croyons avoir rempli notre but, c'est pourquoi nous terminons ici cette seconde partie du premier volume.

FIN DE LA SECONDE PARTIE.

TROISIÈME PARTIE.

DE LA FONTE DES CLOCHES.

CHAPITRE PREMIER.

TRACÉ D'UNE CLOCHE SUR UNE ÉCHELLE DE 30 BORDS.

IL est peu important pour l'art du fondeur de connaître l'origine des cloches, et à qui l'invention en est due ; il paraît que, comme plusieurs autres branches de l'industrie, elle est le fruit du hasard ; nous n'irons pas plus loin sur l'historique de cette matière, et nous passerons de suite à des choses plus importantes pour un fondeur, auxquelles nous donnerons toute l'étendue dont nous sommes capables, en nous étayant toutefois des différens auteurs qui ont parlé de leur fabrication.

Pour qu'une cloche soit sonore, il faut donner à toutes ses parties certaines proportions qui n'ont été sans doute connues des anciens fondeurs que par de fréquens tâtonnemens, aidés surtout par des hommes qui faisaient leur étude principale de la musique ;

ces hommes ont déterminé la valeur des sons de la première cloche qui a été fondue, et en déterminèrent la forme par les lois de l'acoustique. Quelques difficultés que l'on a pu rencontrer semblent avoir disparu, puisque de temps immémorial la forme et les dimensions des cloches n'ont point changé ; le nom de toutes leurs parties a été consigné dans différens ouvrages, ainsi que l'échelle campanaire appelée brochette, que les fondeurs consultent toutes les fois qu'ils ont des cloches à fondre.

Ces parties sont (*fig.* 1re, *pl.* 1re), le *cerveau a* N : les anses tiennent au cerveau, qui dans les grandes cloches est renforcé d'une épaisseur Q qu'on appelle l'*onde*; le vase supérieur K N, qui s'unit en K à la partie K I : on appelle faussure le point K où les deux portions de courbe N K, K I, se joignent ; la *gorge* ou fourniture K I C : on appelle la partie inférieure I C, de la fourniture, pince, panse, ou bord ; la patte C D I.

Le bord C I, qui est le fondement de toute la mesure, se divise en trois parties égales que l'on appelle *corps*, qui servent à donner les différentes proportions selon lesquelles il faut tracer le profil d'une cloche, profil qui doit servir à en former le moule.

Pour y parvenir, tirez la ligne H D qui représente le diamètre de la cloche ; élevez sur le milieu F la perpendiculaire F *f*; élevez sur le milieu des parties F D, F H, deux autres perpendiculaires G *a*, E N : G E sera le diamètre du cerveau, c'est-à-dire que le diamètre du cerveau sera la moitié de celui de la cloche, et qu'il aura le diamètre d'une cloche qui sonnerait l'octave de celle dont il est le cerveau.

Divisez la ligne H D, diamètre de la cloche, en quinze parties égales, et vous aurez C I, épaisseur du bord ; divisez une de ces quinze parties égales en trois autres parties égales, et formez-en une échelle qui contienne quinze bords ou quarante-cinq tiers de bords ou corps, la largeur de cette échelle sera égale au diamètre de la cloche.

Prennez sur l'échelle avec le compas douze bords ; portez une des pointes de votre compas en D ; décrivez de cette ouverture un arc qui coupe la ligne E e au point N ; tirez la ligne D N ; divisez les lignes en douze parties égales, 1, 2, 3, 4, 5, etc. ; élevez au point I la perpendiculaire C I ; faites C I égale à 1, 0, et vous aurez l'épaisseur C I du bord de la cloche que vous voulez fondre, égale à la quinzième partie du diamètre, et telle qu'on a trouvé par l'expérience qu'elle devait être dans une cloche sonore ; tirez la ligne C D qui achevera de terminer la patte C D I ; élevez au G, sur le milieu de la ligne D N, la perpendiculaire G K ; prenez sur l'échelle un bord et demi ; portez-le de G en K sur la ligne G K, et vous aurez le point K.

Il s'agit maintenant de tracer les arcs qui finiront le profil de la cloche ; il faut prendre différens centres. Ouvrez votre compas de trente bords ou du double du diamètre de la cloche ; portez une des pointes en N, et décrivez un arc de cercle ; portez la même pointe en K, et de

la même ouverture ; décrivez un autre arc de
cercle qui coupe le premier ; le point d'intersection de ces deux arcs sera le centre de l'arc
N K ; de ce centre et du rayon, 30 bords ; décrivez l'arc N K ; prenez sur la perpendiculaire
G K, la partie K B, égale à un corps ; et du
même centre et du rayon, 30 bords, plus un
corps ; décrivez un arc A B, parallèle au premier N K.

Pour tracer l'arc BC, ouvrez votre compas
de douze bords, cherchez un centre, et de ce
centre et de l'ouverture douze bords, décrivez
l'arc BC, comme vous avez décrit l'arc NK
ou A B.

Il y a plusieurs manières de tracer l'arc K p :
il y en a qui le décrivent d'un centre distant
de neuf bords des points p et K ; d'autres du
centre seulement, éloigné de sept bords des
mêmes points : c'est la méthode que nous suivrons.

Mais il faut auparavant trouver le point p,
quand on veut donner à la cloche l'arrondissement p 1 ; ce que quelques fondeurs négli-
gent : ceux-ci font le centre distant de sept ou
de neuf bords des points K, 1 ; la cloche en
devient plus légère en cet endroit ; mais la
bonne méthode, surtout pour les grandes
cloches, c'est de leur pratiquer un arrondissement p, 1.

Pour former l'arrondissement p, 1, il faut
tracer du point C, comme centre, et du rayon
c, 1, l'arc 1 p n, et élever, sur le milieu de la

portion 1, 2 de la ligne D N, la perpendiculaire *p m ;* cette perpendiculaire coupera l'arc
1 *p n* au point *m,* où doit se terminer l'arrondissement 1 *p.*

Le point *p* étant trouvé, des points K et *p*
et d'une ouverture de compas de sept bords
cherchez un centre et décrivez l'arc K *p ;* cet
arc étant décrit, le profil ou l'échantillon de
la cloche sera fini.

Au reste, cette description n'est pas si rigou-
reuse qu'on ne puisse y apporter quelques
changemens. Il y a des fondeurs qui placent
les faussures K un tiers de bord plus bas que
le milieu de la ligne D N ; d'autres font la patte
C I D plus aiguë par en bas ; au lieu de tirer
la perpendiculaire I, C à la ligne D N par le
point I, ils tirent cette perpendiculaire par un
sixième de bord plus haut, ne lui accordant
toutefois que la même longueur d'un bord; d'où
il arrive que la ligne I D est plus longue que
le bord C I. Il y en a qui arrondissent les angles
A, N que forment les côtés intérieurs et extérieurs de la cloche avec ceux du cerveau.

Il s'agit maintenant de tracer le cerveau N *a :*
pour cet effet, prenez avec le compas huit
bords ; des points N et D, comme centre, décrivez des arcs qui s'entrecoupent au point 8 ;
du point d'intersection 8 et du rayon huit
bords, décrivez l'arc N *b,* ce sera la courbe
extérieure du cerveau : du même point 8 comme
centre, et du même intervalle huit bords, moins
un tiers de bord, décrivez l'arc A *c ;* A *c* sera

la courbe intérieure du cerveau, qui aura un corps d'épaisseur.

Le point 8 ne se trouvant pas dans l'axe de la cloche, on peut, si l'on veut, des points D et H du diamètre, et d'une ouverture de compas de huit bords, tracer deux arcs qui se couperont au point M, qu'on prendra pour centre des courbes du cerveau.

Quant à l'épaisseur Q, ou l'onde dont on le fortifie, on lui donnera un corps d'épaisseur ou environ; cette fourniture de métal consolidera les anses R, qui lui sont adhérentes, en leur donnant à peu près un sixième de la cloche.

Il résulte de cette construction que le diamètre du cerveau, n'étant que la moitié de celui de la cloche, sonnera l'octave au-dessus de celle des bords ou extrémités. Le son d'une cloche n'est pas un son simple, c'est un composé de différens tons rendus par les différentes parties de la cloche; d'où il résulte qu'un fondeur qui veut accorder, autant que faire se peut, plusieurs cloches, doit apporter la plus grande attention aux dimensions des cloches qu'il aura à fondre, et que, quand il aura adopté une manière de tracer, elle lui serve de règle, proportion gardée, pour tous les moules possibles. En conséquence, nous allons donner ici la description du tracé d'une cloche de trente-deux bords.

La *figure* 1re est le premier trait ou échantillon tracé sur une échelle de trente bords, ainsi que nous venons de la décrire.

La *figure* 2ₑ est l'échelle de seize bords.

La *figure* 3ᵉ est le second trait ou échantillon tracé sur une échelle de trente-deux bords, d'après M. Roujoux.

CHAPITRE II.

TRACÉ D'UNE CLOCHE SUR UNE ÉCHELLE DE 32 BORDS.

L'ÉCHANTILLON est un calibre qui, dans la forme de ses traits, représente le profil d'une cloche, et qui, étant monté sur son arbre, fait l'office d'un grand compas tournant, pour donner au moule la vraie figure du dedans et du dehors d'une cloche. Cet instrument, représenté par la figure 3, est une planche de noyer très sec, et qui n'est pas susceptible de voiler ou contourner pendant le travail qu'elle aura à faire : on donne pour hauteur, à cette planche, vingt-deux bords de la cloche dont elle doit être le calibre, et cinq bords pour la largeur. A deux bords de sa vive-arête, à droite, on tire au trusquin une ligne fort légère d'un bout à l'autre, sur laquelle on pique quatorze à quinze bords, en commençant en bas, dont les deux premiers sont destinés à la base des moules qu'on appelle la meule en terme de l'art, et les douze autres sont employés à la recherche des traits du calibre, car les cloches doivent avoir, dans leur hauteur, douze bords, depuis la pince D jusqu'au point A.

Tracé de l'Échantillon.

Soit la ligne A *o* piquée de douze bords moins un sixième, et ce sixième abaissé de *o* en D, pour achever les douze bords, et pour faire la pince de la cloche en D ; soient aussi six petites lignes ponctuées faisant équerre avec la ligne A *o*, savoir, la première au n° 1 et demi, la seconde au n° 3, la troisième au n° 5 et demi, une au n° 6, une autre au n° 11, et la dernière au n° 12 et sixième ; la première, la troisième et la dernière, à compter du point *o*, serviront à faire l'échantillon, et les autres à voir si l'on a bien opéré, car l'endroit du gros cordon, dit le troisième, marqué au n° 3, doit porter deux tiers de bord dans son épaisseur ; la partie qu'on appelle le sixième, marquée au n° 6, doit porter un tiers et un quinzième de bord d'épaisseur ; et l'épaisseur qui est au n° 11 doit porter un tiers de bord. Ces trois épaisseurs, après la preuve faite, doivent se rencontrer justes avec l'opération, si elle a été faite exactement, sans quoi il faudra recommencer.

Les choses étant ainsi disposées, on prend au compas un demi-tiers de bord, ou un sixième, que l'on porte du n° 1 et demi en G, et du point *o* en D. De cette sorte, le point G se trouvera écarté de la ligne A, *o* d'un sixième de bord ; après quoi, lorsqu'on aura ouvert le compas de l'étendue d'un bord et demi, une de ses pointes posée sur le point 5 et demi, l'autre pointe donnera, sur la perpendiculaire, le point H; puis, le compas étant resserré, ne plus donner qu'un tiers et un quinzième de bord, on portera cette étendue du point H en I, et pour lors H I donneront ce qu'on appelle la faussure et la fourniture ou le renflement de la cloche.

Pour tracer le gros bord de la cloche, dit la frappe, on ouvre le compas d'un bord et d'un quinzième de bord; on pose une de ses pointes sur le point G, et de l'autre on fait le petit arc RR; puis, du n° 1, l'autre petit arc QQ, et du point d'intersection F de ces deux arcs, comme centre, on forme l'arrondissement S, G, I: puis on tire la diagonale F D, qui, avec D, G, donnera le gros bord.

Pour tracer le vase inférieur, on donne au compas une ouverture de douze bords; du point H on va marquer un petit arc à gauche, hors de la planche de l'échantillon; du point F un autre petit arc qui, par son intersection avec l'arc précédent, donnera le centre de la courbe H F. On ouvre ensuite le compas pour une étendue de sept bords et demi; et, du point I, puis du point G, on fait deux petits arcs hors de l'échantillon, aussi à gauche; d'où, et de leur commune section, comme centre, on se donne l'autre courbe I G; et voilà le vase intérieur tracé.

Pour former le vase supérieur, on ouvre d'abord le compas de trente-deux bords; l'ayant posé sur H et sur L, on obtient deux arcs hors de l'échantillon à gauche ; du point où ils se coupent, on forme le trait H L ; ensuite, et sans en changer l'ouverture, on pose une branche sur K et sur I, pour avoir pareillement deux arcs, et un centre commun d'où l'on tire la dernière courbe K I ; et le vase supérieur est fait.

~~~~~~~~~~~~~~~~~~~~~~~~~~~~~~~~~~~~~~~

CHAPITRE III.

DIAPASON OU MONOCORDE. (*Fig.* 4.)

LE diapason ou monocorde, dont nous allons donner les proportions, et que les fondeurs appellent échelle campanaire ou brochette, contient les principes d'où l'on doit déduire, non seulement les lois de l'élégance et du bon goût, mais celles du vrai et du nécessaire ; on peut même affirmer que sans cette espèce de mésochore, on ne peut trouver ni accord, ni harmonie, ni poids, ni épaisseurs, ni diamètres enfin, si ce n'est par un pur hasard ; de manière que l'on peut dire que le diapason est la base de tout.

Table des proportions harmoniques pour deux octaves de suite avec leurs feintes ou semi-tons.

Octave simple.

Tout unisson est en proportion de................................... 1 à 1

La seconde majeure est en proportion de...................... 9 à 8

La seconde mineure est en proportion de...................... 10 à 9

ou de...................... 16 à 15

La tierce majeure est en proportion de...................... 5 à 4

La tierce mineure est en proportion de...................... 6 à 5

La quarte est en proportion de 4 à 3

La quinte est en proportion de 3 à 2

La sixième majeure est en proportion de...................... 5 à 3

La sixième mineure est en proportion de...................... 8 à 5

La septième majeure en proportion de...................... 15 à 8

La septième mineure en proportion de...................... 9 à 5

L'octave est en proportion de.. 2 à 1

Double octave.

La neuvième majeure est en proportion de...................... 9 à 4

La neuvième mineure est...... 32 à 15

ou de...................... 20 à 9

La dixième majeure est de.... 5 à 2

La dixième mineure est de.... 12 à 5

La onzième est en proportion de 8 à 3

La douzième est en proportion de...................... 3 à 1

La treizième majeure est de.... 16 à 5

La quatorzième majeure est de.   15 à   4
La quatorzième mineure est de   18 à   5
La double octave est de......   4 à   1

Pour faire usage de cette table, il faut tracer douze lignes parallèles et perpendiculaires aux deux lignes A B, CD ; ces parallèles représentent toutes le diamètre d'*ut* aigu.

Ensuite de quoi, pour trouver les diamètres de onze autres cloches, il faut diviser toutes ces perpendiculaires de la manière qui suit.

1°. On divise la ligne A C ou son égale, qui est au-dessous, en 9 parties égales, dont une partie étant portée en prolongement sur la ligne *si*, formera 10 parties contre 9, et en même temps la proportion de 10 à 9, qui est celle du *si* seconde mineure.

2°. La même ligne divisée en huit parties égales, dont l'une étant portée au point *si bémol*, donnera neuf parties contre huit, et tout à la fois la proportion de neuf à huit, qui est celle de la seconde majeure.

3°. La parallèle suivante se divise en cinq parties, dont l'une étant portée au point *la*, donnera le diamètre de six parties au lieu de cinq, et formera par la même raison de six à cinq, qui appartient à la tierce mineure.

4°. La parallèle en-dessous, étant partagée en quatre parties, et l'une de ces parties étant portée au point *sol dièze*, donnera la raison de cinq à quatre, qui est celle de la tierce majeure ou sol dièze.

5°. La ligne suivante sera divisée en trois

parties, une troisième sera portée au point *sol*, ce qui donnera quatre parties pour trois au *sol* naturel, et pour lors la proportion de quatre à trois qui est celle de la quarte.

6°. Pour le *fa dièze*, on divise la ligne A C ou son égale en cinq parties; une cinquième partie, portée deux fois au-delà du point C, donnera avec la ligne A C le diamètre du *fa dièze*.

7°. On divise la ligne suivante en deux, dont la moitié sera portée en *fa*, et l'on aura trois moitiés pour deux, ou la raison par conséquent de trois à deux pour la quinte.

8°. Pour avoir le diamètre du *mi naturel*, on partage en cinq parties égales la ligne A C, on prend une cinquième partie que l'on porte trois fois au point *mi*, ce qui fera huit parties au lieu de cinq, et en même temps la raison de huit à cinq pour la sixième mineure.

9°. Quant au *mi bémol*, on divise la ligne en trois, et sans changer l'ouverture du compas, on le porte deux fois jusqu'au point *mi bémol* pour avoir le diamètre de cette cloche, et la proportion de cinq à trois pour la sixième majeure.

10°. Pour ce qui concerne le *re*, on partage en cinq parties la ligne A C; la cinquième partie que l'on porte ensuite quatre fois au point *re*, donne neuf parties au lieu de cinq, et la raison de neuf à cinq pour le *re* septième mineure.

11°. Pour trouver le diamètre de l'*ut dièze*, on divise en huit la ligne A C, et l'on porte sept fois une partie jusqu'au point *ut dièze*, ce qui donne quinze parties contre huit, et la proportion de quinze à huit pour la septième majeure.

12°. *Ut* grave B D U T est double de la ligne de l'*ut* aigu A C.

Second diapason ou monocorde.

On sera peut être curieux de connaître la raison primitive de cette table, et pourquoi, par exemple, on met la quinte en proportion de trois à deux, et l'octave de deux à un ; mais pour cela il faut faire un monocorde, qui ne sera autre chose qu'une règle de bois divisée en 360 parties égales de deux lignes chacune, ou environ longue de cinq à six pieds. On montera cette règle d'une corde de boyau, ou de laiton, de toute la longueur des 360 divisions, médiocrement tendue sur deux chevalets placés aux deux extrémités de la ligne ainsi divisée ; on fera aussi un troisième chevalet, qui est destiné à glisser sous la corde, à chaque numéro des 360 divisions. Il faudra aussi un second appareil, monté de la même manière, et accordé à l'unisson. Cette corde sera toujours frappée à vide dans toute son étendue, tandis que l'on frappera la première, soit à droite soit à gauche du chevalet ambulant.

L'instrument ainsi disposé et accordé, glissez le chevalet sous la première corde, au n° 180 qui en est le milieu, frappez à droite et à gauche du chevalet ; et comme les parties de la corde sont égales, elles vous donneront l'une et l'autre ensemble un parfait unisson, en même temps la raison 1 à 1.

Pour rendre raison des proportions de la table, il faut un principe. Ce principe est que la parité doit être entière, par rapport aux différences proportionnelles qui se trouvent entre la seconde corde qui sonne toujours le ton grave, et les parties de la première corde qui sonnent les tons aigus d'une part, et les proportions harmoniques de la table d'autre part; ceci dit, frappez la première corde aux deux côtés du chevalet, ces deux côtés, qui sont de 180 chacun, sonneront l'*ut* aigu; et ce sera pour lors la proportion de deux à un, ou autrement deux cordes de 180 divisions contre une de 360.

Poussant ensuite le chevalet au n° 240, si vous frappez le côté 240 et la seconde corde qui est à vide, vous aurez une quinte bien formée et tout à la fois la proportion de trois à deux; en voici la preuve: la quinte est au ton grave comme 240 est à 360; or il y a entre 240 et 360 une différence proportionnelle qui est de 120, mais 120 se trouve trois fois compris en 360 et deux fois en 240, qui est une différence de trois à deux, donc la quinte est aussi avec le son grave en proportion de deux à trois.

Glissez de là le chevalet au n° 270; frappez cette partie de corde, et en même temps la corde du son grave, vous aurez une quarte et la raison de quatre à trois ; car la différence qui se trouve entre 360 et 270 doit se trouver la même entre le ton grave et sa quarte ; or cette différence est de quatre-vingt-dix divisions, qui sont quatre fois comprises en 360, et trois fois en 270 ; la différence du ton grave à la quarte est donc de quatre à trois.

La tierce majeure trouvera sa place au n° 288, dont la différence proportionnelle jusqu'à 360 est de soixante-douze divisions ; cette différence se trouve cinq fois en 360 et quatre fois en 288 ; donc la différence proportionnelle du ton grave à la tierce majeure est de cinq à quatre.

Le n° 300 fera la place du chevalet pour la tierce mineure, et la différence de 360 à 300 sera aussi celle de la corde entière avec la tierce ; or cette différence, qui est 60, se trouve comprise six fois en 360, et cinq fois en 300 ; la proportion harmonique de six à cinq est donc celle de la tierce mineure.

La seconde majeure se trouve sous le chevalet au n° 320 ; il y a un vide de 40 entre 360 et 320 qui forme la différence proportionnelle de ces deux sommes ; c'est aussi la différence qui doit se trouver entre la corde à vide et cette seconde majeure ; or 40 est compris neuf fois en 360 et huit fois en 320 ; la proportion de la seconde majeure est par conséquent de neuf à huit.

La seconde mineure se trouve au n° 324 ; de 324 jusqu'à 360, il y a une différence de 36, et cette grandeur 36 se trouve dix fois dans la corde entière, qui est supposée 360 parties, et neuf fois dans la partie de corde ou dans la grandeur 324 ; c'est donc la proportion de dix à neuf qui appartient à cette seconde mineure.

La sixième majeure est au n° 216, où on a glissé le chevalet ; jusqu'à 360, il y a 144 de différence ; mais parce que ce nombre 144 ne se trouve que deux fois dans celui de 360, avec le reste 72, et ne se trouve qu'une fois dans celui de 216, avec pareil reste 72, et que, d'ailleurs, cette proportion de 2 à 1 ne peut faire la proportion que l'on cherche, en ce qu'elle est la proportion déjà trouvée de l'octave, on opérera avec ce reste 72 comme si c'était la différence. En 360 combien de fois 72 ? cinq fois ; et combien en 216 ? trois fois ; le tout sans reste ; d'où on conclut que la proportion cherchée est de cinq à trois.

C'est au n° 225 que doit être le chevalet pour sonner la sixième mineure, lequel numéro laisse un vide de 135 jusqu'à 360 ; lequel nombre 135 n'est qu'une fois en 225, avec le reste 90, et deux fois avec pareil reste en 360 : or, la proportion de 2 à 1, comme il vient d'être dit, ne peut convenir qu'à l'octave ; il faut donc opérer sur ce reste 90. Quatre fois sans reste ; et en 225 combien de fois 90 ? deux fois, avec le reste 45 ; mais parce qu'il ne doit y avoir aucun reste qui ne soit commun à ces deux sommes 360 et 225, il faut passer à une troisième opération et agir à l'ordinaire sur ce reste 45 : or, comme ce reste est contenu huit fois juste, et sans aucun reste, en 360, et est cinq fois juste aussi en 225, on conclura que la raison de 8 à 5 est celle de la sixième mineure.

Parvenu à la septième majeure, où le n° 192 aura sonné ce ton, on opérera de la même manière qu'à la sixième majeure, c'est-à-dire, que comme entre 192 et 360 il y a une distance de corde qui comprend 168 parties, que ce nombre 168 n'est compris que deux fois, avec le reste 24, en 360, et une fois en 192, avec un reste pareil ; il faudra opérer sur le reste 24, et voir combien 360 et 192 le contiennent de fois ; c'est quinze fois dans l'un et huit fois dans l'autre ; c'est aussi la raison cherchée, et pourquoi la septième majeure est dite être en proportion de 15 à 8.

C'est enfin de la septième mineure dont il s'agit; elle doit sonner au n° 200 et laisser un intervalle de corde de 160 parties : or, cette grandeur 200 ne comprend celle de 160 qu'une fois, avec un reste qui est 40, et celle de 360 ne comprend aussi celle 160 que deux fois, avec un pareil reste 40 ; et comme la proportion de 2 à 1 n'est que pour l'octave, il faut travailler sur ce reste 40, qui est une grandeur commune à celle de 360 et de 200, de la même manière que précédemment, et voir combien de fois 40 se trouve en 360 et 200 ; c'est 9 fois en l'un et 5 fois en l'autre : d'où il résulte que la propor-

tion de 9 à 5 est au juste la raison cherchée.
Tout est dit pour la première octave et pour
la raison démonstrative des proportions harmoniques énoncées dans la table.

C'est par la différence des vibrations de
l'air que l'on parvient à cette connaissance ;
car, après tout, les consonnances et disso-
nances se font par l'addition et la soustraction
de ces mêmes vibrations.

L'unisson a lieu, tant qu'on n'ajoutera rien
et qu'on n'ôtera rien à deux tons qui, suppo-
sé, feront chacun huit battemens ; il est certain
qu'en conservant toujours la même égalité,
ils iront toujours de pair et formeront entre
eux ce qu'on appelle unisson.

Si, au contraire, à l'un des unisssons l'on
ajoute un second battement, tandis que l'autre
unisson demeurera ferme et au même ton, on
aura deux battemens d'air contre un, et la proportion de 2 à 1 : deux battemens pour *ut*
aigu et un pour *ut* grave.

Si on augmente ces deux battemens de l'octave d'un troisième, on aura pour la quinte
trois battemens au lieu de deux, parce que la
quinte est composée de deux mouvemens à raison de ses cinq sons, dont l'un bat l'air deux fois
tandis que l'autre le bat trois fois ; d'où il arrive
qu'une corde qui sera tellement divisée qu'elle
laissera trois parties d'un côté et deux de l'autre,
donnera nécessairement la quinte, parce que le
côté qui a trois parties battera deux fois l'air,
pendant que celui qui n'en a que deux battera

trois fois, le nombre des battemens étant ré-
ciproque de la longueur des cordes.

La quarte consiste dans le mélange de deux
sons dont la proportion est de quatre à trois,
parce qu'en même temps que la quarte aiguë
bat quatre fois l'air, sa tonique ou la quarte
au grave, ne le bat que trois fois ; c'est pourquoi il faut que la plus grosse de la quarte
grave soit plus haute et plus large d'un tiers
que l'autre.

Les tierces, ainsi que les autres consonnances, se forment par deux mouvemens dont
l'un bat l'air cinq fois dans la tierce majeure
aiguë, et l'autre quatre fois dans la tierce
grave ; six fois pour la tierce mineure aiguë,
et cinq fois pour la tierce grave.

Maintenant, si après avoir ajouté tous ces
différens battemens d'air pour monter de ton
en ton, on vient à les retrancher, on descen-
dra comme on aura monté de consonnances
en consonnances jusqu'au premier son ; on
fera tenir également la même route aux dis-
sonances, tant en montant qu'en descendant.

Si dans la supposition de deux unissons
composés de huit battemens d'air chacun, on
ajoute à l'un d'eux un nouveau battement, on
aura ce qui se nomme le ton ou la seconde
majeure de 8 à 9 ; et en ajoutant encore un second, on aura le semi-ton ou la seconde mineure de 10 à 9 ; mais si, après cette addition,
on vient à soustraire et à retrancher une unité
de 10 et de 9, le semi-ton deviendra ton.

La sixième mineure se fait aussi par trois battemens d'air, lesquels, ajoutés aux cinq battemens de la quinte, en donnent 8 et en même temps la proportion de 8 à 5.

Pour les doubles octaves on ne fait que doubler le plus grand terme, c'est-à-dire le plus haut chiffre des octaves qui précèdent de ton en ton, et cela répété tant de fois que l'on voudra. Le plus grand terme d'*ut* grave de la première octave est deux, qui étant doublé donne quatre pour *ut* grave de la seconde octave; ce qui sera certain, quand on aura observé que d'octaves en octaves les battemens diminuent successivement de moitié, tandis qu'au contraire le volume des cloches augmente du double en épaisseur, hauteur, poids et largeur, à mesure qu'elles descendent par octave : c'est la raison inverse.

CHAPITRE IV.

FORMATION D'UN ÉTABLISSEMENT PROPRE A LA CONFECTION DES CLOCHES.

Préparation des terres.

Nous sommes loin de croire que l'échelle campanaire soit de première nécessité pour faire des cloches d'un accord à peu près pareil; mais nous pensons que cette théorie des sons est une chose à peu près inutile à connaître pour un fondeur, quoique tous les anciens fondeurs de cloches se fissent gloire de la savoir : et pourtant ils en faisaient un mystère, parce qu'ils étaient persuadés qu'il n'y avait qu'eux capables de bien fondre des cloches ; c'est pourquoi ils en raisonnaient seulement devant le premier chantre et le carillonneur des églises où on les demandait pour fondre ; et on jugeait alors, par leur érudition, que la sonnerie aurait le plus parfait accord : comme il pourrait très bien se faire qu'on regarderait même aujourd'hui un fondeur qui ne connaîtrait pas son *Roujoux* en entier, comme un homme incapable de bien fondre une cloche. C'est pour mettre tous les fondeurs à même de raisonner devant les gens d'église que nous avons donné tous ces longs détails, pour ne pas nous écarter de l'ancienne voie : quoique nous soyons convaincus que c'est en vain que l'on emprunterait les secours de la géométrie pour changer les formes des cloches, quelles qu'elles soient. Il faudrait que l'élasticité et la cohésion du métal, dont on fond les cloches, soient toujours les mêmes dans la même fonte ; ce qui ne se peut, car tout est soumis au degré de chaleur du métal, lors de son introduction dans les moules, qui sont plus ou moins bien disposés à le recevoir ; c'est pourquoi on ne peut guère former que des conjectures pour obtenir l'accord désiré.

Le moyen le plus certain d'obtenir des accords parfaits, serait, sans doute, de fondre bon nombre de cloches dans une fonderie qui s'occuperait exclusivement de cette branche de commerce, et d'abandonner le système de fondre sur place, toujours moins certain, et beaucoup plus dispendieux.

Il n'y a nul doute qu'un établissement de cette nature trouverait un débit considérable; car presque toutes les fabriques d'églises amassent des fonds pour avoir un plus grand nombre de cloches, et nous sommes témoins que des sommes destinées à se procurer des pompes à incendie, ont été employées à avoir quelques cloches de plus pour remplir le beffroi d'un village de Picardie, dont les maisons ne sont que des tas d'allumettes.

Il est donc certain qu'une fonderie qui aurait une pareille destination à Paris, ou dans les environs, pourrait vendre des cloches bien accordées à un prix très modéré, et faire des bénéfices considérables, à cause de l'énorme débit qu'elle en ferait, et encore parce qu'on aurait pris le parti de fondre sur modèle, soit en terre, soit en sable; ces modèles une fois mis selon les formes les plus convenables à l'expansion du son, et à la solidité que doivent avoir des cloches pour résister à la percussion, abrégeraient considérablement le temps que l'on met à la façon des moules, et diminueraient d'autant la dépense de main-d'œuvre. Tel est notre avis, tant sous le rapport de la perfection des cloches, que sous celui de l'économie que l'on apporterait dans ce genre de commerce.

Quoi qu'il en soit, nous allons retourner à la méthode pratiquée jusqu'à ce jour; car, après avoir expliqué la manière de tracer le profil d'une cloche, et les proportions qu'elle doit avoir, soit qu'on la considère comme isolée, soit relativement à une autre cloche qu'il faut mettre avec elle à l'unisson, ou à tel intervalle diatonique qu'on désirera, il ne nous reste plus qu'à parler de la manière de préparer les terres pour en former le moule, afin de parvenir à la fusion du métal.

On doit employer dans la préparation de la terre celle qui a beaucoup de finesse et de ductilité, et réunit la propriété de se durcir au feu sans se tourmenter, ni sans avoir beaucoup de gerçures, qui détruiraient les formes du moule. Cette préparation est une mixtion de terre, de fiente de cheval, de creusets blancs mis en poudre, ou de briques réfractaires de bourre, et se fait de la manière suivante: on doit choisir de la terre douce et liante à la main, sans le moindre gravier, et ne renfermant aucune matière hétérogène et vitrifiable; on doit la purger de toutes les saletés dont elle se serait chargée au tirage et au voiturage; on met un quart environ de fiente de cheval, et lorsqu'on a suffisamment pétri et amalgamé ce mélange, on le laisse fermenter. Plus cette terre a été de temps en fermentation, meilleure elle est pour l'usage auquel on la destine. Au sortir de la fosse on l'expose à l'air, on la fait sécher, on la pile, on la tamise, on la délaie avec de l'eau, et on lui fait subir une seconde fois la première préparation. Sur deux tiers de terre ainsi préparée, on mêle un tiers de poudre bien tamisée, provenant de creusets de terre blanche, ou de briques qui ont été pilées très fin ; on remue le tout jusqu'à une entière incorporation ; le mélange étant à son point, l'on y verse de l'urine, et l'on en forme une pâte, dans laquelle on jette de la bourre de poil de bœuf, divisée à coups de baguettes pour en séparer tous les brins : cette bourre doit être également répartie dans la terre, ce qui ne peut se faire qu'au moyen d'un nouveau pétrissage, qui donne à la terre toute l'onctuosité et le liant dont on a besoin. Enfin, on en fait une pâte que l'on réserve dans un endroit frais, et propre à l'entretenir dans cet état, jusqu'à ce qu'on s'en serve pour faire les couches extérieures des moules de cloche ; car, pour ce qui doit approcher le métal, on en forme la potée en la broyant sur un marbre avec la molette, ainsi qu'on a l'habitude de le faire en peinture ; ou lui donne le même degré de consistance ; ensuite, avec des pinceaux ou des brosses de poil doux, on applique généralement sur toute la surface du noyau de la cloche une ou plusieurs couches de cette composition, ainsi que nous le verrons par la suite.

CHAPITRE V.

Pour prendre le diamètre d'une cloche, les fondeurs ont un compas ; c'est une règle divisée en pieds et pouces, et terminée par un talon ou crochet, que l'on applique à l'un des bords : il est évident que l'intervalle compris entre le crochet et le point de la règle plus éloigné, lorsqu'on promène cette règle à droite et à gauche, est le plus grand diamètre ; cette règle sert également à connaître le ton de chaque cloche ; car l'échelle campanaire, ou brochette, se trouve au côté opposé à celui qui est divisé en pieds, pouces, etc.

Pour former le moule d'une cloche, le fondeur doit en connaître les proportions, et il a dû construire l'échantillon ou compas dont le pivot GF tourne sur la crapaudine E fixée à un piquet de fer scellé fortement au milieu de la fosse PQRS, creusée devant le fourneau T. Cette fosse doit avoir un pied ou environ plus de profondeur que la plus grosse cloche que l'on veut fondre n'a de hauteur au-dessous de l'âtre du fourneau, d'où le métal doit y descendre facilement. A une hauteur convenable de l'axe FG, on place deux bras de fer LM assemblés à l'axe du compas : ces bras sont refendus, et peuvent recevoir la planche l,m,d, qui fait la fonction de seconde branche du compas ; il faut avoir tracé sur cette

planche les trois lignes ABCD, NKID, *oood*,
et la ligne D*d* ; la première est la courbe de
l'intérieur de la cloche, la seconde est la
courbe de l'extérieur de la cloche ou du modèle , et la troisième est la courbe de la chape;
il faudra que ces lignes tracées sur la planche,
fassent avec l'axe FG du compas les mêmes
angles que les mêmes lignes font avec l'axe EF.

Nous allons passer à l'explication des figures
qui nous mettront au fait de l'opération,
mieux que toutes les explications que nous
pourrions donner sans leur secours.

La vignette représente l'atelier du fondeur
de cloche, la fosse dans laquelle on fait les
moules placés sous un hangar, vis-à-vis le
fourneau qui est à découvert.

Fig. 1. Ouvrier mouleur qui applique avec
les mains la terre pour former le moule d'une
cloche : il prend la terre préparée qui a été mise
en réserve dans un tonneau qui est à côté de lui.

Fig. 2. Autre ouvrier qui pousse le calibre
ou échantillon pour unir la terre et ôter le
superflu.

Fig. 3. Noyau d'une autre cloche au-dessus
duquel la chape est suspendue par des moufles.

Fig. 4. Les deux pièces de fer qui composent
le compas, savoir, l'arbre vertical terminé
inférieurement par un pivot, et, par le haut,
par un tourillon, et la main de force dans laquelle on fixe l'échantillon.

Fig. 5. Crapaudine de fer que l'on scelle par
ses trois branches dans le massif du noyau, et

au centre de laquelle porte le pivot de l'arbre du compas.

Fig. 6. Le compas tout monté avec l'échantillon.

La maçonnerie du noyau a été ouverte pour laisser voir le piquet planté au milieu de la meule sur la tête de laquelle repose la crapaudine qui soutient l'arbre du compas.

Nous allons continuer l'explication des figures, afin de suivre les différens progrès de l'opération de la construction du moule qui se forme de trois pièces; savoir, le noyau, le modèle et la chape, qui demandent chacun une construction particulière.

On a dû, avant de monter le compas, abattre avec la scie à chantourner tout le bois de la planche de l'échantillon, depuis la rive à droite jusqu'au grand trait D, F, H, qui est pour la forme intérieure de la cloche, et la couper en biseau en laissant le trait de la courbe franc.

Le compas étant monté et ajusté à la manière qu'on vient de le dire, on passe l'arbre dans son loquet, on le pose sur son piquet et sur son centre, comme on le voit dans la fig. 2 de la vignette précédente.

On commence à travailler le noyau et sa meule tout ensemble, avec des briques, partie entières, partie cassées, et de la terre de maçon, dont on enduit le dedans et le dehors. On brise les angles extérieurs de ces briques, afin de donner à la maçonnerie sa juste rondeur; les briques se posent par assises de hauteur égale partout, et toujours en recouvrement d'une assise à l'autre, en sorte que les joints d'une assise ne se rencontrent pas avec les joints de l'assise qu'on doit poser ensuite. A chaque brique qu'on pose, le compas doit se présenter, afin qu'on ne laisse entre elle et la planche qu'une à deux lignes de distance ; ainsi le compas sert à diriger la maçonnerie dans son pourtour et dans sa hauteur. Quand cet ouvrage est à peu près au tiers de sa hauteur, on applique sur le piquet de bois le triangle de fer épais qui repose par ses extrémités sur le corps de la maçonnerie ; mais avant que de l'arrêter, il faut, avec le plomb pointu qui a déjà servi pour le piquet, faire coïncider le centre qui est marqué sur cette barre de fer au juste milieu de la bourdonnière qui porte le tourillon de l'arbre du loquet, ensuite remettre le compas et le faire jouer et continuer le travail jusqu'à sa hauteur ; lorsqu'on est parvenu au collet du cerveau, on laisse une ouverture qu'on appelle la bouche du cerveau, et assez grande pour pouvoir jeter le charbon dans le noyau.

Cette bouche s'arrondit et se polit au moyen d'un petit bâton que l'on insère dans la main de l'arbre, et qu'on laisse descendre dans le noyau.

On couvre cette maçonnerie d'une couche de terre, ainsi que nous en avons donné la préparation, et qui est en réserve dans un tonneau, laquelle, avant de s'en servir, est broyée de nouveau sur un établi de planche avec la tête d'un hoyau, pour la rendre très douce et très compacte.

Pour bien aplanir partout cette couche, on commence par mettre en jeu le compas de construction, c'est-à-dire, que tandis qu'un homme tourne autour du noyau, et appuie sur le compas, le fondeur applique à pleines mains son ciment, depuis le bas jusqu'en haut, et toujours en continuant et en tournant jusqu'à ce que le noyau emplisse bien la planche et qu'il ne lui reste plus aucun vide. Après cette première façon, on emplit tout-à-fait le noyau de charbon, l'on y met le feu, et l'on bouche son ouverture ; on ouvre les trois ou quatre soupiraux qui sont au bas de la meule, et qu'on y a construits avec des rouleaux de bois gros à peu près comme le poignet, et qu'on a ensuite retirés ; ce premier feu, pour faire un bon recuit, doit durer de douze à vingt-quatre heures, suivant la grosseur de la cloche.

Durant la chauffe, le soin du fondeur est de rafraîchir, avec de l'eau, son moule à mesure qu'il sèche, dans les parties qui en ont besoin ; car, sans cette précaution, comme les parties inférieures sèchent plus lentement, à raison de leur épaisseur, il se trouverait au noyau des inégalités qui régneraient des parties inférieures aux supérieures, et qui apporteraient la même erreur dans le modèle de la cloche qui doit se former sur ce noyau.

En construisant la maçonnerie de ce premier moule, il serait à propos d'y laisser en dehors un cercle de briques en saillie au niveau du croisillon de fer pour se procurer une espèce de plancher composé de vergettes de fer et de tuiles, pour faire refouler la trop grande activité du feu en bas; ce qui ne dispensera pas néanmoins de fermer la bouche du cerveau à l'ordinaire avec le gâteau de terre cuite, ayant l'attention seulement qu'il y ait communication du feu du bas en haut, par une ouverture qu'on ménagera au milieu de ce plancher : cela n'a pas besoin de plus d'explication pour s'entendre.

Après cette opération, qui nous renvoie où nous en étions pour la confection du noyau, on retire le compas de son pivot, on sépare l'échantillon de son arbre, sans l'ôter hors de son loquet, dans lequel il est serré avec des coins d'une manière invariable jusqu'à la fin de l'opération, on coupe la première courbe, et le premier trait du cerveau au vif, avec une bonne lame, sans cependant outre-passer le trait qui doit toujours rester au vif; puis on le remonte sur son arbre et sur son pivot, dès que le premier enduit est sec en toutes ses parties.

Le second enduit est d'un grain de terre plus doux que le premier; cette terre a été broyée à la molette et passée comme un coulis; on en emplit l'échantillon comme ci-devant, puis on fait un feu avec la même attention qu'auparavant, on réitère jusqu'à trois ou quatre fois, ou pour mieux dire jusqu'à ce que le compas emporte tellement le ciment nouveau qu'il ne laisse plus paraître que le sec : il ne faut pas appuyer bien fort sur la planche, mais seulement la commander à mains fermes.

La dernière de toutes les couches du noyau est composée de cendres et de savon ; comme c'est une couche grasse, le moule de modèle, qui doit être construit sur celui-ci, se détache aisément quand il s'agit de l'enlever dans cette couche : le feu n'a point lieu avant de passer au second moule ; on examine si celui-ci est bien juste en son diamètre ; la preuve s'en fera en portant deux fois le tiers de sa rondeur sur une règle où seront marqués les quinze bords, parce qu'un des côtés d'un hexagone égale le rayon, et deux fois le rayon font le diamètre de quinze bords : peut-être vaudrait-il mieux avoir un grand compas d'épaisseur ; la preuve n'y étant pas, on repique le moule, et on recommence le noyau sur son massif après avoir donné à l'échantillon un rayon de sept bords et demi, et l'avoir fixé dans le loquet d'une manière invariable, sans quoi on court risque de recommencer souvent.

CHAPITRE VI.

DU MODÈLE ET DE LA CHAPE.

Ayant démonté le compas, on coupe, en laissant le trait franc, tout le bois de la planche

jusqu'à la seconde courbe et à la seconde onde
D, G, I, A, K, et le tout au biseau ; puis on
le remonte et on le remet sur son pivot.

La terre dont on forme le modèle est la
même que celle que nous avons préparée
pour la première couche ; l'ouvrier la prend à
à pleines mains, et l'applique sur le noyau par
plusieurs pièces ou gâteaux qui s'unissent et
se lient ensemble pour peu qu'on les étende :
cet ouvrage grossier se perfectionne par plusieurs couches du ciment de même matière,
mais beaucoup plus claire. Chaque couche est
aplanie par le compas. On les laisse sécher au
feu l'une après l'autre avant que de faire jouer
le calibre, qui se retire de ses pivots pour faire
le feu dans le noyau ; on ne manque pas de
couvrir toutes les couches de grand chanvre
dans toute sa longueur, pour empêcher que le
moule ne se fende, et qu'il ne s'y fasse des
lézardes. Lorsque le moule est fini et que le
calibre enlève tellement la dernière couche
qu'il n'en laisse plus rien, et qu'il ne laisse
apercevoir que le sec de la couche précédente,
on démonte de son arbre ce calibre ou planche
d'échantillon ; on coupe son trait au vif dans
son juste milieu ; ensuite, à la hauteur du troisième bord marqué sur la planche, on fait
une entaille bien propre et un peu profonde,
et deux moindres en dessus et en dessous pour
former cinq cordons ; un peu au-dessus du
onzième bord, on en fait aussi plusieurs qui
donneront les cordons ou filets propres à placer

les inscriptions; puis deux autres extrêmement minces pour dénoter l'endroit des proportions de la cloche au cinquième bord, et
demi, et au douzième bord moins un sixième.

Il n'est plus question que de mettre la dernière main au moule; pour cela on fait au
réchaud une composition de suif, de savon et
d'un peu de cire ; on replace le compas sur son
pivot, on applique sur le modèle une couche
légère de cette composition, que l'on ragrée
avec le compas, légèrement et également appuyé; enfin on retire le compas, puis on met
les inscriptions, les figures et les armoiries,
qui sont faites avec des feuilles de cire amollie
dans de l'eau chaude; on fait prendre à ces
feuilles de cire l'empreinte des gravures convenables, faites dans des morceaux de bois ou
de cuivre qui servent de moules.

La chape, qui se nomme ainsi parce qu'elle
couvre les deux autres parties du moule, doit
être extrêmement forte, à cause qu'elle doit
souffrir le travail d'un feu presque continuel,
qu'elle doit être enfouie, pressée et foulée avec
la dame à manche, à force de bras, et qu'elle
doit supporter la poussée du métal lors de la
fusion.

L'échantillon étant démonté à l'ordinaire,
on ouvre un compas de l'épaisseur au moins
d'un bord de la cloche; tandis que l'on conduit
une de ses jambes le long du trait de l'échantillon, l'autre jambe grave sur la planche un
trait parallèle au modèle; mais comme il con-

vient de rendre la chape plus épaisse en bas qu'en haut, à cause des efforts qu'elle a à soutenir, ainsi que nous l'avons dit, on divise la ligne que l'on vient de tracer en douze parties égales; puis, à partir du haut qui est le point zéro, on va au n° 1, auquel on ajoute une ligne et demie; au n° 2 on met trois lignes, et ainsi de suite jusqu'au n° 12, auquel on ajoute dix-huit lignes : par tous ces points on fait passer une ligne, qui doit tracer le dehors de la chape. Ce trait étant marqué avec de la pierre noire, on coupe tout le bois qui se trouve entre lui et le trait du modèle, comme précédemment, au vif et en biseau; on met la planche ainsi découpée dans un seau d'eau, de peur que les coïns ne se desserrent par la sécheresse, pendant qu'on va couvrir le modèle des terres qui sont destinées à former la chape.

On prépare alors, pour la première couche de ce moule, une composition de fin limon, d'abord passé par le tamis, qu'on mêle ensuite avec de la bourre bien émondée et du crottin de cheval; puis, le tout étant mis dans l'eau, on en fait un brouet qui, étant coulé au tamis, se convertit en un fin coulis, que l'on applique ainsi qu'il suit sur le noyau et ses ornemens. L'ouvrier tient d'une main un chaudron plein de cette matière; il plonge l'autre main dedans pour prendre de cette composition, qu'il applique sur toute la surface du modèle, mais doucement, afin de ne pas déranger les lettres et les figures : cette matière s'étend d'elle-même partout, couvre tous les reliefs, et remplit les sinus ou les cavités des figures et des lettres. L'opération se continue jusqu'à l'épaisseur de deux à trois lignes; on laisse sécher cette couche sans feu, et elle forme croûte au bout de douze à quinze heures.

On superpose sur cette croûte une deuxième couche de même matière, mais moins claire; et lorsque cette croûte a pris une certaine consistance, on remet le compas en place et le feu dans le noyau, avec cette précaution de ne lui donner d'activité qu'autant qu'il en faut pour faire fondre la cire des inscriptions, et former peu à peu, dans les premières couches, les creux des lettres et des figures, par l'écoulement de la cire fondue.

On charge ensuite d'une terre un peu moins claire encore, et l'on met toutes les couches de plus solides en plus solides, en les pétrissant avec le bout des doigts, qui y laissent leur empreinte; cela fait des arrachemens qui lient parfaitement toutes les couches ensemble, et qui les empêchent de se gercer, jusqu'à ce que l'on soit arrivé à l'épaisseur que l'on a voulu donner à la chape; alors le compas commence à l'unir par place, et on continue à faire des mises de terre douce, jusqu'à ce qu'elle soit entièrement aplanie.

L'épaisseur de ce moule doit descendre plus bas que la meule, de quatre à cinq pouces, et la serrer de près, afin que le métal fondu ne puisse point s'extravaser.

Il a fallu la trancher par le bas pendant qu'on faisait agir l'échantillon avec un petit morceau de bois attaché à l'échantillon, pour la mettre carrément sur son axe et en vive arête; pour le haut, on introduira dans la lumière du loquet, proche le tenon, un petit morceau de bois taillé en forme de couteau, qu'on appelle le nerf, et qui, en tournant le compas, disposera sur le collet la forme où doivent être placées les anses. On donnera à cette forme une ouverture proportionnée à celle des anses.

Avant de lever la chape, il faut y marquer plusieurs repères, que l'on abaissera jusque sur la meule, en ligne droite, avec des numéros en haut et en bas de ces lignes, afin de la reposer sur ces mêmes repères quand il en sera temps.

Pour lever la chape, on place en quatre ou cinq endroits, sous son extrémité, deux bouts de planches entre lesquelles on met un coin sur lequel autant de personnes qu'il y a d'appareils frappent ensemble à petits coups de marteau, afin de soulever la chape de dessus la meule, et qu'elle se détache également sans rien briser du modèle qui doit faire l'épaisseur du métal. Cette chape étant soulevée, il ne faut donc plus que des gens qui s'entendent bien, et qui, au signal du fondeur, l'enlèvent au-dessus du noyau à force de bras, ou, ce qui vaut toujours mieux, à l'aide d'une chèvre à qui on imprime un mouvement aussi fort et aussi régulier qu'on le désire.

La chape étant enlevée, on en remplit les crevasses et autres défectuosités, s'il s'en trouve, avec un cendrage que l'on fait sécher ensuite avec un falot de paille allumée; on brise avec beaucoup de soin le modèle de la cloche, et on en met les morceaux à part. Ces morceaux étant de nouveau rebattus, passés au tamis et détrempés avec de l'eau, font encore une excellente terre pour le moulage.

On nettoie bien le noyau, la chape et le bord de la meule sur laquelle on replace la chape, après y avoir préalablement ajusté le moule des anses dans la forme que l'on avait réservée au haut du moule de cette chape, lorsqu'on la terminait avec l'échantillon; enfin, on doit mettre la plus grande attention à faire retomber la chape dans ses repères, car de là dépend l'épaisseur égale du métal : on s'apercevrait bientôt de l'inégalité, après la fonte, par la bavure du métal qui se ferait à la pièce de la cloche, plutôt d'un côté que de l'autre.

CHAPITRE VII.

DU MOULE DES ANSES, ET DES ORNEMENS ET LETTRES QUE L'ON ENFERME DANS LA CHAPE.

Figure 7. Le noyau dans lequel on a placé l'anneau qui sert à suspendre le battant.

Figure 8. Modèle ou moule pour les figures de cire; il est de cuivre. Il y a un rebord qui contient la cire, qui prend facilement l'empreinte du creux; on moule les lettres de la même manière.

L'empreinte du moule est dans l'état où on l'applique sur le modèle de la cloche.

Le chapeau qui tient le moule des anses, du jet et des évents, vu par le côté opposé à l'entrée du métal.

Le même chapeau vu par le côté de l'entrée du métal.

Plan des anses; *a a* les volans, *b b* les anses antérieures et postérieures, *c* le pont.

Les anses en perspective, posées sur une partie du cerveau de la cloche.

Pour faire le moule des anses représenté par les *fig.* 10, 11, 12, l'ouvrier prend les modèles d'anses qu'il saupoudre de charbon pilé ou de craie, pour empêcher que la terre ne s'y attache; il enveloppe la moitié du modèle du gâteau de la terre des moules qui est raffermie, et, sans séparer le modèle, on fait

sécher le gâteau au feu ; quand il est sec, on
ragrée son bord avec le couteau à parer, on
saupoudre ce bord, ainsi que l'autre moitié du
modèle que l'on couvre d'un second gâteau ;
on le met au feu après avoir séparé le premier,
et quand il est cuit on le retire : on les taille
tous les deux fort proprement et à vives arêtes,
on les applique l'un contre l'autre, on les colle
ensemble par une bonne charge de la même
composition, qu'on leur applique en dehors,
et par un bon enduit de terre légère qu'on leur
donne en dedans ; on fait cuire le tout à volonté, après quoi on lave ce creux ou ces deux
demi-creux par dedans, afin d'enlever les parties grumeleuses qu'il peut y avoir; enfin on
remet l'ouvrage à la cuisson, et voilà ce qui
concerne la façon des creux qui sont au nombre de six et des demi-creux qui sont au nombre de douze : on travaille à tous dans le
même temps, si l'on a six modèles.

Pour le pont ou la maîtresse anse, on fait un
modèle de la même terre qui a été préparée,
on la pétrit à la main par pelottes, on figure
le pont tel qu'il doit être en métal, ayant vers
son extrémité supérieure une ouverture pour
passer la trompe de la cloche ; on donne à l'extrémité d'en bas une circonférence divisée en
six parties égales, qui feront, en partant du
centre de cette circonférence, six rayons égaux :
c'est par le moyen du centre et de ces rayons
que les six anses s'ajustent sur le pont par le bas;
mais pour les y joindre par le haut, il faut faire

un repère sur chacun de ces côtés en forme de croix, pour les deux anses appelées les deux *volans*; il en faut, outre cela, deux sur chacune des faces de ce pont, savoir, un à droite et un à gauche pour une face, et de même pour la face opposée, lesquels doivent se trouver en face l'un de l'autre, en conduisant ces mêmes repères sur la sommité du pont.

Pour assembler les pièces, c'est-à-dire les creux avec le pont, on couche la maîtresse anse sur une planche saupoudrée de cendrée, on adapte les deux *volans* sur ses côtés, sur leurs repères et sur sa face : voilà déjà quatre anses ou autrement quatre creux d'anses posés et appliqués; mais il faut que les distances au centre du pont soient égales entre elles, ce qui se trouve au compas. Ces creux étant ainsi arrangés, on emplit d'un morceau de terre l'ouverture du pont qui formera une place pour passer la trompe, puis on garnit de terre les coudes des anses et des volans avec des gâteaux assez longs et assez larges pour remplir tout le vide d'un moule à l'autre; ensuite on donne à tout cet ouvrage une bonne et suffisante charge : c'est un gros massif, pour lors, que l'on fait cuire au feu de charbon jusqu'à ce qu'il ait pris assez de force pour être manié et renversé; bien entendu qu'en arrangeant ces pièces et avant que de les exposer au feu, on aura eu soin de faire, au milieu de la tête du pont, avec un mandrin bien arrondi, un jet capable de recevoir le métal, puis deux sou-

piraux ou évents, mais un peu plus étroits, et
cependant assez grands pour laisser un libre
passage à l'air dilaté par la chaleur, lorsque le
moule s'emplira de métal.

Il reste l'autre partie de l'opération. On ren-
verse le massif sur un établi pour placer les
deux autres creux d'anses sur son autre face,
sur leurs repères et à la même distance du
centre du pont que les deux creux précédens,
au moyen du compas dont on a conservé l'ouverture ; on donne les mêmes charges de ce côté-
ci que de l'autre, et une autre charge de surplus sur la jonction des deux pièces, afin qu'elles
ne se séparent plus ; on met cuire ce côté-ci
comme on a fait l'autre : la cuisson en étant
faite, les deux moitiés séparées, on enlève la
fausse anse, qui est le pont, pour ne plus re-
paraître. Cette opération doit se faire avec
assez de dextérité pour que rien ne soit en-
dommagé, surtout le morceau de terre qu'on
a mis dans l'ouverture du pont, qui est tout ce
qui en doit rester pour faire l'emplacement de
la trompe quand on coulera.

Avant de séparer ces deux moitiés, on
trace avec le compas, sur la sommité du *surtout*, une certaine circonférence qui se reporte
en dessous du massif en partant de son centre ;
ce dessous de massif, ainsi arrondi, devient
une base qui remplit l'ouverture du haut de
la chape ; non seulement on donne cette
surface ronde à ce massif qui doit faire le couronnement de la cloche, mais on lui donne

encore une espèce de profil en doucine pour orner l'extérieur du cerveau de la cloche.

Les deux moitiés étant bien cuites, on les appareille, on les polit en dedans, et on en emporte tous les grumeleaux avec un pinceau de chanvre trempé dans l'eau légèrement chargée de terre, puis on les met au recuit.

On emplit le noyau de charbon, on monte le massif des creux d'anses sur la chape, on l'emboîte dans le rond qui a été préparé pour le recevoir ; le feu doit être long, afin que la cuisson soit complète : on aura soin de graisser à fond avec de l'huile la place que doit occuper le couronnement ou ce massif, afin de pouvoir l'ôter quand on voudra enlever le surtout.

C'est dans ce temps-là qu'on construit sur les anses l'entonnoir où se termine le canal ; l'entonnoir ne doit être autre chose que l'évasement du jet ; on prolonge les évents avec des tubes de terre, recuits et préparés à l'avance ; ils doivent toujours dépasser au-dessus de l'écheno, tandis que les jets tiennent le fond de l'écheno : les évents et les jets doivent toujours être bouchés avec des tampons de terre que l'on ne retire qu'à l'instant de la coulée.

Les opérations de détail dans un travail de cette nature semblent plus longues et plus difficiles à exécuter que l'opération principale ; quoi qu'il en soit, avec de la patience et un peu de soin l'on vient à bout de tout. Il reste donc encore à poser l'anneau de la cloche ; on pose aplomb un croisillon de fer qui reste dans le noyau sur lequel on établit un plancher de tuile qui sert à supporter un massif de sable dont on emplit le noyau en partie, et surtout entièrement en arrivant au sommet, où l'on enferme l'anneau du battant, de manière que sa longueur soit perpendiculaire au battement de la cloche lorsqu'elle sera suspendue sur les tourillons du mouton; il ne se trouve que la partie qui doit servir d'anneau scellée dans le sable; les bouts qui portent des crans doivent entrer dans le vide de la maîtresse anse pour y être scellés par le métal; on fait sécher avec du charbon ce sable qui doit faire arrasement avec le dessus du noyau, après quoi on repose la chape, ainsi que nous l'avons déjà dit, avec son couronnement qui a dû être posé de manière que les maîtresses anses soient dans la direction du montant et perpendiculaires aux ornemens dont la cloche serait parée, pour qu'on puisse les voir en avant et en arrière; on emplit la fosse avec des terres ou sables épierrés, médiocrement humides, que l'on comprime également à l'entour au moyen de pilons, de manière à donner de la consistance à la chape, et à empêcher la fuite du métal qui est de nature très fluide, et qui reste d'autant plus long-temps liquide dans le moule, à chaleur égale, que la cloche que l'on doit couler est plus grosse. On fait cet enterrage, le bassin et l'écheno pour la verse; ce dernier a autant de compartimens que la fosse contient de moules que l'on va se disposer à couler, parce qu'en même temps que l'on aura fait les moules, on aura construit le fourneau qui va nous occuper, après avoir donné la dimension des anses.

Les six anses des cloches doivent porter dans leurs quatre faces un bord et un tiers d'épaisseur, ce qui fait pour chaque face un tiers de bord.

Le battant doit avoir dans le gros de sa poire un bord, plus cinq huitièmes de bord, ce qui fait près de cinq bords de circonférence; la poire doit être bien arrondie, la tige assez dégagée, et l'anneau où se met le brayer en cuir pareil à celui de la cloche; ils doivent l'un et l'autre être arrondis et adoucis à la lime pour la conservation de ce même brayer.

CHAPITRE VIII.

DU FOURNEAU.

Fig. 1. Plan géométral du fourneau; A, le fourneau; B, la chapelle qui communique à la chauffe; C D, place pour débraiser; E, escalier pour y descendre; TT, porte du fourneau pour charger; V, place du tampon et commencement du canal qui communique à l'écheno; P Q R S, la fosse dans laquelle sont placés quatre moules de cloches, dont les proportions sont pour former l'accord parfait *ut*, *mi*, *sol*, *ut*; on voit l'écheno au milieu duquel on distingue les chapeaux et l'orifice des jets et des évents.

Elévation antérieure du fourneau (*fig.* 2), et coupe de la fosse verticale, passant par le milieu de sa longueur ; PQRS , coupe de la fosse ; V, bouche du fourneau ; TT, seuils des portes; *tt,* les cheminées.

Elévation postérieure du fourneau (*fig.* 3) du côté de la chauffe; C la chauffe au-dessous de la grille de laquelle est une porte D par laquelle on retire les braises ; TT, les seuils des portes du fourneau ; *tt,* les cheminées.

Fig. 4. Coupe verticale du fourneau par le milieu des portes et des cheminées , l'œil étant dirigé vers la bouche du fourneau. V, la bouche que l'on ferme intérieurement avec un tampon ; TT, les portes ; *tt,* les cheminées. On a projeté par des lignes ponctuées la fosse postérieure à cette coupe, et indiquées par les lignes ponctuées *p, q, r, s.*

Coupe verticale du fourneau (*fig.* 5) par un plan qui passe par les portes et les cheminées, l'œil étant dirigé vers la chapelle ou voûte de communication de la chauffe au fourneau; TT, les portes; B, la chapelle; *tt,* les cheminées. On a projeté par des lignes ponctuées la partie postérieure de la chauffe et la porte *d*, par laquelle on débraise.

Plan du dessus de la chauffe (*fig.* 6); C, ouverture par laquelle on jette le bois; A, pelle de fer servant à fermer cette ouverture après que le bois y a été introduit.

Coupe longitudinale du fourneau par un plan vertical, passant par la chauffe et la bouche ; QS, partie de la fosse de vingt-deux bords de profondeur, mesure prise sur la plus grosse cloche ; V, la bouche du fourneau par laquelle sort le métal en fusion ; T, une des portes ; t, le haut de la cheminé ; B, la chapelle ; C, la chauffe ; G, la grille sur laquelle tombe le bois ; D, place où tombent les braises ; E, escalier pour y descendre.

On appelle ce fourneau réverbère, parce que la flamme qui se joue dans sa voûte réverbère et refoule son activité sur le métal ; pour cet effet, sa voûte doit être surbaissée : il est construit sur une base de cinq à six briques de hauteur, et dont l'épaisseur du mur est au moins de deux pieds, pour résister à la poussée du cintre voûté. Ces briques se posent en liaison, c'est-à-dire un lit de briques en largeur et un autre en longueur, le tout bien lié et bien enduit en dehors et en dedans à bain de mortier de terre réfractaire, sur lesquels rangs on commence la motte de four sur un terre-plein en sable comprimé, dont on emplit l'intérieur de la maçonnerie, et qui fait la partie convexe sur laquelle on appuiera les matériaux qui doivent former la calotte du four. Si l'on peut se procurer des morceaux de tuiles pour faire cette voûte, le travail en sera meilleur. Aussitôt que le cintre est clos, on monte la maçonnerie de la chauffe et des cheminées. Avant de retirer de

l'intérieur du fourneau les sables qui ont
servi de forme à la voûte, en bâtissant les
premiers rangs du fourneau sur le massif en
maçonnerie que l'on aura construit d'avance,
on a eu soin de laisser un trou carré de
trois pouces dans l'épaisseur du mur de briques, pour y mettre le tampon de bouchage; ce trou doit aller en évasant d'un côté
et de l'autre à partir de six pouces, mesure
prise intérieurement, de manière que le tampon qui est mis comme un bouchon par l'intérieur du fourneau, et qui a lui-même la
forme pyramidale, ne puisse être chassé extérieurement par la poussée du métal en fusion;
de même il faut que cet évasement, qui a dix-
huit pouces de mur à traverser pour aller au
dehors du mur, soit plus considérable, pour
pouvoir apercevoir le tampon et placer la
perrière, dont les coups doivent refouler le
tampon dans le fourneau, lors de la coulée
du métal : c'est cette ouverture que nous avons
appelée la porte.

Vis-à-vis du tampon est une fausse porte
cintrée qui communique à cette partie du réverbère que l'on nomme la chauffe, par laquelle la flamme vient se répandre sur le métal
pour en opérer la fusion; des deux côtés du
fourneau, entre la chauffe et le tampon, sont
placées deux portes par lesquelles on peut entrer dans ce fourneau pour en faire la sole,
qui doit être en pente du côté du tampon,
et les talus qui sont au pourtour et devant

le seuil des portes par où l'on charge et brasse le métal en fusion; cette sole doit être faite avec attention, avec du bon sable réfractaire, que l'on bat et que l'on comprime avec force en lui donnant la forme que nous venons de dire, afin d'empêcher l'infiltration, et pour procurer l'écoulement de la totalité de la matière, lorsque le tampon est refoulé par la perrière.

La chauffe est une espèce de cheminée contenant en carré à peu près la moitié de la surface du fourneau; elle a deux parties, la grille de la chauffe, qui sont des barreaux de fer mis d'angle sur des crémaillères portant des encoches, et le cendrier où les braises tombent assez bas pour livrer passage à l'air qui alimente le feu de bois que l'on entretient dans la chauffe pendant tout le temps de la fusion.

La chapelle ou l'autel est la partie voûtée en fausse porte qui communique au réverbère.

L'écheno ou chenal est un conduit composé, dans sa longueur, de briques bien enduites de terre, et d'un coulis de cendre pardessus; la pente de l'écheno doit être à peu près d'un pouce pour pied, ce qui est suffisant pour conduire le métal dans les moules.

Pour recuire le fourneau, on y allume d'abord un petit feu, comme on le ferait dans un four de boulanger; on entretient ce feu, et on l'augmente graduellement au fur et à mesure que la dessication s'opère; il se fait alors quelques lézardes que l'on bouche avec

soin avec de la terre à bourre ; comme la calotte ne porte guère que huit pouces d'épaisseur, c'est là que l'on aperçoit les premières.
Après un feu de plusieurs heures, on laisse
refroidir ; le fondeur voit l'état de son fourneau, il répare avec de la même terre que
celle des moules les dégâts que ce premier
feu aurait occasionnés, et après avoir nettoyé, il applique au pinceau un cendrage qui
sert de couverte, et qui bouche jusqu'aux
plus petites fentes ; cette cuisson n'est pas encore suffisante, elle n'a pas suffisamment pénétré la sole ni les murs de la masse ; le métal
venant à fondre trop promptement pourrait
s'y congeler. Pour éviter un pareil accident,
on met du bois dans la chauffe ; il s'y fait un
feu doux et lent d'abord, il doit augmenter
par degrés, jusqu'à ce que le fourneau soit
séché à blanc : de cette manière on est certain
qu'il contiendra bien la matière, s'il ne lui est
pas survenu d'avaries, ce dont on s'assure en
entrant dedans. De nouvelles terres et un
nouveau cendrage réparent ce fourneau; s'il ne
manifeste aucun écartement par où le métal
en fusion pourrait fuir, dans ce cas il faut le
ferrer et lier dans son pourtour avec des
chaînes de fer, que l'on se procure facilement
en campagne, pour mettre ce fourneau en état
de faire le service une seule fois.

Une précaution aussi essentielle étant prise,
on doit s'occuper de la charge du fourneau,

qui se fait de la manière suivante, d'après les matières que l'on emploie.

On sait que le métal de cloche est un composé de cuivre rouge pur et d'étain fin ; le cuivre y entre pour trois parties, et l'étain pour une : c'est ce qui s'appelle du métal neuf.

Dans ce cas, on charge le fourneau avec les lingots de cuivre seulement, et on les enlève sur des briques qui sont posées sur la sole du fourneau, afin de laisser du jour entre chaque lingot pour que la flamme puisse l'entourer facilement et en opérer la fusion.

Le cuivre rouge étant beaucoup plus long à fondre que le métal qui est déjà composé, donne le temps à la sole de s'échauffer suffisamment pour recevoir le bain et le conserver tel. Si la fonte se faisait en morceaux de métal composé, il faudrait graduer le feu avant la fusion, pour donner le temps à la sole de rougir en même temps que le métal. Celui-ci, qui est bon conducteur de la chaleur, s'échauffe pour ainsi dire spontanément, tandis que la brique ou la terre ne s'en pénètre que très lentement. Si la fonte du métal avait lieu sans que le fourneau soit suffisamment échauffé, cela occasionnerait un gâteau dans le fourneau, et il serait assez difficile de le mettre de nouveau en fusion.

D'après ce que nous venons de dire de la composition du métal, on doit attendre que le cuivre rouge soit entièrement fondu pour faire la seconde charge en métal préparé ; on laisse celle-ci se former en bain avant de faire la troisième charge, qui ne se fait que peu de temps avant la coulée. Cette charge est l'étain fin, formant le quart du poids du cuivre rouge que l'on a fondu : on ne doit pas oublier de brasser et mélanger le métal plusieurs fois dans la fusion.

Enfin le moment de couler est arrivé ; l'emplissage des moules est le résultat de toutes les opérations du fondeur ; aussi attend-il avec impatience le moment qui doit décider s'il a bien ou mal opéré ; aussi redouble-t-il de précautions, car ce serait en vain qu'il aurait fait de bons et de beaux moules, si la fusion était imparfaite. Une fonte de cette nature ne peut être le coup d'essai d'un fondeur ; il faut que l'ouvrier qui règle le fondage soit accoutumé à voir le métal fondu ; il faut qu'il ait étudié les différens degrés de chaleur par où passe la matière, pour la distribuer convenablement dans ses moules. Il n'ignore pas que, quelques précautions qu'il ait prises pour façonner ses moules suivant les règles du diapason, les cloches seront en désaccord s'il met un trop long espace de temps entre l'emplissage de chaque moule, parce que la matière venant à se refroidir, a le timbre moins clair que si elle était chaude à point. Le degré de siccité des moules peut faire éprouver aux cloches des variations dans les sons ; ainsi c'est au fondeur à connaître les moules qu'il doit emplir les premiers, sans avoir égard au volume de la cloche, parce que nous supposons que le fondeur, ayant bien coté le poids de ses cloches, a mis une assurance de vingt pour cent, tant pour le déchet que pour ce qui doit rester de matière dans l'écheno, et qu'il ne doit point être agité par la crainte de perdre une cloche faute de métal : c'est pourquoi notre avis serait que l'on commençât par la fonte des petites cloches pour finir par les grosses, qui se tiennent plus long-temps en fusion, et dont la matière devient plus compacte par ce fait même, lorsque la masselotte a au moins la dimension de l'épaisseur du métal, et ne se refroidit que lorsque la cloche est entièrement figée.

En un mot, pour parvenir à la fonte, on nettoie bien tous les canaux et échenos, qui n'ont cessé de recuire au feu de charbon durant tout le temps de la chauffe et de la fonte du métal; on débouche les jets et les évents, on brûle au feu le bout de la perche qui doit servir de perrière, et tenir le métal en commande dans sa sortie; on brûle de même les manches des râbles et des fourgons qui doivent servir à brasser le métal. Toutes choses étant disposées de la sorte, le fondeur ayant donné aux ouvriers qui tiennent les quenouillettes des manches de toile épaisse mouillée, pour les préserver de la chaleur, donne un grand coup de sa perrière contre le tampon, il l'enfonce et le métal sort ; il parcourt l'écheno et remplit

les bassins; on lève les quenouillettes, le métal
s'introduit dans les moules aussi vite ou aussi
lentement que le fondeur le veut, car, avec sa
perrière de bois, il peut augmenter ou diminuer le jet ou la source de la matière. A l'instant il sort des évents une flamme semblable
à celle d'un liquide spiritueux qui brûle; elle
ne s'éteint que quand les moules sont pleins,
ce qui est un signe certain que la fonte a
réussi.

Le fondeur de cloches conserve plus de sécurité après la fonte que tous les autres fondeurs
qui travaillent sur différentes parties; le métal
qu'il travaille se jette bien en moule, une
matière aussi liquide remplit exactement tous
les vides; elle n'est pas de nature à former
des pores; les vides des moules, même dans
les plus petites cloches, sont assez grands pour
livrer un libre passage à la matière, et le noyau
dont l'empatement est aussi considérable ne
peut se déverser : la retraite du métal se fait
par la forme même de la cloche, qui, en se
raccourcissant sur le noyau en dépouille,
donne le moyen de diminuer le diamètre.
Enfin ce fondeur, lorsque ses moules sont
pleins, n'a aucune des anxiétés dont le fondeur statuaire, et même le fondeur de canons,
sont agités : celui-ci craint la porosité du
métal, et le défaut d'homogénéité qui peuvent
faire mettre ses pièces au rebut après le forage, quoiqu'elles paraissent sans défaut au
sortir du moule. Les craintes des fondeurs

statuaires sont tout autres : il sait qu'il rencontrera des défauts qui sont inévitables par la nature même du procédé qu'il emploie pour fondre, ainsi que nous aurons occasion de le démontrer dans la suite de cet ouvrage.

Il nous reste à faire connaître le peu d'outils dont le fondeur de cloches se sert dans la fonte.

Perrière du maître fondeur, pour déboucher le fourneau.

Râble de fer emmanché de bois pour remuer le métal.

Râble de bois emmanché de même d'une perche, servant à un des ouvriers pour amalgamer le métal en le poussant vers le tampon lors de la coulée.

Cuiller d'essai pour puiser un échantillon de métal, et pour juger de son degré de chaleur.

Tenailles ou happes pour enlever, par lingots, le métal encore rouge qui reste dans l'écheno après la fonte.

Poche ou cuiller pouvant servir à couler de petits moules.

Chariot à rouleaux pour charger le métal et les saumons d'étain par la porte du fourneau.

Quenouillette servant à boucher les jets et les évents, de peur qu'il ne s'introduise des ordures dans le moule. (*Voy.* les figures.)

La fonte une fois terminée, les fondeurs de cloches, comme tous les autres fondeurs, désirent connaître le résultat de leur opération :

c'est pourquoi, le surlendemain de la fonte, ils font le déterrage, et laissent les moules à découvert pour les laisser refroidir entièrement ; ils doivent avoir l'attention de soulever un peu la chape pour aider la retraite du métal, qui se fait pendant tout le temps qu'il conserve de la chaleur. Lorsque le refroidissement est parfait, il brise la chape ; il regarde s'il ne s'est pas fait des reprises de métal, ce qui dénoterait interruption dans la coulée, et si la cloche n'a pas quelques dartres qui peuvent provenir des deux couches de potée que l'on met sur le modèle, et enfin si les anses sont saines, surtout sur le haut : ce qui proviendrait de ce que le moule n'aurait pas été bien nettoyé, qu'il se serait égrené, ou que la matière aurait été mal écumée. De tous ces défauts, ce sont les reprises de métal qui peuvent être un sujet de rejet, en ce qu'elles attaquent la solidité, et qu'elles peuvent rompre la continuité du son. Cependant de pareils défauts sont très rares, et les chances de perte, chez les fondeurs de cloches, sont moins communes que dans toutes les autres parties de la fonderie.

Voici à peu près tout ce que nous pouvions dire sur la fonte des cloches, et ce traité nous a paru assez complet pour mettre tous les fondeurs au fait de cette fonte, genre de commerce qui n'était exploité que par un certain nombre de fondeurs qui portaient leur établissement sur tous les lieux où on avait besoin de cloches, ce qui leur faisait éprouver une perte de temps, et ce qui leur occasionnait des dépenses assez considérables, qui devaient être couvertes par le prix qu'ils mettaient à leur travail, et qui excédait toujours celui que les fabriques des églises auraient à payer si elles s'adressaient à l'un de ces établissemens dont nous avons donné l'idée dans le commencement de ce Manuel.

Un établissement de cette nature aurait un intérêt majeur à fournir des accords parfaits, et à donner aux cloches les dimensions les plus propres à la propagation des sons; il suffirait de faire quelques essais qui deviennent impossibles aux fondeurs ambulans : les connaissances que l'on a maintenant en acoustique abrégeraient singulièrement les recherches. Nous engageons les fondeurs, ou tous autres qui voudraient s'occuper du perfectionnement des cloches, à lire avec attention ce que dit M. C. Bailly, *de la propagation des sons*, page 143 et suivantes, dans son *Manuel de Physique;* ils y trouveront tout ce que la théorie peut dire à ce sujet. Nous n'avons pas cru devoir en donner un extrait, parce que ce serait tronquer ce qui mérite de rester intact.

EXPLICATION
DES PLANCHES
DU TOME PREMIER.

Observations.

La maladie longue et douloureuse à laquelle M. Launay vient de succomber, ne lui ayant pas permis de suivre, dans ses derniers momens, la réduction des dessins, il en est résulté cet inconvénient, que quelques figures concernant un même objet, ont été transposées d'une planche à une autre par la personne à laquelle le travail avait été confié; mais cet inconvénient, qui, à la vérité, rend pénible la recherche des renseignemens que l'on veut avoir, disparaît, en partie, par le soin qu'on a mis à rectifier ce défaut d'ordre, au moyen de nombreux renvois placés sur chacune des planches et rappelés dans les explications qui y sont relatives.

Cette rectification est due à M. Biston (Valentin), auteur du *Manuel du Charpentier*, qui s'est aussi chargé de terminer l'explication des planches, et de mettre toutes les figures en rapport avec le texte.

PLANCHE PREMIÈRE.

Détail d'une fonderie et de ses fourneaux.

(Tome I, page 11.)

Fig. 1. Plan.
Fig. 2. Coupe longitudinale.
Fig. 3. Coupe transversale.

a. Grue en fonte placée au milieu du hangar, et implantée dans un massif de maçonnerie. Autant que possible, cette grue doit tourner au milieu de l'espace vide de la fonderie pour la manœuvre des moules et le service de la coulée.

b. Presse où sont contenus plusieurs petits châssis prêts à être coulés. Lorsque ceux-ci sont descendus dans la fosse destinée à la verse des moules, on la remplit ensuite de sable.

c. Moule d'un corps de pompe également mis dans une fosse pour en opérer le moulage.

d. Fig. 2 et 3. Soufflets des fourneaux. Ils sont à ais mobiles comme les soufflets d'orgue, et fournissent le vent à chacun des trois fourneaux.

e. Fourneaux dont le vide est de huit pouces, et construits en briques réfractaires.

f. Tuyaux et robinets pour la distribution du vent des soufflets dans chaque fourneau.

g. Ouverture des fosses des fourneaux, que l'on bouche quand les soufflets agissent.

h. Bascules à tourillons des soufflets.

i. Caisses remplies de sable pour le moulage.

k. Planches à mouler, et châssis posés dessus.

l. Tonneaux remplis de sable nouvellement préparé.

m. Hotte de cheminée qui recouvre les fourneaux.

n. La même hotte vue en coupe. On aperçoit des moules dans de petits châssis pour y sécher.

o. Creusets de Picardie posés sur le chambranle de la hotte pour le service du jour.

p. Châssis qui sont posés sur des tringles de fer qui longent la totalité de la hotte servant d'étuve aux petits moules.

q. Tuyaux de cheminée vus de face et de profil dans les *fig*. 2 et 3.

Les *fig*. A et B représentent le plan et l'élévation d'un petit fourneau, sur une échelle plus grande.

r. Platine en fer, échancrée des quatre côtés pour laisser passer le vent des soufflets à l'entour du creuset.

s. Fromage en briques, que l'on met sur le creuset pour maintenir son fond au milieu d'un foyer entouré de charbon.

t. Carré en fer ou en fonte que l'on met immédiatement sur la fosse au fond du fourneau.

v. Clavettes en fer rond qui traversent le carré *t*, pour supporter la platine *r*, et par suite le fromage *s*, ainsi que le creuset *o* rempli de matière *fig*. B.

u. Ceintures en fer qui entourent la masse des fourneaux pour en rendre la construction plus solide.

x. Base par laquelle le vent des soufflets arrive à la fosse, d'où il passe dans l'intérieur des fourneaux.

Fourneaux à réverbère.

(Tome II, page 9.)

Les *fig.* 1, 2 et 3 représentent le plan, l'élévation et la coupe de deux fourneaux à réverbère accolés.

a. Grilles où l'on jette le combustible.

b. Trous par lesquels on introduit le charbon dans la chauffe.

c. Portes de charge pour déposer les lingots dans l'intérieur des fourneaux.

d. Hôtel et creuset du fourneau.

e. Chemise en briques réfractaires qui forme tout l'intérieur du fourneau.

f. Lignes ponctuées qui indiquent le commencement de l'étranglement des cheminées.

g. OEillard par où l'on brasse la matière qui en est susceptible.

h. Escaliers qui descendent aux fosses.

i. Fosses qui se prolongent jusque sous les grilles des fourneaux.

l. Trous des tampons de la coulée.

m. Baies pratiquées dans les gros murs des cheminées pour refaire les parois intérieurs formant la chemise du fourneau.

n. Cheminées de soixante pieds de hauteur, à partir de la sole des fourneaux.

o. Ferrures pour consolider ces hautes constructions contre la poussée qu'elles éprouvent par la chaleur.

La *fig.* 4 représente les tuyaux de cheminée *r*, qui se terminent par une ouverture de quinze pouces en carré.

t. Etranglement du bas de la cheminée dans le sens de la largeur.

s. Cintres des voûtes du corps de fourneau.

Dans la coupe *fig.* 7, on voit le tuyau de la cheminée et l'étranglement *s* du cintre de la voûte.

Masselottes.

(Tome II, page 58.)

Les *fig.* 1', 2', 3', 4' et 5', ont rapport aux masselottes.

La *fig.* 1' représente une pièce de canon de trente-six coulée dans le sable.

A. Châssis suivant le procédé de Monge.

B. Sable qui moule et entoure la pièce.

C. La pièce coulée avec sa masselotte.

D. Partie du métal qui se fige dans des instans égaux.

E. Partie du métal qui reste encore liquide lorsque le figement a lieu à l'étranglement de la volée.

F. Broche en fer enduite de terre à bourre pour s'assurer du figement de la matière à l'astragale de la volée.

G. Autre broche en fer également garnie de terre à beurre que l'on débouche pour faire connaître la quantité de métal qui reste à se figer lorsque l'effet de la masselotte n'agit plus sur la pièce.

La *fig.* 2' est la même que la précédente, mais dégagée de son sable et de son châssis.

La *fig.* 3' représente le vide de l'âme du canon de trente-six.

I. L'âme.

E. Matière sur laquelle la masselotte n'a point produit d'effet.

La *fig.* 4' est la même pièce de canon coulée en

sens contraire de la précédente, et dont la masselotte se trouve immédiatement sur la plate-
bande de culasse. Dans cette hypothèse, le figement n'a lieu que lorsque toute la pièce s'est
consolidée sous l'influence de son propre poids.
Mais une pareille masselotte agit trop faiblement
sur le premier renfort de la pièce, qui demande
plus de solidité.

La *fig.* 5' est un sphinx auquel on a ajouté un
jet et une masselotte comme on le fait ordinairement en fonderie ; on voit à la ténuité des jets de
communication que la masse de la matière dont
ils sont surmontés devient inutile pour contribuer à la densité de la pièce principale.

Fourneau à la Wilkinson.

· (Tome I, page 122.)

Fig. 1". Plan du fourneau monté sur un massif en pierre.

Fig. 2". Coupe du fourneau.

A. Intérieur ou vide du fourneau.

B. Trou de la tuyère.

C. Trou du débouchage.

Fig. 3". Récipient en cuir des soufflets qui
fournissent le vent au fourneau.

a. Cylindres à piston, en cuivre, qui agissent
   alternativement au moyen de bascules à chaînes circulaires, et qui tiennent la tige des pistons.

B. Bascule.

C. Chaîne.

D. Poulie qui dirige la tige des pistons.

Fig 4". Plan de la machine précédente *fig.* 3".

f. Soupapes d'aspiration.

g. Soupapes de communication avec le récipient.

Fig. 5". Creuset en fonte armé de fer pour recevoir la matière provenant du fourneau et pour la porter dans les moules.

Fig. 6". Creuset de Picardie *o*, pris dans des happes qui servent à enlever les creusets du fourneau, et à verser la matière dans les moules.

Les *fig.* 7 et 8 représentent l'élévation de l'une des faces longitudinales d'une grue à l'usage d'une grande fonderie, ainsi que le plan du patin qui lui sert de base. La description en est donnée à l'explication de la planche VII du second tome, où cette même grue est représentée avec plus de détails, et vue du côté opposé à celui indiqué ci-dessus.

PLANCHE II.

Pompes ou machines à incendie.

(Tome I, page 67.)

Description du tonneau hydraulique.

La *fig.* 1re représente le tonneau hydraulique dont il est question au chapitre X.

a. Tonneau ou muid renfermant un système de pompe semblable à celui indiqué par la *fig.* 4 ; ce tonneau doit être toujours plein d'eau.

b. Balancier en bois dans lequel est encastré un balancier en fer qui en fait la solidité.

c. Bride à charnière pour déterminer le mouvement perpendiculaire des tiges de piston.

d. Tiges de piston.

e. Coffrets mis en avant et en arrière du tonneau pour resserrer les agrès de la pompe, et servir de siége dans le cas où l'on attellerait plusieurs chevaux à la voiture.

f. Civière en bois dans laquelle il y a un grand panier en osier, revêtu intérieurement d'une toile imperméable, pour le remplir d'eau, afin qu'il puisse servir d'aliment à la pompe au moyen de l'aspiration ; quand ce panier est sous la voiture on y met les demi-garnitures des boyaux ainsi que les tuyaux d'aspiration.

g. Tringles de tirage en fer, deux sont à l'avant vers les flancs du cheval, et portent des manchons en bois ; une autre, à double branche, est en travers, et porte également un manchon ; en sorte que douze hommes peuvent faire agir cette pompe et lancer plus d'un muid d'eau par minute, jusqu'à cent vingt pieds de hauteur.

h. Chambrière qui tient la voiture et le tonneau dans une situation horizontale, de manière que l'on peut faire agir la machine, soit que le cheval se trouve ou non attelé.

i. Ouvertures rondes dans les flancs du tonneau par lesquelles les tuyaux de sortie donnent un double jet d'eau.

Pompe aspirante et foulante montée sur chariot.

(Tome I, page 77.)

La *fig.* 2 est le plan d'une pompe ordinaire à double jet, pouvant agir avec ou sans voiture.

a. Bâche de forme ovale et amboutée dans sa partie supérieure, à l'effet de contenir une plus grande quantité de liquide.

b. Plate-forme en bois de chêne ou de noyer, qui correspond à une double plate-forme qui est au fond de la bâche, et qui renferme le tuyau d'aspiration.

c. Châssis en fer, avec montans également en fer, portant des coussinets en cuivre dans lesquels roulent l'axe du balancier. Ce châssis est maintenu sur la plate-forme supérieure par quatre fortes vis équipées de leurs écrous.

d. Balancier en fer avec moufle à œil carré à chaque bout.

e. Support et brides à charnière pour déterminer le mouvement perpendiculaire des pistons.

f. Charnières des leviers brisés, qui s'ajustent aux brides et aux tiges de piston.

h. Manchons à coulisses pouvant se rallonger, se raccourcir, se hausser ou se baisser à volonté; le bas de ces manchons est carré et s'ajuste dans l'about du balancier.

i. Tablier fait en forts madriers joints et maintenus par des boulons qui traversent le tablier dans toute sa largeur. C'est sur ce tablier que repose la bâche; il sert en même temps à réunir les roues et avant-train, pour en former le chariot au moyen de chevilles ouvrières.

l. Anneaux montés sur des platines en fer, et ajustés avec des vis sur le tablier: ces anneaux servent à mettre les amarres de service.

m. Roues vues en plan; elles sont toutes égales sans empêcher celles qui servent d'avant-train de tourner en tous sens.

n. Avant-train et flèche mobile vus en place.
La *fig.* 3 est l'élévation de la pompe ci-dessus.

a. Bâche en cuivre, amboutée et maintenue par un bord de fer rond.

b. Plate-forme supérieure.

c. Châssis en fer avec montans pour servir de support au balancier.

d. Balancier.

e. Support et brides à charnière qui déterminent le mouvement perpendiculaire des pistons.

f. Leviers brisés mobiles en trois points.

g. Tige des pistons.

h. Manchons à coulisse, dont il est question dans la *fig.* 2.

i. Tablier.

k. Ressorts adaptés à la plate-forme supérieure pour amortir les coups que le balancier peut donner pendant la manœuvre.

l. Anneaux des amarres.

m. Roues vues en élévation.

n. Timon et avant-train.

o. Flèche en fer à double talon, susceptible de se démonter à l'instant pour changer l'arrière et l'avant-train.

p. Boulons à écrous en cuivre, dont l'objet est de réunir entre eux les plate-formes, le corps de pompe et le récipient.

q. Robinet d'aspiration avec ses raccords, pour le fixer au tuyau qui fournit l'eau au corps de pompe.

r. Tuyau fait d'un double cuir de vache avec une spirale en laiton dans l'intérieur. Il ne refoule pas ses parois par l'aspiration.

s. Tuyaux en cuivre à jointures mobiles en tous sens.

t. Genouillères en cuivre fondu, rodées dans leurs jointures à gueule de loup, et réunies par un écrou à vis qui les traverse.

u. Globe en cuivre, percé de trous comme une pomme d'entonnoir, pour garantir l'intérieur de la pompe des corps étrangers qui pourraient s'y introduire, et nuire par conséquent à son action.

La *fig.* 4 est la coupe indiquant l'intérieur de la pompe.

a. Bâche.

b. Plate-forme supérieure correspondant avec la plate-forme double *b'* portant le tuyau d'aspiration.

p. Boulons réunissant tout le système de la pompe.

q. Coupe du robinet d'aspiration.

1. L'un des corps de pompe vu extérieurement.

2. Coupe de l'autre corps de pompe.

3. Clapet ou soupape d'aspiration.

4. Clapet du refoulement dans l'intérieur du récipient.

5. Raccords en cuivre qui réunissent les corps de pompe au récipient.

6. Récipient dont une partie est ouverte pour laisser voir le clapet de refoulement.

7. Ouvertures rondes pour fournir au jet de la pompe ; il y en a une de chaque côté pour former le double jet. (*Voyez* le n° 9 de la *fig.* 2, où les tuyaux et leurs raccords sont représentés.)

8. Chantiers portant le tablier, et fortifiés par des chantignoles dans le cas où la pompe serait descendue de son chariot ; mais il faut alors que les manchons *h* du balancier soient remontés jusqu'à la hauteur des yeux de celui-ci.

Détails relatifs au pont en fer du Jardin des Plantes.

(Tome I, page 233. *Voyez* aussi les Pl. VI et VII.)

La *fig.* 5 est une portion de l'élévation d'une des arches du pont, mais dessinée sur une plus grande échelle qu'elle ne se trouve représentée *Pl.* **VI**, à l'effet de mieux faire connaître l'ajustage de chacune des pièces qui composent ce monument.

La *fig.* 6 est une élévation ou coupe transversale.

a. Porte-coussinets à rainures encastrés dans la tête des piles en maçonnerie.

b. Coussinets vus sur leur épaisseur, et terminés par une partie du grand tympan.

c. Contrefiches fixées aux montans droits des coussinets triangulaires, pour empêcher le devers des pièces de pont par rapport à l'aplomb des piles.

d. Trottoirs en pierres de taille.

e. Rampes, eu fer forgé, scellées dans le dallage des trottoirs.

f. Chemin de gravier sur lequel les voitures peuvent passer.

g. Forts madriers goudronnés formant le plancher du pont.

h. Pièces de pont renforcées par des semelles.

i. Têtes de liens en fonte encastrées dans les abouts des pièces de pont.

l. L'une des piles vue dans le sens de la longueur.

Fig. 7. Grand coussinet triangulaire qui reçoit la retombée des voussoirs et des tympans.

Fig. 8. Tympan, dit n° 1, qui s'ajuste sur le voussoir n° 16, et s'accole au coussinet.

Fig. 9. Tympan n° 2, s'ajustant au voussoir n° 16, et s'accolant au voussoir n° 1.

Il en est de même des *fig.* 10 ou n° 3, 11 ou n° 4, 12 ou n° 5, 13 ou n° 6, et 14 ou n° 7.

La *fig.* 15, ou voussoir n° 8, porte son tympan.

La *fig.* 16 s'ajuste avec les tympans n° 1, jusques et compris le n° 10. (*Voyez* l'explication des *fig.* 20 et 21.)

La *fig.* 17, ou le n° 9, porte également son tympan.

Fig. 18. Tympan et voussoir, n° 13.

La *fig.* 19 est la clef de la voute, ou voussoir n° 14, dont l'extrados se trouve en ligne droite, et de niveau avec le dessus de tous les tympans.

La *fig.* 20 représente une entretoise à trois branches, qui s'ajuste à la courbe intrados du pont au moyen de trois boulons. Six entretoises, ainsi ajustées, forment la largeur du pont, plus l'épaisseur des fermes.

La *fig.* 21 représente l'ajustage des tympans avec les voussoirs, *fig.* 16.

a. Courbe de l'extrados vu suivant son épaisseur.

b. Tasseaux venus à la fonte avec le voussoir pour supporter l'entretoise.

c. Branches de l'entretoise, qui diffère de la précédente, en ce que celle-ci n'en a que deux qui s'ajustent suivant la ligne de la courbe des cintres de l'extrados.

d. Montant d'un tympan vu dans le sens de son épaisseur.

e. Talons dépendans dudit montant, et qui se boulonnent sur le corps de chaque entretoise, à droite et à gauche.

Voyez pour d'autres détails l'explication de la *Pl.* VII.

PLANCHE III.

Pompe de nouvelle forme, pour élever l'eau à une très grande hauteur ; des rumbcourse, *ou ailes de moulin à vent horizontales.*

(Tome I, page 101.)

La *fig.* 1 représente un sujet de fontaine pour l'ornement d'un jardin.

a. Moteur à vent, désigné sous le nom de *rumbcourse.* Ce moteur est composé de six ailes pivotantes sur un châssis en bois qui tient à un arbre central et tournant.

b. L'une des ailes garnie de toile déployée et présentant toute sa surface au vent, tandis que celles du côté opposé sont vues de profil ou en panne.

c. Arbre central et pivotant, au bout duquel on ajoute le mécanisme qui fait mouvoir les pompes.

d. Coupole et lanterne renfermant le mécanisme.

e. Construction dans laquelle se trouve le réservoir d'eau ; on peut y établir un manége pour servir de moteur, au lieu du *rumbcourse.*

La *fig.* 2 représente le mécanisme qui s'adapte à l'arbre du *rumbcourse.*

a. Arbre vertical du moteur.

b. Roue d'angle qui s'engrène dans la roue *c,* qui est également d'angle et montée sur un arbre horizontal qui porte au bout opposé à la roue, une manivelle à coude dont le giron est de la moitié de la course des pistons des corps de pompe.

c. Roue d'angle en fonte d'un diamètre double à celui de la roue *b.*

d. Moufle tournante qui porte trois chaînes qui communiquent le mouvement aux tiges des pistons.

e. Poulies qui maintiennent les tiges de piston dans l'écartement nécessaire ou tirage des tringles.

f. Tringles qui ont autant de longueur que la prise d'eau a de profondeur.

La *fig.* 3 est un autre mécanisme également propre à faire mouvoir des pompes à une grande profondeur.

a. Volant en fonte pour entretenir un mouvement continu.

b. Trois ronds excentriques qui agissent chacun dans un cadre en fer et à coulisse.

c. Châssis en fer forgé avec des tiges tournées, et ajustées dans des coulisseaux ; ce qui donne à la machine un mouvement perpendiculaire.

d. Traverses en fer, fixées dans la maçonnerie, dans lesquelles les coulisseaux sont ajustés.

e. Tiges tournées qui s'ajustent avec les branches de piston.

La *fig.* 4 est l'ajustage entier des pompes montées sur une forte plate-forme, à quinze pieds de la surface de l'eau. Cette machine peut enlever l'eau à plus de cent pieds de hauteur.

a. Récipient en cuivre ambouté et placé.

*b.*Tiges de piston en cuivre parfaitement cylindriques qui se meuvent dans des boîtes à étoupes.

c. Boîtes à étoupes comprimées, avec une platine et des vis à écrou.

d. Corps de pompe en cuivre de quatre pouces de diamètre.

*e.*Tuyaux de communication des corps de pompe avec le récipient.

f. Tuyau de sortie et d'ascension du récipient, pour conduire l'eau dans le réservoir.

g. Colliers en fer pour assujettir les corps de pompe à la maçonnerie.

h. Plate-forme en bois, scellée, sur laquelle repose les corps de pompe qui y sont solidement fixés au moyen des boulons et écroux.

i. Brides à écroux du corps de pompe et du tube d'aspiration.

k. Culasse percée de trous pour la prise d'eau.

l. Boulons et écroux qui s'ajustent aux brides des corps de pompe et à celles des trois tubes d'aspiration qui se réunissent à une seule tige.

m. Boîte renfermant un clapet pour maintenir l'eau dans la colonne ascendante.

Machine à manége, où l'on se sert de seaux, qui montent et descendent alternativement, sans que le cheval soit obligé de retourner sur ses pas, comme cela a lieu dans tous les manéges qui ont été exécutés jusqu'à ce jour.

(Tome I, page 105.)

La *fig*. 5 représente un temple, qui renferme dans son intérieur le mécanisme d'une machine hydraulique, propre à tirer l'eau d'un puits de cent pieds de profondeur, avec deux seaux contenant sept pieds cubes d'eau chacun, et dont la course dure une minute et demie pour l'un d'eux. Au moyen du mécanisme dont l'explication suit, le cheval attelé au bras de levier ne retourne point sur ses pas, mais le mouvement d'ascension change de direction au moyen d'un délictage et d'un système de rouages.

a. Arbre vertical en fonte portant un œil rond

dans son renflement, pour y mettre un bras
de levier où l'on attelle un cheval ; cet arbre
se termine en haut par une embase surmontée
d'un prolongement de tige à six pans, et ensuite par une seconde embase et une partie
ronde qui sert de collet aux roues d'engrenage *b* et *c*, surmontée d'un tourillon qui a son
point d'appui dans le bâti de charpente *r* du
plan, *fig.* 7.

b. Grande roue en fonte, de six pieds de diamètre, dont l'axe est percé d'un trou rond
pour agir en différens sens.

c. Seconde roue en fonte de cinq pieds de diamètre, dont l'axe est percé d'un trou carré,
pour s'emmancher sur l'arbre du treuil ; ces
deux roues forment un système de rouage qui
tourne à droite.

d. Manchon en fonte taillé à dents de roue d'é-
chappement des deux côtés, et s'ajustant à coulisse dans la partie à six pans de l'arbre vertical ; ce manchon est susceptible de s'abaisser
ou de se relever au moyen de la bascule *i*.

e. Troisième roue d'engrenage, de quatre pieds
de diamètre, ayant ses collets ronds et portant un dentier qui coïncide avec le manchon.

f. Pignon de deux pieds de diamètre monté sur
un arbre qu'il fait tourner avec lui.

g. Troisième roue de diamètre, montée sur l'arbre du tambour, conjointement avec la roue *c*,
de cinq pieds de diamètre ; ces trois roues forment le système de rouage supérieur, et tournent à gauche lorsque la machine est en mouvement.

h. Treuil sur lequel la corde passe à double tour,
et soutient à chacun de ses bouts un seau

suspendu à une anse à tourillon fixée vers le milieu du seau.

k. Bascule qui fait changer la position du manchon pour l'engrener, soit dans la roue *b*, si l'on veut que le mouvement aille à droite, soit dans la roue *e*, si l'on veut qu'il aille à gauche, sans que pour cela le cheval change la direction de son pas dans le manége ; ce qui fait que les seaux peuvent monter alternativement, après s'être vidés d'eux-mêmes dans l'ange *o* au moyen de la bascule *l*.

l. Bascule qui rencontre le seau qui vient de se verser dans l'auge, et qui fait changer la direction du mouvement, de manière que le seau vide redescend, et que celui qui vient de s'emplir, remonte pour continuer la marche toutes les fois que la bascule aura agi.

m. Corde dont la longueur est égale à la profondeur du puits ; plus, ce qu'il faut qu'elle ait en outre pour entourer le treuil à double tour, et passer par-dessus les poulies pour arriver jusqu'à la bascule *l*.

n. Seau en bois dont le tourillon en fer est placé à la moitié de son centre de gravité, afin d'en faciliter le renversement.

o. Auge qui porte un crochet qui agraffe le seau à son arrivée, et le fait basculer.

p. Puits dont on voit la maçonnerie.

q. Poulies de renvoi pour conduire les seaux à l'aplomb du puits et des crochets de l'auge.

La *fig.* 6 est le plan correspondant à la *fig.* 5 que nous venons de décrire. Les mêmes lettres se trouvant placées sur les mêmes parties dans les deux figures, nous n'entrerons point dans d'autres détails que ceux mentionnés ci-dessus. Seulement, la lettre *r* n'ayant point été désignée, nous ferons remarquer qu'elle indique un système de charpente qui réunit tout l'ensemble de la machine. Ce système, moisé par des contre-fiches, pour empêcher le roulis ou le devers de la construction entière, fait partie du plancher de la rotonde ou temple dans lequel il se trouve placé.

Les *fig.* 7, 8, 9 et 10 représentent un modèle de châssis en fonte, et ont quelque rapport avec celles de la *Pl.* IV du tome II, où l'on voit un moulage de coquille. On trouvera aussi à cet égard de plus amples détails aux chapitres V et VI du même tome.

a. Moitié du modèle divisé en trois parties dans le sens de la longueur.

b. Portion du châssis dans lequel se trouve l'autre partie du modèle.

c. Sable qui entoure le modèle.

d. Couchis en fortes planches, servant de soubassement au châssis pour opérer le moulage.

e. Chantier de bois pour établir le couchis de niveau.

f. Brides et écroux qui réunissent les différentes pièces du châssis.

g. Première disposition pour couler à siphon les pièces moulées ainsi.

La *fig.* 8 est le même moulage en plan.

Les chiffres 1, 2 et 3, représentent trois parties du modèle.

La *fig.* 9 est une coupe du canon où l'on voit les six divisions du modèle, en le supposant partagé en deux parties suivant la ligne *a b* des tourillons, et chaque moitié moulée dans une partie de châssis. Il est certain que si l'on retire à soi, pour opérer le démoulage, les parties 1 et 4 du modèle, qui forment coin dans le sens de leur dé·

pouille, elles sortiront facilement du moule et laisseront les parties 2, 3, 5 et 6 isolées, lesquelles sortiront également avec facilité du moule lorsque les vis qui y fixent les anses et les tourillons seront ôtées. Des modèles de cette nature présentent beaucoup plus de facilités pour le moulage que tous les autres procédés; ils sont en même temps moins dispendieux.

La *fig.* 10 représente un canon provenant de la fonte après avoir été foré et reparé.

PLANCHE IV.

Exemple de la fonte et du moulage d'un cylindre de forte dimension.

(Tome 1, page 48.)

Les *fig.* 1 et 2 ont rapport à la fonte du cylindre en cuivre dont il est question au chap. ix du premier volume de cet ouvrage.

La *fig.* 1 représente la coupe du noyau et du moule, où la matière qui a servi à faire cette énorme pièce a été fondue d'un seul jet.

a. Assemblage des tuyaux qui doivent servir de jet.

b. Gros tuyau du milieu, sur lequel s'embauche tous les jets partiels pour opérer la coulée à siphon.

c. Tuyaux en fonte de fer de la longueur du noyau, réunissant les plates-formes inférieure et supérieure, et formant un assemblage solide.

d. Châssis en fonte qui se superposent par assises et que l'on remplit de sable pour mouler l'extérieur du gros tube.

e. Pivot creux en fonte qui roule entre deux jumelles de bois pour imprimer un mouvement de rotation à l'assemblage réuni par les plates-formes.

f. Crapaudine et pivot d'en bas pour agir conjointement avec le pivot supérieur.

g. Poêle en fonte d'une grande solidité qui fait partie de l'assemblage.

h. Tuyau de chaleur en fonte qui communique avec tous les tuyaux du gros jet.

i. Plate-forme d'en bas, d'un diamètre aussi grand que tout l'appareil, pour recevoir les sables du noyau qui tiennent les tubes des jets renfermés, ainsi que les châssis qui moulent l'extérieur de la pièce.

k. Plate-forme supérieure qui n'a que le diamètre du noyau.

La *fig.* 2 représente l'ensemble de l'appareil.

a. Moitié du noyau en sable, où l'on aperçoit l'about des tuyaux qui doivent servir à conduire la matière dans le vide du moule.

d. Moule vu extérieurement par assise, et en coupe, dont les diverses portions de châssis sont remplies de sable.

e et *f.* Pivots dont nous avons parlé à la *fig.* précédente.

g. Poêle vu extérieurement, avec sa porte et son soupirail.

i et *k.* Plate-forme dont il vient d'être question.

l. Vide du moule, ou épaisseur de la matière après la coulée.

m. Vide de la fosse dans laquelle on a fabriqué le moule.

n. Maçonnerie de la fosse pour supporter l'éboulis des terres.

La *fig.* 3 est le plan vu à moitié des deux *fig.* précédentes.

b. Pivot ou principal jet.

c. Tuyaux en fonte qui communiquent d'une plate-forme à l'autre, et forment un assemblage qui est susceptible de supporter le noyau en sable, tout en servant en même temps de trousseau et de ventouse à ce noyau.

d. Bordage de la plate-forme inférieure, sur laquelle reposent les châssis de la chape.

m. Le vide de la fosse.

n. La maçonnerie qui soutient les terres.

Fonte des principales pièces de la colonne de la place Vendôme.

(Tome I, page 110.)

Cette partie de la planche représente trois fig. qui ont rapport à la fonte de la statue, et à celle de la calotte qui surmonte la colonne de la place Vendôme.

La *fig.* 1, modèle de la statue en plâtre, mise sur sa couche en sable pour y être moulée.

a. Modèle en plâtre.

b. Sable de la première partie de châssis ou couche.

c. Seconde partie de châssis garnie de ses anneaux et entretoises en bronze, qui prennent les contours de la figure suivant leurs places respectives.

d. Brides également en bronze, fixées sur deux croisillons, pour assujettir au châssis quatre fortes pièces de bois qui doivent en faciliter la manœuvre.

e. Tourillons en fonte portés sur des encastremens garnis en fer pour retourner le moule.

f. Fosse nécessaire au moulage.

g. Murs de la fosse.

Fig. 2, le modèle de la coupole formé en plâtre.

a. Massif du fourneau.

b. Ouverture par où l'on met le feu sous la grille.

c. Tuyau renfermé dans l'intérieur du noyau, pour servir de pivot au moyen d'une crapaudine qui le surmonte.

d. Cage en fer, montée sur des cercles, pour servir d'armature à la chape de cette pièce, qui a été montée et coulée comme le sont les cloches.

Fig. 3. Plan de la coupole; on y aperçoit la grille dans l'intérieur du noyau; l'armature *d* dans toute son étendue, et la meule ou massif *a* qui supporte le moule.

Voyez, pour les autres parties de la colonne, les planches V et VII.

Machine pour tourner les tourillons des pièces de bronze.

(Tome II, page 166.)

On sait que pour donner aux tourillons des pièces en bronze la forme cylindrique qui leur est nécessaire, on se servait ordinairement du burin et de la lime, vu la difficulté de les adapter entre les pointes d'un tour; la machine dont s'agit a été imaginée dans le but de donner à ces tourillons la forme cylindrique, avec plus de promptitude et de précision qu'on ne l'obtenait par la méthode ordinaire.

La *fig*. 1 représente le plan d'une partie de la machine vue par-dessus, et dans lequel on a indiqué en lignes ponctuées une partie de l'appareil où l'on adapte les lames qui doivent tourner les tourillons.

Fig. 2. Elévation de la machine, prise parallèlement à l'axe de la pièce, et derrière laquelle on a projeté l'appareil ci-dessus.

La *fig.* 3 représente le plan d'une partie de la machine dans lequel on voit ce même appareil par-dessus, et où les pièces F et D sont censées être coupées.

La *fig.* 4 indique la coupe de la machine prise perpendiculairement à l'axe du canon ; celui-ci est coupé devant les tourillons ; un des bancs B est coupé le long de l'arbre C, et l'autre est vu extérieurement.

Fig. 5. Elévation du moulinet représenté en coupe dans la figure précédente.

Fig. 6 et 7. Plans d'une partie de l'appareil où l'on adapte les lames qui doivent arrondir le tourillon dans le premier de ces plans ; *Fig.* 6, l'appareil est coupé suivant la direction de l'arbre C ; dans l'autre, *fig.* 7, il est vu par-dessus.

Fig. 8. Elévation de l'outil D (*figures* précédentes), vu de face par rapport au moulinet F.

Fig. 9. Elévation de l'arbre C (*fig.* 4), vu du côté de la poulie D.

Les *fig.* 6, 7, 8 et 9 sont faites sur une échelle double de celle des autres.

A. Supports sur lesquels on pose la pièce ; ils se composent de deux poteaux solidement fixés sur le terrain, et formant chevalet ; ils sont en outre échancrés de manière à recevoir un tasseau A, que l'on creuse pour que la pièce puisse s'y ajuster facilement, et que l'on retient par un collier B destiné à empêcher qu'elle

ne se dérange pendant qu'on tourne les tourillons.

B. Bancs composés de deux poteaux fixés dans
le terrain d'une manière solide et reliés par
une traverse dans la partie supérieure. Ces
poteaux sont mortaisés et garnis de petites
boîtes de fer *c*, dans lesquelles on introduit
l'arbre C pour qu'il n'ait qu'un mouvement
horizontal de rotation.

C. Arbre en fer qui se termine d'un côté par une
poulie D, et de l'autre, par une vis garnie de
son embase.

D. Outil auquel on adapte des lames ; la partie F
qui s'ajuste avec l'arbre est carrée extérieurement et taraudée intérieurement ; l'autre partie a quatre ouvertures latérales. Elle est creusée intérieurement pour y recevoir le tourillon
et ses embases, et se termine par un double
plan incliné ; c'est derrière le sommet de ces
plans qu'on adapte les lames faites en forme
d'équerre, pour qu'elles servent en même temps
à tourner les tourillons et les embases.

E. Moulinet qui s'adapte dans la partie carrée F
de l'outil et qui sert à tourner l'appareil.

F. Poids destiné à pousser constamment l'outil contre l'appareil.

Cette machine, dont le but est excellent, n'a
point encore reçu toutes les améliorations dont
elle est susceptible ; il nous semble, ainsi que
Monge le pensait, qu'elle peut être considérablement perfectionnée et simplifiée. La pose des
pièces sur leurs bancs doit être difficile pour les
ajuster perpendiculairement avec le taillant de
l'outil. Nous croyons aussi que le banc du tour,
et celui du support des pièces, devraient ne faire

qu'un seul tout ; que des vis de rappel pourraient être mises en action pour faire coïncider
les tourillons des calibres avec les taillans de
l'outil ; qu'un chariot bien dirigé devrait faire
avancer l'outil pour résister aux hoches que la
pièce éprouve pendant le tournage, et que le peu
de solidité du contre-poids ne saurait empêcher.
Enfin, nous pensons que ce tournage, qui se fait
au moyen d'un croisillon, est trop lent pour
qu'on ne doive pas lui préférer une roue de
tour ordinaire.

Il nous paraît constant, d'ailleurs, que l'on doit
trouver un grand avantage à se servir d'un tour
quelconque pour donner la dernière forme aux
tourillons, tant sous le rapport de la perfection
que sous celui de la promptitude de l'exécution.
C'est pourquoi nous engageons les personnes qui
s'occupent de la fabrication des canons à donner
tous leurs soins à cette partie du travail.

Si les pièces dont on se propose de tourner les
tourillons, avaient un excédant de matière sur le
côté de la volée pour loger les crasses qui se trouvent à la surface du bain lors de la coulée, ainsi
que nous avons proposé de le faire, on enleverait ce surplus de matière à la scie ou au burin,
afin de faire voir le métal en cet endroit aussi pur
qu'il est partout ailleurs.

PLANCHE V.

Fonderie de la colonne de la place Vendôme.

(Tome I, page 110.)

Cette planche représente le bâtiment dans
lequel la colonne de la place Vendôme a été fondue ; c'est un dodécagone de soixante-trois pieds

de diamètre dont dix côtés seulement sont en pans de bois. Il fallait au moins un établissement aussi vaste que celui-là, pour fondre dans un même local, et dans le court espace de trois années, un aussi grand nombre de pièces que celles qui composent ce superbe monument; surtout si l'on a égard aux dimensions des parties qui forment le revêtement du piédestal, et qui couronnent et couronnaient la colonne. Nous avons développé, sur le plan, *fig.* 1, les châssis des pièces principales, pour faire voir combien il nous a été possible de mettre d'opérations en chantier sans que l'une gênât l'autre.

a. Grue principale pouvant lever un fardeau de plus de trente milliers; elle occupe le milieu de l'atelier, et communique avec douze autres grues qui sont fixées à la charpente, et dont les cercles concentriques des chapeaux se croisent pour se prêter un mutuel secours de deux en deux.

b. Grues dont il vient d'être question avec leurs amarres et engrenages.

c. Fosse du moule de la statue. Le travail de cette pièce colossale a été fait entièrement dans cet endroit.

d. Moule d'un des grands bas-reliefs de la porte, ayant vingt pieds de longueur sur 9 de hauteur.

e. Moule d'un autre bas-relief de ladite porte, ayant également vingt pieds de longueur sur sept seulement de hauteur.

f. Moule et modèle d'une des cymaises, ayant vingt-deux pieds de longueur et cinq de largeur.

g. Moule d'une des guirlandes en feuille de chêne, fondue d'une seule pièce avec fond uni.

h. Moule d'un petit bas-relief du fût de la colonne, portant cinq pieds sur quatre ; nous en avons fondu plus de deux cents pareils. (*Voyez*, pour de plus amples détails, la *Pl.*VII, *fig.* C, D, E, F.)

i. Moule des aigles, de cinq pieds de diamètre. (*Voyez*, pour de plus amples détails, la *Pl.*VII, *fig.* A et B.

k. Moule de grand bas-relief, mis à la fosse avec ses presses pour y être coulé.

l. Chenal qui est destiné à conduire le métal fondu dans le moule.

m. Moule de la calotte dont le diamètre était de douze pieds, la calotte en a neuf.

n. Creuset du fourneau à réverbère, pouvant contenir vingt-cinq milliers de matière.

o. Tuyaux de cheminée dudit fourneau.

p. Grille de la chauffe.

q. Fosse qui se prolonge sous le fourneau.

r. Fourneau à réverbère, converti en fourneau à épurer la houille.

s. Cheminées dudit fourneau.

t. Caisses remplies de sable.

u. Tonneaux remplis de sable neuf préparé pour le moulage ; les caisses et les tonneaux sont placés dans les embrasures de croisée du bâtiment.

v. Planche à couler de petites pièces.

x. Grande fosse pour couler toutes sortes de pièces. Elle est susceptible d'être augmentée ou diminuée par le moyen d'ajoutages.

y. Fosse où la coupole a été fabriquée et fondue.

Les opérations des moules ci-dessus désignés, pouvaient se faire et se sont faites simultanément, en employant un nombre considérable d'ouvriers. Cette observation de notre part a pour objet de répondre aux personnes qui ont cru que nous pouvions nous servir utilement de la fonderie du Roule, au lieu d'en faire bâtir une à nos frais. C'est une erreur, car si l'on examine sans prévention le plan de cette fonderie et celui du fourneau de fusion, l'on se convaincra facilement qu'une pareille proposition n'était point admissible, car à peine aurait-on pu y faire deux grands bas-reliefs à la fois. Le fourneau que l'on proposait contient, il est vrai, soixante mille de matière, mais il aurait fallu le mettre en feu pour en fondre seulement six à douze mille que comportaient nos fontes ordinaires, et cela souvent deux fois par semaine. On doit donc la prompte exécution de la colonne aux moyens d'exécution que nous avons mis en usage, et à l'ensemble qui régnait dans notre établissement. (*Voy.*, pour d'autres détails, les *Pl.* IV et VII.)

Petite fonderie à fer.

(Tome I, page 119.)

La *fig.* 2 est le plan d'une petite fonderie à fer qui fut établie pour couler à l'instant même tous les châssis, les roues d'engrenage, et enfin toutes les pièces de fonte que l'on emploie ordinairement dans la formation d'un établissement considérable.

a. Est un petit fourneau à la Wilkinson, pouvant contenir trois à quatre cents livres de matière; un seul soufflet de forge fournit le vent qui lui est nécessaire.

b. Machine soufflante, composée de trois soufflets cylindriques, recouverts en cuir et qui agissent alternativement au moyen d'une manivelle à trois coudes que deux hommes font mouvoir, aidés de deux volans, pour entretenir le mouvement de rotation d'une manière uniforme.

c. Grue fixée à l'un des entraits de la charpente pour le service des moules.

d. Grand fourneau à la Wilkinson, capable de fournir un mille de matière à chaque fonte.

e. Modèle placé dans son châssis pour y être moulé. Cette pièce, qui fait partie d'un balcon de quarante pieds de diamètre, a été coulée en fonte douce pour en faciliter l'ajustage : c'est l'une des premières pièces sculptées qu'on ait fondues avec de la fonte provenant des bas fourneaux ; les fonderies considérables, telles que celles de Chaillot, ne feraient point encore usage de ces sortes de fourneaux.

f. Chaudière en fonte ordinairement remplie de terre à bourre, pour enduire les creusets de fonte qui servent à la coulée.

g. Logement du concierge et du contre-maître.

h. Bureau.

Petite fonderie à cuivre.

(Tome I, page 160.)

La *fig.* 3 est une petite fonderie à cuivre dans le genre de celle des fondeurs de Paris.

i. Entrée.

l. Presse en bois, garnie de cinq châssis moulés, prêts à être coulés dans une même fonte.

m. Soufflets à plis qui fournissent le vent à trois fourneaux chacun.

n. Branloire ou bascule des soufflets.

o. Tonneaux remplis de sable neuf préparé.

p. Caisses en bois , remplies de sable qui a déjà servi.

q. Communication de tuyaux et de robinets pour ouvrir ou retirer le vent à volonté.

r. Intérieur des fourneaux.

s. Prolongement des fosses qui se trouvent sous les platines des fourneaux.

Nota. Les *fig.* 4 et 5 qui se trouvent sur cette planche, sont relatives au détail des rouages et de la poulie d'une grue de grande fonderie, dont il est parlé à l'explication de la *Pl.* VII du tome II , où l'élévation principale est indiquée.

PLANCHE VI.

Fabrication du Pont des Arts. Son ensemble.

(Tome I , page 184.)

La *fig.* 1 représente l'élévation longitudinale du pont. Il est composé de neuf arches toutes égales, et dont les diverses pièces sont les mêmes pour chacune d'elles.

a. Grands arcs dont les extrémités , d'une part , se réunissent au sommet du cintre au moyen d'une clef *h*, qui s'ajuste par enfourchement sur les tenons , et de l'autre butés contre les portées pratiquées à cet effet.

b. Petits arcs destinés à soutenir les pièces de pont conjointement avec les précédens.

c. Contrefiches qui réunissent les grands arcs aux montans d'enfourchement.

d. Montans d'enfourchement mis à l'aplomb des piles , et séparant les arches.

e. Entretoises qui traversent les palées et réunissent les cinq montans. Elles ont pour objet

de prévenir leur écartement et de les maintenir verticales.

f. Petits montans au nombre de quatre par
ferme.

g. Montans et pièces de jonction. Ces dernières
servent à réunir les grands et les petits arcs
au moyen des cornettes réservées à ces pièces,
et de boulons qui les traversent.

h. Clefs des grands arcs, et qui en réunissent
les abouts par des boulons.

i. Entretoises intermédiaires, pour empêcher le
fouet causé par l'élasticité des grands arcs, et
les maintenir dans une direction verticale, ce
qui en fait la solidité.

k. Pièces de bois, dites pièces de pont, soute-
nues par les différens montans.

l. Longrines qui se raccordent à trait de Jupiter,
et qui doivent être placées suivant le sens de
la longueur du pont.

m. Plancher du pont, fait en madriers assujettis
sur les longrines au moyen de boulons et de
plates-bandes en fer.

n. Balustrades en fer avec un grillage à larges
mailles.

Observation. Les détails dessinés en grand
de quelques unes des diverses pièces dont nous
venons de parler, sont indiqués sur là *Pl.* VII.

Pont en fer du Jardin des Plantes.

(Tome I, page 233.)

La *fig.* 2 représente l'élévation géométrale du
pont construit sur la Seine en face du Jardin
des Plantes. Il est composé de cinq arches en fer

de chacune cent pieds d'ouverture, et sur piles en maçonnerie.

Observation. Les figures relatives aux détails de la construction de ce pont sont représentées sur les *Pl.* 2 et 7.

PLANCHE VII.

Les *fig*. A, B, C, D, E, F, sont relatives à la colonne de la place Vendôme. (Tome Ier, p. 110, *Pl.* IV et V.)

Fig. A et B. Plan et coupe du moule des aigles. Ce moule, qui a cinq pieds de diamètre, a été fait par assises dans des châssis de pièces de rapport.

Les *fig*. C, D, E, F, indiquent les détails et l'ensemble du châssis dans lequel on a moulé les bas-reliefs du piédestal de la colonne. Ce châssis est représenté dans ses diverses positions.

Les *fig*. G, H, I, K, L, M, N, O, indiquent divers autres détails de construction et de moulage, relatifs au Pont des Arts, dont l'ensemble est représenté à la *Pl.* VI, tome Ier, page 184.

Fig. G. Plan du modèle d'un des grands arcs avec les cornettes en saillie qui doivent servir à ajuster différentes pièces du pont. Ce modèle est renfermé dans son châssis vu par-dessus.

Fig. H. Le même châssis en bois, monté sur son couchis avec ses tasseaux et les trémies qui forment la fausse pièce du châssis. Cet ensemble est ajusté au moyen de goujons et de crochets qui en affermissent les diverses parties.

Fig. I. Coupe du châssis précédent, dans lequel on voit, 1°. le modèle entouré de sable; 2°. un assemblage en menuiserie avec des trémies portant les jets de la coulée et son sable.

Fig. K. Plan du modèle d'un des grands arcs dont les trois parties, qui le forment, sont réunies par des brides et des vis, ainsi qu'on le voit dans la *fig.* N.

Fig. L. Élévation du modèle ci-dessus, avec les coussinets en saillie qui doivent recevoir différens ajustages.

Fig. M. Assemblage de menuiserie très solide auquel sont ajoutées six ordonnées, moisées en bois, et terminées par des tasseaux en acier. Cet assemblage, invariable dans le sens vertical, assure la courbure de la pièce et du modèle.

Fig. N. Cette figure représente la forme d'un coussinet scellé dans la maçonnerie des piles, et dont la queue traverse plusieurs assises de pierre, tandis que le corps de cette pièce est pris dans la maçonnerie ou chape des piles.

a. Coussinet dit d'enfourchement.

c. Portion des grands arcs, qui se dirigent à droite et à gauche, pour se joindre et se réunir au moyen de clefs à ceux des piles que forment la même arche.

d. Contrefiches d'assemblage qui, d'un bout, sont prises dans des cornettes, et de l'autre, vers la tête du montant d'enfourchement, au moyen de boulons qui traversent toutes ces pièces.

Fig. O. Coupe et élévation du modèle des grands arcs, dans laquelle on aperçoit la vis et les brides à écrous qui réunissent les deux côtés de la courbe sur les planchettes, au moyen des talons en glacis qui en retiennent l'écartement, et les compriment vers le centre du modèle. Les pièces latérales *e* et *f* sont les cornettes qui font surépaisseur sur le modèle.

Fig. P. Coupe d'un parallélipipède, pour en indiquer le démoulage. La vis qui réunit les deux parties étant ôtée, si l'on fait glisser en attirant à soi la pièce n° 1 sur celle n° 2, on verra que le côté du modèle qui touche le sable le quittera sans frottement. Ensuite, si l'on attire la pièce n° 2 vers le milieu du vide laissé par la première, elle abandonnera totalement le sable et sortira aussi sans frottement. C'est sur un tel système de dépouille que tous les modèles du pont sont exécutés ; et, comme on le voit, ces opérations n'exigent de la part du mouleur aucune des précautions qui sont indispensables dans le moulage des pièces irrégulières qui n'ont point de dépouille.

Tracé, moulage et fonte des cloches.
(Tome I, page 254.)

Les *fig.* 1 et 1 *bis*, 2, 3 et 3 *bis*, 4 et 4 *bis*, sont relatives au tracé des cloches.

Celles 1, 2, 3 et 6 de la vignette ; 4, 5, 7, 8, 9, 10, 11, 12, et 13 ; ainsi que les plans, coupes et élévations du fourneau à réverbère, ont rapport au moulage et à la fonte d'idem. Mais, comme il en est parlé au chapitre Ier de la troisième partie de cet ouvrage, nous y renvoyons nos lecteurs pour ne point entrer ici dans des détails suffisamment développés ailleurs.

Suite des détails relatifs au pont en fer du Jardin des Plantes.
(Voyez aussi les Planches VI et VII.)

La *fig.* 13 représente le profil des coussinets à rainure, qui ont été scellés sur les deux culées du pont, et dans lequel s'ajustent les voussoirs de la retombée des cintres et des tympans faits exprès.

La *fig.* 13 *bis* est le même coussinet vu de face.

La *fig.* 14 est le modèle du grand coussinet triangulaire posé sur la planche à mouler, et recouvert de la fausse pièce de son châssis.

a. Modèle en bois revêtu de toute part en cuivre, et susceptible de se démonter dans le sable sans en altérer la forme.

b. Planche à mouler composée de plusieurs ais cloués sur barres, et parfaitement dressée sur la face qui reçoit le modèle.

c. Châssis en bois de chêne à vue d'oiseau pour recevoir le modèle.

On comprime le sable pour faire le moulage du coussinet.

La *fig.* 15 représente les porte-coussinets à rainure, qui sont encastrés dans la maçonnerie de la tête des piles, ainsi que nous en avons parlé à la *fig.* 6.

La *fig.* 16 représente une partie d'un modèle de voussoir, revêtu de plaques de cuivre, qui se démontent facilement pour opérer le démoulage des pièces.

La *fig.* 17 est la coupe d'une des branches du voussoir où l'on voit l'ajustage des plaques de cuivre.

a. Plaques supérieure et inférieure réunies par une vis.

b. Vis en fer taraudées dans la plaque inférieure.

c. Côtières en cuivre, recouvertes par la plaque supérieure, et divisées en deux parties, pour revêtir l'intérieur de chaque vide, avec un plan en glacis qui permet le dévêtissement du modèle en opérant le frottement sur son châssis en bois et non sur le sable.

d. Châssis en bois assemblé à tenons et mortaises représentant la forme du voussoir tel qu'il est désigné *fig.* 18.

Fig. 18. Modèle du voussoir qui s'ajuste aux tympans séparés.

Il est renfermé dans son châssis en fonte rempli de sable.

Fig. 19. Appareil dans lequel le modèle vient d'être retourné.

a. Corps du châssis avec ses tourillons.

b. Planches de la grandeur du châssis, qui le recouvrent par dessus et par dessous.

c. Presses en bois serrées avec des boulons de fer.

d. Coussinets sur lesquels les tourillons tournent.

e. Tréteaux qui ont en hauteur plus de la moitié de largeur du châssis, afin de faire tourner celui-ci sens dessus dessous, sans effort. L'ensemble du châssis se pose sur les tréteaux au moyen d'une grue, et on le descend par le même moyen pour continuer le moulage.

La *fig.* 20 représente le plan du châssis de l'entretoise à trois branches.

a. Entretoise.

b. Sable de moulage.

c. Châssis qui maintient le moulage.

Fig. 21. Élévation d'idem et coupe du châssis, mais l'entretoise est vue par le bout.

a. Les trois branches de l'entretoise.

b. Le sable de moulage.

c. Châssis avec ses brides pour y ajouter une pièce pareille ; il est entièrement rempli de sable.

d. Vis communiquant avec le corps de l'entretoise, qui se démonte pour opérer le démoulage dans le même sens suivant lequel cette coupe est faite, en attirant à soi les trois branches du modèle.

Fig. 22. Coupe du châssis et de l'entretoise, où l'on aperçoit les jets 1, 2, 3, 4 et 5 par lesquels se fait la coulée.

La *fig.* 23 représente le châssis en fonte dans son entier, prêt à recevoir la coulée de la pièce.

a. Corps de châssis avec ses brides.

b. Fausse pièce du châssis avec ses brides.

c. Pièces latérales que l'on ajuste au moyen de brides avec le corps et la fausse-pièce dudit châssis.

d. Planche à mouler sur laquelle repose le châssis, ainsi que sur les chantiers *e*.

Hauts Fourneaux.

(Tome I, page 246.)

La *fig.* 24 représente le plan d'un haut fourneau avec les ferrures dont la masse est consolidée.

a. Le creuset.

b. Pièce de tuyère.

c. Contrevent

d. Rustine.

d. Dame.

La *fig.* 25 représente le massif de fourneau vu en élévation.

f. Voûte de la coulée.

g. Tympes.

h. Marâtres ou gueuses qui supportent les étalages.

i. S en fer qui terminent les tirans qui traversent le massif du fourneau.

l. Masse où l'on charge le fourneau.

m. Paravent.

La *fig.* 26 représente la coupe et l'élévation vues par le devant.

n. Evidement de la tuyère.

o. Partie du fourneau qu'on nomme ouvrage.

p. Etalage ou cône renversé.

q. Cheminée ou charge.

m. Paravent.

La *fig.* 28 représente le mécanisme des soufflets et de la roue hydraulique qui les fait mouvoir.

n. Roue à eau.

o. Lanterne qui est montée concentriquement sur l'arbre de la roue hydraulique.

p. Hérisson ou grand rouet qui est monté sur un arbre très fort ; cet arbre porte les cames qui font agir les soufflets.

q. Cames divisées en deux parties au droit de l'axe de chaque soufflet, et qui sont réparties par trois, et soulèvent les bascules *r* qui enlèvent les caisses du dessus desdits soufflets.

r. Bascules avec leurs brides en fer.

s. Caisses supérieures des soufflets ajustées à queue d'aronde.

Fonte des projectiles.

(Tome II, page 82.)

La *fig.* 29 représente la coupe et l'élévation d'un châssis dans laquelle il y a une bombe moulée.

a. Noyau de la bombe fait avec du sable.

b. Vide que la matière doit remplir.

c. Jets et évents.

d. Anses de la bombe.

e. Arbre en fer, creux et tourné, qui supporte le noyau.

f. Armature de fer appliquée au châssis, pour supporter dans une position concentrique, avec le vide de la pompe, son noyau qui est tourné sur l'arbre *e*.

g. Sable du moule.

i. Crochets qui réunissent le châssis et la fausse-pièce du moule.

h. Moule ou châssis en bois ajusté à queue d'aronde.

o. Planche à mouler,

p. Chantiers pour exhausser le châssis, afin que la vapeur puisse sortir du noyau.

Fig. 30. *k*. Nattes de foin qu'on lie en le mêlant de feutre pour consolider le sable sur l'arbre.

l. Première portion de la boîte à noyau.

m. Seconde portion.

n. Troisième portion qui termine le noyau qui prend une forme aplatie par le haut.

Fig. 31. Le noyau en sable sortant de la boîte à noyau, et monté sur le tour pour y être tourné avec l'échantillon, et le réduire comme l'indique la *fig*. 1.

q. Poupées du tour.

r. Vis de pression servant de pointe ; l'arbre du noyau se monte dessus.

s. Poulie qui donne le mouvement de rotation au noyau.

t. Jumelle du tour.

La *fig*. 32 représente l'ensemble du châssis vu par-dessus et prêt à recevoir la coulée du projectile.

ERRATA.

TOME PREMIER.

Page 2, ligne 20; *au lieu de :* quel serait donc leur étonnement de la composition d'un moule de plus de cinquante mille pieds cubes, *lisez;* quel serait donc leur étonnement si on leur parlait d'un moule de plus de cinquante mille pieds cubes.

8, — 30; *au lieu de* et l'on doit aux habiles mouleurs et ciseleurs, *lisez* et l'on doit aux habiles monteurs et ciseleurs.

21, — 12 et 19; *au lieu de* refoulés; refoulée, *lisez* refouillés; refouillée.

22, — 7; *au lieu de* et autres mêmes ouvrages, *lisez* et autres menus ouvrages.

22, — 25; *au lieu de* refoulés, *lisez* refouillés.

35, — 14; *au lieu de* terre à beurre, *lisez* terre à bourre.

44, — 14; *au lieu de* refoulés, *lisez* refouillés.

47, — 22; *au lieu de* leur roulage, *lisez* leur moulage.

67, — 5; *au lieu de* refoulés, *lisez* refouillés.

110, — 18; *au lieu de* que nous donnerons à la fin du troisième volume, pour faire connaître, *lisez* que nous donnerons pour faire connaître.

111, — 6; *au lieu de* refoulées; *lisez* refouillées.

112, — 1; *au lieu de* laisse une empreinte, *lisez* laissa une empreinte.

112, — 14; *au lieu de* et l'about, *lisez* à l'about.

112, — 24; *au lieu de* refoulés, *lisez* refouillés.

Page 127, ligne 16; *au lieu de* et sceaux reliefs en fer, *lisez* et sceaux reliés en fer.

131, — 15 et 26; *au lieu de* tronceaux, *lisez* trousseaux.

169, — 19; *au lieu de* sans que ces qualités, *lisez* sans que ces cavités.

170, — 9; *au lieu de* ces châssis sous le sable, *lisez* ces châssis sur le sable.

170, — 32; *au lieu de* refoulés, *lisez* refouillés.

185, — 14; *au lieu de* l'épreuve, *lisez* l'épure.

195, — 29; *au lieu de* refoulé, *lisez* refouillé.

197, — 9; *au lieu de* sa surface, *lisez* la surface.

202, — 24; *au lieu de* jusqu'à elle, *lisez* jusqu'à elles.

234, — 10; *au lieu de* 40 mètres, *lisez* 140 millimètres.

255, — 12; *au lieu de* (*fig.* 1, *Pl.* I.) *lisez* (*fig.* 1, *Pl.* VII.)

255, — 18, 19, 20 et 21 *au lieu de la lettre* I, *mettez le chiffre* 1.

256, — 5, 17, 18 et 24; *au lieu de la lettre* I, *mettez le chiffre* 1

256, — 10; *au lieu de* la largeur de cette échelle, *lisez* la longueur de cette échelle.

256, — 14; *au lieu de* en D, *lisez* en D, *fig.* 1 et 1 *bis*.

256, — 24; *au lieu de* élevez au G, sur le milieu de la ligne D N, la perpendiculaire G K, *lisez* élevez sur le milieu de la ligne D N, la perpendiculaire 6 K.

256, — 26; *au lieu de* portez-le de G en K sur la ligne G K, *lisez* portez-le de 6 en K sur la ligne 6 K.

257, — 5; *au lieu de* prenez sur la perpendiculaire G K, *lisez* prenez sur la perpendiculaire 6 K.

257, — 18; *au lieu de* seulement, éloigné, *lisez* seulement éloigné.

Page 257, ligne 29 ; *au lieu de p*, 1, *lisez p* 1.

257, — *au lieu de c*, 1, *lisez c* 1.

258, — 3 ; *au lieu de* au point *m*, *lisez* au point *p*.

258, — 15, 16, 17, 20 et 21 ; *au lieu de la lettre* I, *mettez le chiffre* 1.

258, — 16 ; *au lieu de* I, C, *lisez* 1 C.

258, — 29 ; *au lieu de* décrivez l'arc N *b*, *lisez* décrivez l'arc N *a*.

260, — 2 ; *au lieu de fig.* 3°, *lisez fig.* 3 et 3 *bis*.

260, — 14 ; *au lieu de fig.* 3, *lisez fig.* 6 et 6 bis.

261, — 3 ; *au lieu de* tracé de l'échantillon, *lisez* tracé de l'échantillon, *fig.* 3 et 3 *bis*.

262, — 16 ; *au lieu de* S, G, I, *lisez* SG 1.

263, — 1 ; *au lieu de* posé sur H et sur L, *lisez* posé sur H et sur A.

263, — 3 ; *au lieu de* on forme le trait H L, *lisez* on forme le trait A L.

267, — 5 ; *au lieu de* B D U T, *lisez* B D, ut.

285, *à l'avant-dernière ligne* ; *au lieu de* ayant démonté le compas, on coupe, en laissant le trait franc, le bois de la planche jusqu'à la seconde courbe et à la seconde onde D, G, I, A, K, et le tout au biseau ; puis on le remonte et on le remet sur son pivot, *lisez* pour exécuter la *chape* ou le *surtout*, on sépare la planche, *fig.* 6 *bis*, de son compas ; on l'échancre ensuite suivant la forme que l'on veut donner à la cloche ; et, pour plus d'exactitude, on la taille en biseau depuis la courbe *o o o d* jusqu'à celle A K I D.

292, faites précéder la ligne 11 de *fig.* 9 ;
la ligne 13 de *fig.* 10 ;
la ligne 16 de *fig.* 11 ;
la ligne 18 de *fig.* 12 ;
la ligne 20 de *fig.* 13.

292, — 23 ; *au lieu de* les *fig.* 10, 11, 12, *lisez* les *fig.* 10 et 11.

Page 299, ligne 4; *au lieu de* coupe de la fosse verticale, *lisez* coupe verticale de la fosse.

299, — 10; *au lieu de* porte D, *lisez* porte *d.*

300, — 1, *au lieu de* coupe longitudinale du
fourneau par un plan vertical, *lisez* coupe
longitudinale du fourneau, *fig.* 7, par un
plan vertical.

La même cause qui a motivé les observations qui
précèdent l'Explication des Planches, fait également
connaître comment il est possible que les erreurs que
nous venons de signaler se soient glissées dans le texte.
Nous ferons donc remarquer encore à cet égard, que
la maladie seule de M. Launay a pu l'empêcher de
mettre convenablement la dernière main à son ouvrage, qui, malgré cela, ne laisse rien à désirer sur
ce qui concerne l'art proprement dit, du fondeur.

TABLE DES CHAPITRES.

TROISIÈME PARTIE.

TOUTES LES PLANCHES ONT ETE

MICROFICHEES EN 2 PRISES DE VUE

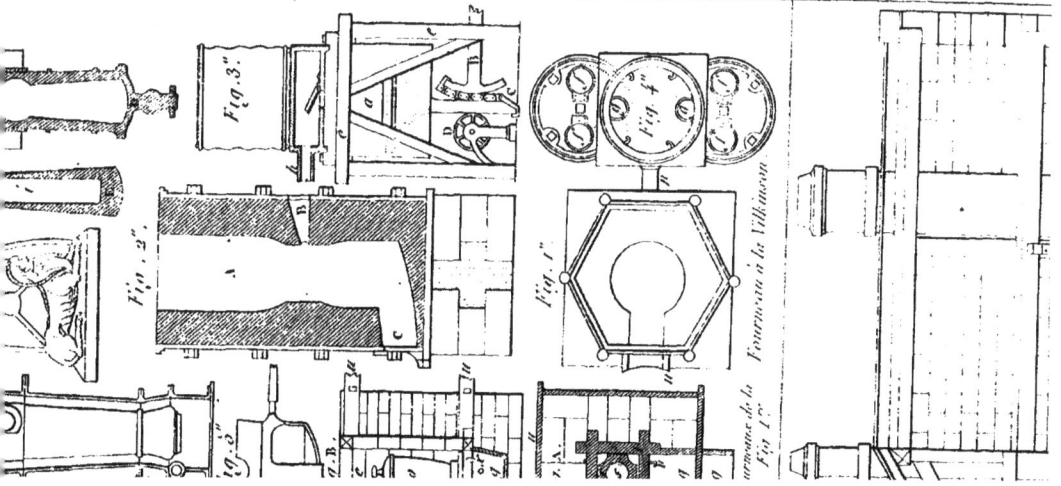

Fig. 3.''

Fig. 2.''

Fig. 3.''

Fig. 1.''

Fig. 4.

Fig. 1.''

Fourneau de la Fonderie à la Wilkinson

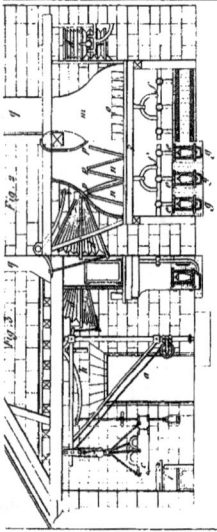

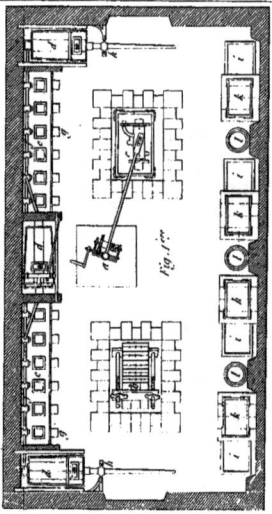

Plan

Fig.1er

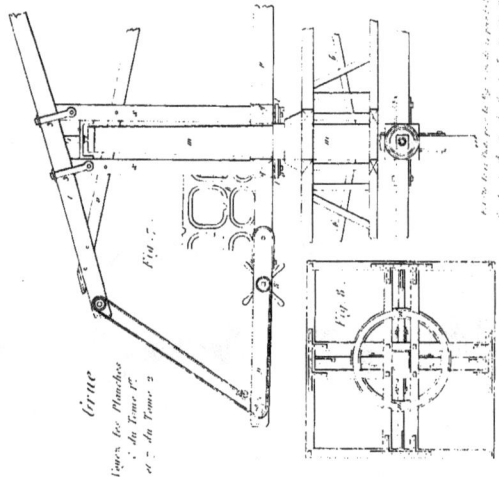

tirar

Voyez les Planches
2 du Tome 1er
et 2 du Tome 2

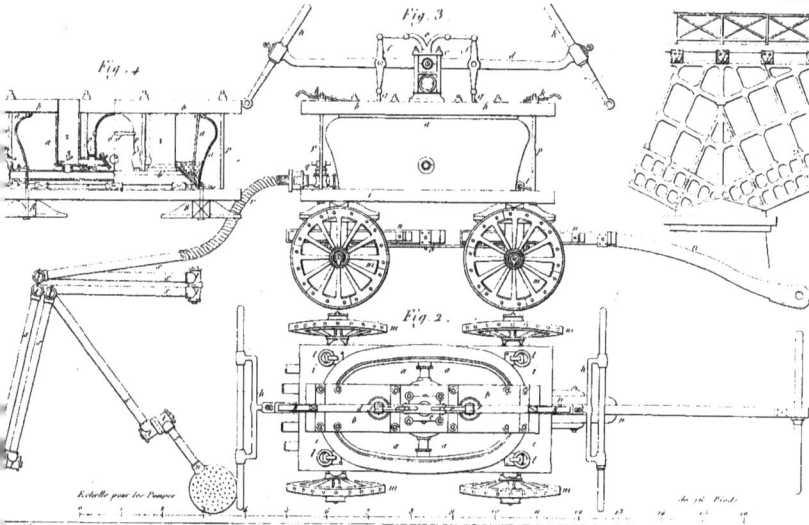

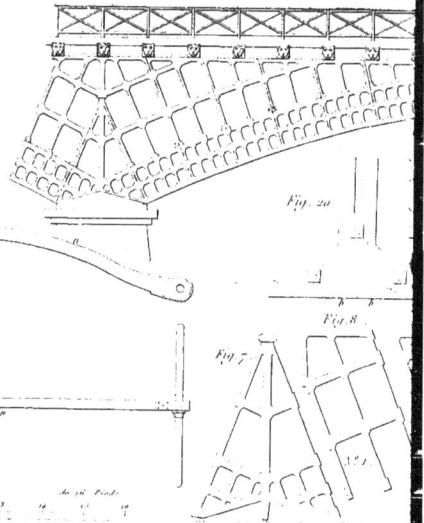

Fig. 4

Fig. 3

Fig. 2

Fig. 20

Fig. 8

Fig. 7

Echelle pour les Pompes

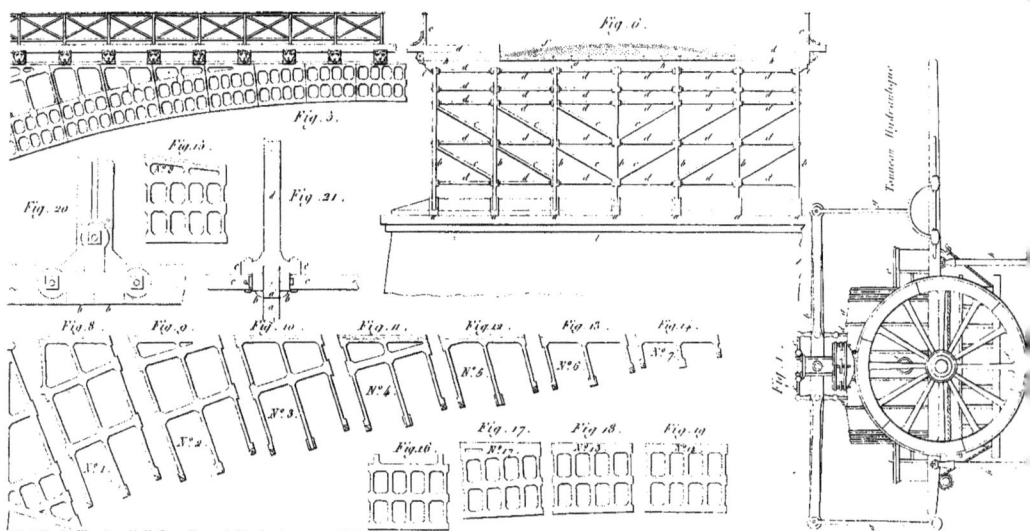

Fig. 5.

Fig. 6.

Fig. 15.

Fig. 20.   Fig. 21.

Fig. 8.   Fig. 9.   Fig. 10.   Fig. 11.   Fig. 12.   Fig. 13.   Fig. 14.

N° 3.   N° 4.   N° 5.   N° 6.   N° 7.

N° 1.   N° 2.

Fig. 16.   Fig. 17.   Fig. 18.   Fig. 19.

N° 1.   N° 2.   N° 3.   N° 4.

Tonneau Hydrostatique

Fig. 1.

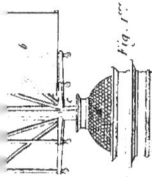

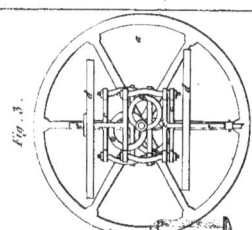

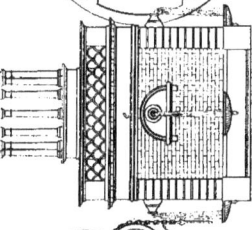

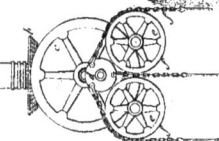

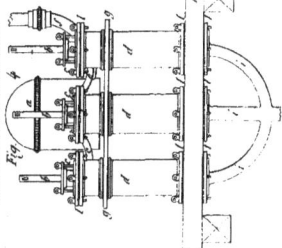

Fig. 3.

Fig. 1.

Fig. 2.

Fig. 4.

Machine hydraulique propre à puiser de l'Eau.

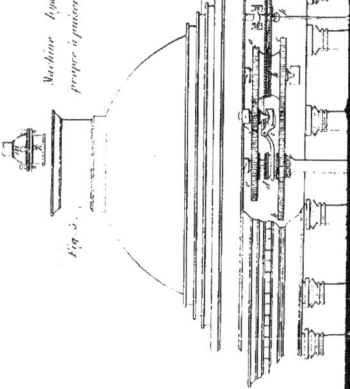

Fig. 5.

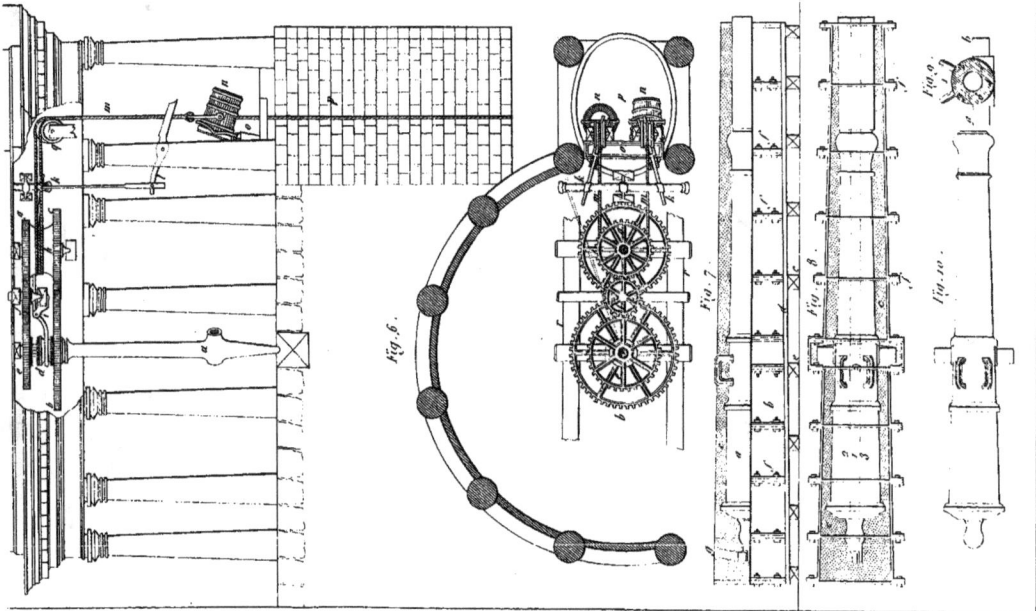

Fig. 6.

Fig. 7.

Fig. 8.

Fig. 9.

Fig. 10.

Fig. 2.

Fig. 6.   Fig. 5.

Fig. 7.

Fig. 9.

Fig. 8.

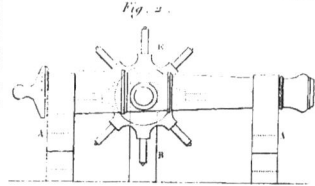

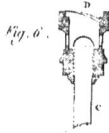

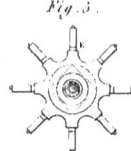

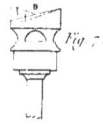

Fig. 1.

Fig. 4.

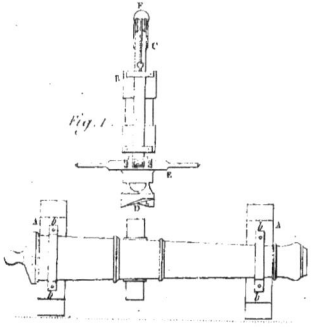

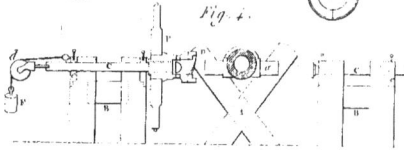

Fig. 3.

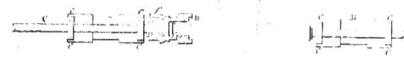

Fig.   chapitre 9

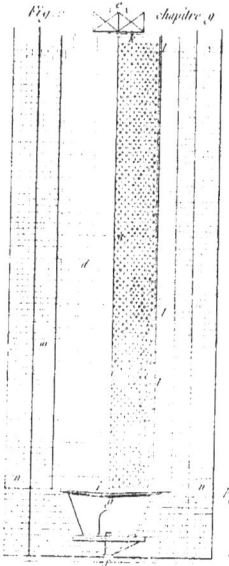

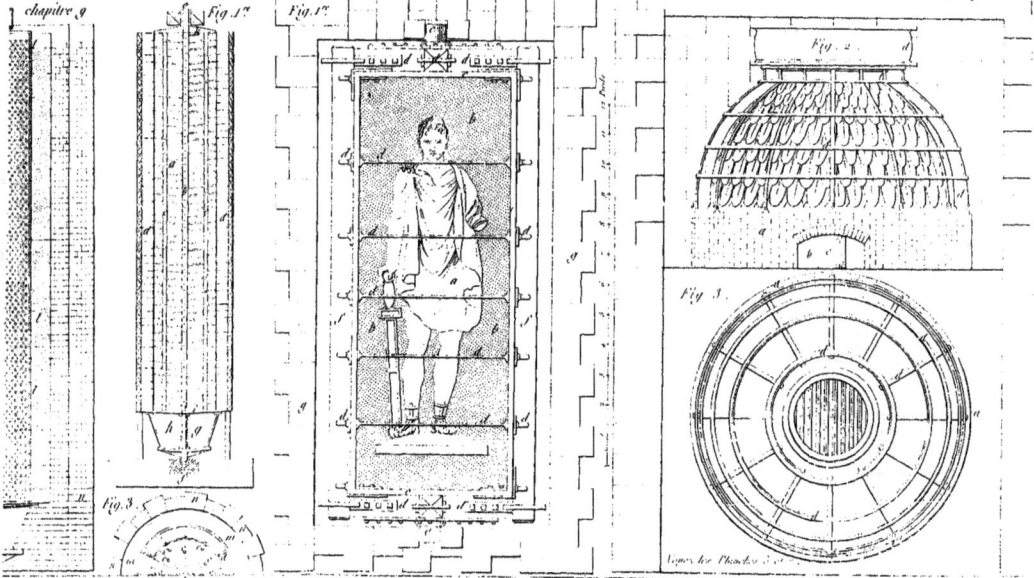

chapitre 9   *Fig. 1ʳᵉ*   *Fig. 1ʳᵉ*

Fig. 2.

Fig. 3.

Fig. 3.

Ligne des Plombes

Fig. 3.

Fig. 3.

Petite fonderie
à l'usure

Fig. 4.

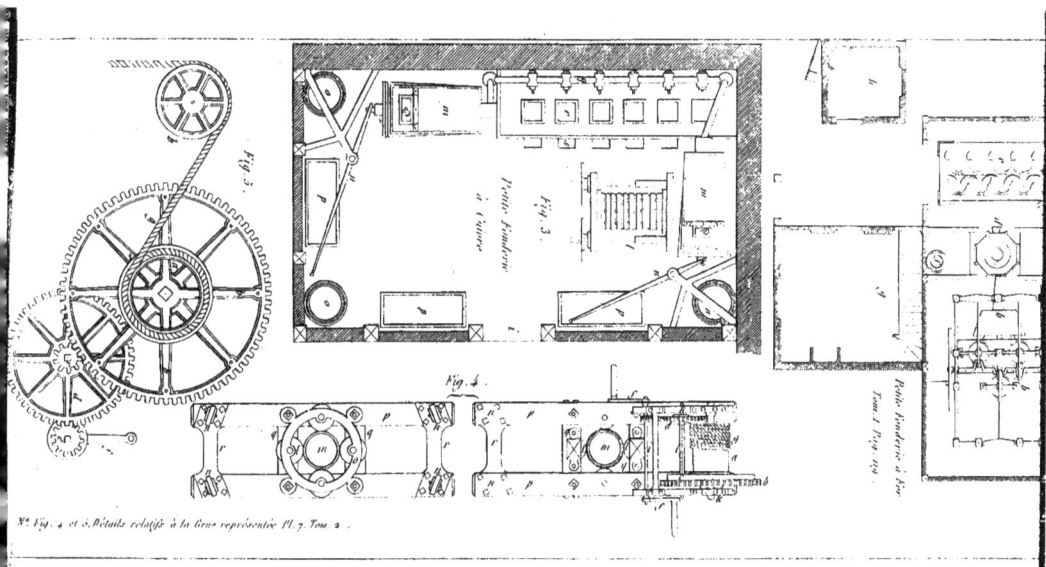

N° Fig. 4 et 5. Détails relatifs à la Grue représentée Pl. 7. Tom. 2.

Petite Fonderie à Fer

Tom. I. Page 159.

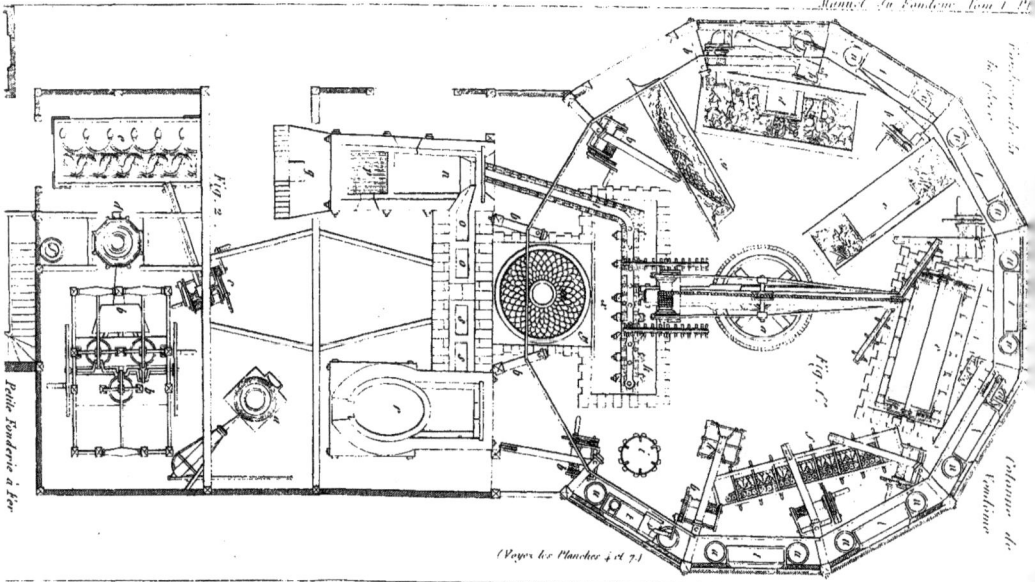

Petite Fonderie à Fer

Fig. 2

Fig. 1.er

(Voyez les Planches 4 et 7.)

Élévation du Pont des Arts

Fig. 1.

Echelle de 400 Pieds pour la Fig. 1.ᵉʳ

Élévation du Pont en fer du Ja

Fig. 2.

Elevation du Pont des Arts (en Fer)

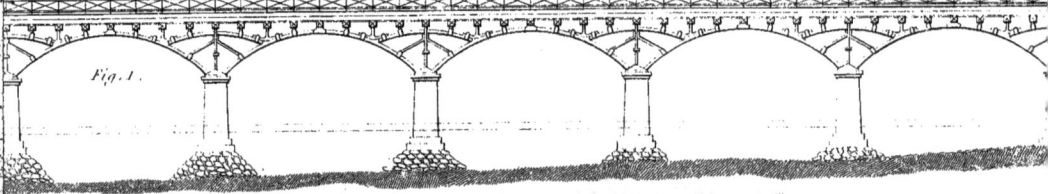

Fig. 1.

Echelle de 100 Pieds pour la Fig. 2.

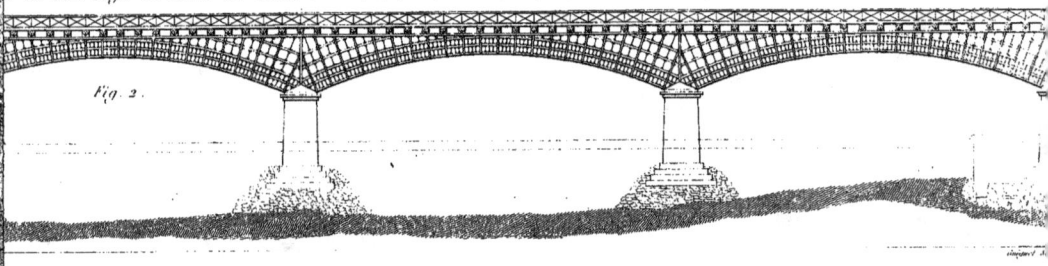

Elevation du Pont en fer du Jardin des Plantes.

Fig. 2.

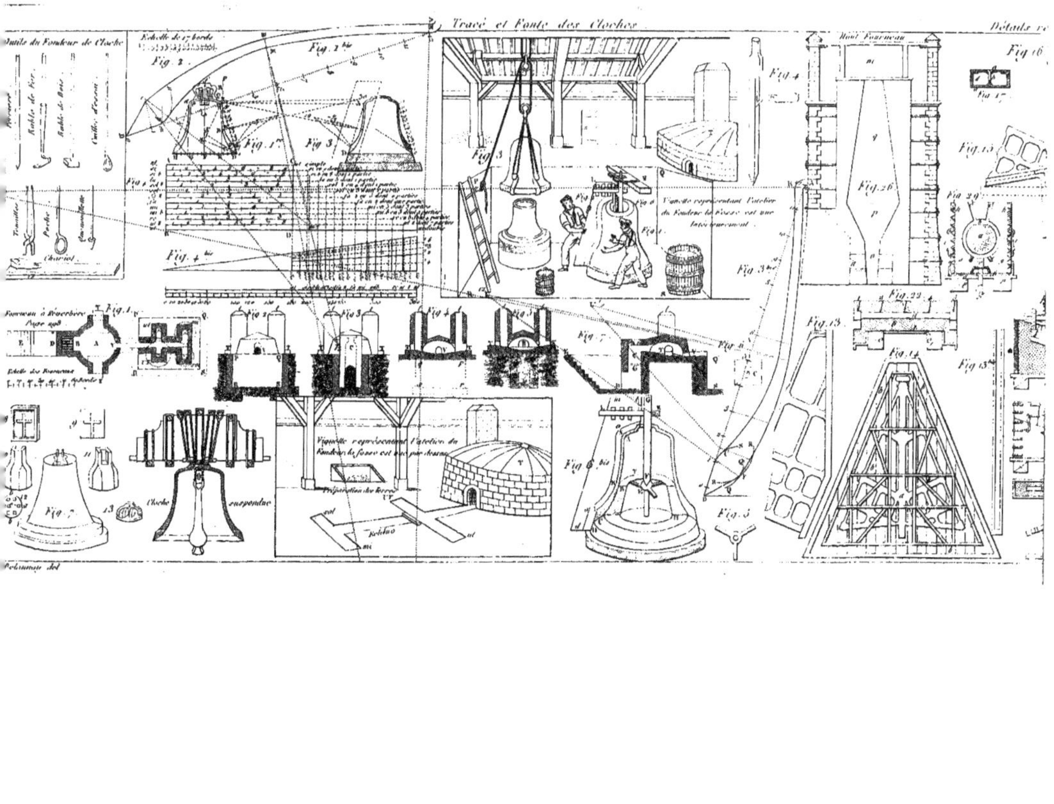

Outils du Fondeur de Cloche

Échelle de 17 bords

Fig. 2

Fig. 2 bis

Fig. 16

Fig. 17

Fig. 3

Fig. 17

Fig. 15

Fig. 20

Fig. 4

Rond Fourneau

Fig. 26

Vignette représentant l'atelier du Fondeur le four est une Intérieurement

Fig. 9

Fig. 8

Fourneau à Réverbère

Fig. 1

Fig. 2

Fig. 3

Fig. 5

Fig. 7

Fig. 8

Fig. 13

Fig. 14

Fig. 15

Échelle des Fourneaux

Fig. 5

Fig. 6

Vignette représentant l'atelier du Fondeur le four est une par four

Fig. 6 bis

Fig. 5

la Cloche suspendue

Préparation des Terres

Peskanian del.

Détails relatifs aux Ponts des Arts et du Jardin des Plantes.

Détails relatifs à la fonte de la Colonne de la place Vendôme.

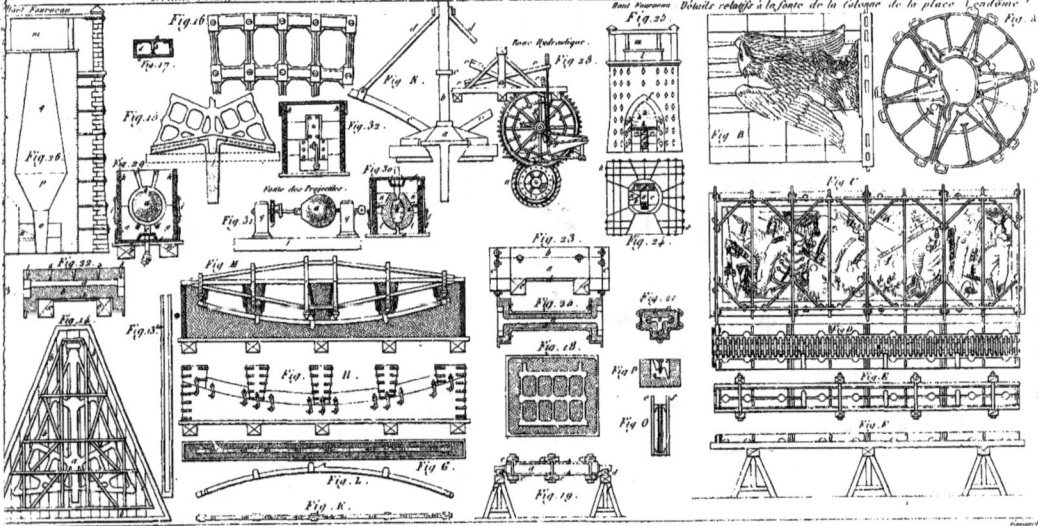
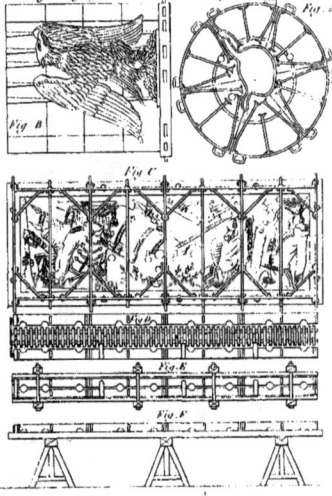

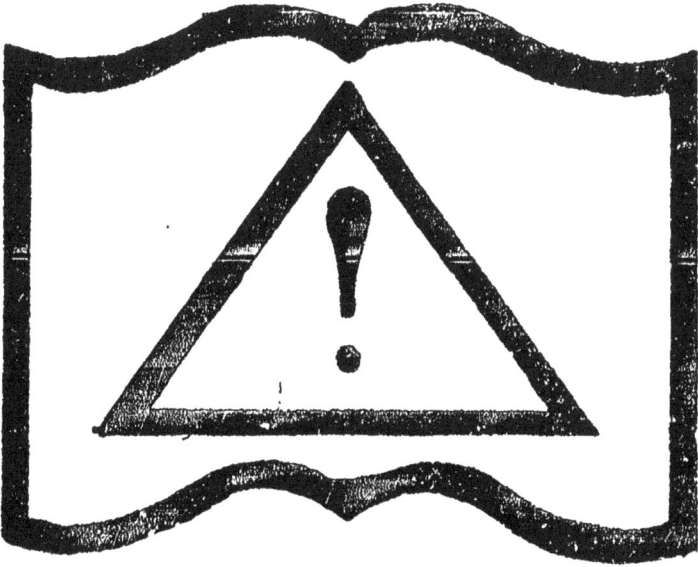

EFET D'IMPRIMERIE TROUVE DANS LA RELIURE

sous des feuilles,
un peu glauques en des-
ques poils couchés; fleurs
jaune superbe tirant un
he culture que les autres
e.

lea punicea). Feuilles rap-
des rameaux, oblongues;
re violacé, campanulées,
ure que la précédente.

s DE CHRYTMUM (*athanasia*
eau originaire du Cap de
livé chez M. Noisette. Tige
; feuilles finement décou-
es, radiées, ou quelquefois

lensis). Plante vivace, originai
Racine tuberculeuse, assez grosse;
de quatre à cinq pieds, feuillée dans
longueur; feuilles embrassantes, lancéo
étroites, terminées par une appendice très long
et roulée en vrille; en mai, fleurs grandes, pen-
chées; corolle à six divisions longues, ondulées,
relevées vers le pédoncule, d'un jaune pâle dans
leur moitié inférieure, d'un rouge foncé dans
l'autre moitié, à sommet pointu et jaunâtre;
style coudé, tournant sur sa base comme l'ai-
guille d'une montre, pour chercher les anthères.
Serre chaude, terre légère, et, du reste, même
culture que pour la *methonica superba*.

DU JARDINIER.

, cerclés de violet foncé
ans l'*alata*). Serre chaude,
lication de boutures

PITCAIRNE ROUGEATRE (*pitcairnia rubescens*).
Plante cultivée chez M. Noisette, et qui paraî
être une variété de la précédente : elle n'en diffère

www.ingramcontent.com/pod-product-compliance
Lightning Source LLC
Chambersburg PA
CBHW061118220326
41599CB00024B/4083